U0185796

热带气旋智能定位定强方法

张长江　著

科 学 出 版 社

北 京

内 容 简 介

本书内容紧密联系热带气旋智能定位定强的实际问题，主要介绍基于多尺度几何分析、优化算法、机器学习等智能技术结合卫星资料的卫星图像预处理、多通道卫星图像融合、热带气旋主体云系提取、热带气旋客观定位和定强方法。

本书可供热带气旋预报人员、管理决策人员和相关领域的科研人员及高校师生阅读和参考。

图书在版编目(CIP)数据

热带气旋智能定位定强方法 / 张长江著. —北京：科学出版社，2023.6
ISBN 978-7-03-075709-8

Ⅰ. ①热… Ⅱ. ①张… Ⅲ. ①智能技术－应用－太平洋－热带低压－天气分析－研究 Ⅳ. ①P444-39

中国国家版本馆 CIP 数据核字（2023）第 103681 号

责任编辑：李 海 李 莎 / 责任校对：马英菊
责任印制：吕春珉 / 封面设计：东方人华平面设计部

科学出版社出版
北京东黄城根北街 16 号
邮政编码：100717
http://www.sciencep.com
北京九州迅驰传媒文化有限公司印刷
科学出版社发行 各地新华书店经销
*
2023 年 6 月第 一 版 开本：787×1092 1/16
2023 年 6 月第一次印刷 印张：13
字数：303 000

定价：130.00 元

（如有印装质量问题，我社负责调换〈九州迅驰〉）
销售部电话 010-62136230 编辑部电话 010-62138978-2046

序

台风灾害是全球发生频率较高、影响较严重的自然灾害。我国位于太平洋西岸，平均每年大约有 7 个台风在我国沿海地区登陆，是全球受台风袭击较多的国家之一。受台风活动影响的广大沿海地区人口稠密、经济发达，对台风灾害的承受力较为脆弱。台风灾害对我国的社会经济发展构成严重威胁，常常给人民生命、财产和工农业生产等造成重大损失。

台风生成于热带或亚热带洋面，由于地面雷达探测距离有限，这些区域基本上都是常规观测的盲区。气象卫星具有观测范围广、观测频次高等特点，因此自 20 世纪 60 年代气象卫星投入运行以来，卫星云图就成为对台风进行全天候监测的主要手段，尤其是对远海台风。在台风业务预报实践中，台风业务定位定强是制作台风预报和发布预警的第一步，准确的台风中心位置和强度分析，对防台、抗台、减灾至关重要。定位定强精度不仅影响台风路径和强度预报的质量，而且也影响其所带来的狂风、暴雨和风暴潮预报的质量。

传统的卫星定位方法很大程度上依赖于台风螺旋云带的分析。分析人员一般通过目测或套用模板拟合出螺旋云带或云带间的隙缝等确定曲率中心作为台风中心。该方法的缺点是主观性强，不同的分析人员对曲率中心的认定有较大的差异，尤其是对弱台风的定位。目前，全球应用卫星云图确定台风强度的通用方法是 20 世纪 70 年代末至 80 年代初由美国科学家德沃夏克（Dvorak）研发的 Dvorak 技术。该技术根据静止气象卫星红外和可见光云图的台风云型特征及其变化估测台风的强度，于 1987 年由世界气象组织推荐使用，是世界上最成熟和最具操作性的台风业务定强分析技术手段，是在缺少飞机探测情况下估计台风强度的世界标准。但是，该技术是假定台风特定的云型特征与台风强度发展的特定阶段存在一一对应关系，根据典型台风的统计关系而建立的，因此并不能完全反映所有台风强度变化的真实情况，存在一定的局限性。

卫星云图作为台风业务定位定强最常用的资料，在台风业务预报实践中的应用一直是广大科研和业务人员所关注的重要课题之一。长期以来，国内外研究和业务人员一直致力于台风卫星客观定位定强技术的探索，并在实际的台风定位定强分析业务中加以应用，这些探索和尝试主要集中于数学形态学、智能信息处理等理论和技术的应用，从而使台风定位定强技术向着更加客观、精度更高的方向发展。进入 21 世纪以来，随着卫星监测技术的发展，卫星直接探测产品和反演产品日益丰富，卫星监测的数据量呈几何增长态势，给台风卫星监测分析业务带来了新的挑战。此外，人工智能技术的迅速发展和应用，也为台风卫星监测分析业务带来了新的机遇。借助于人工智能技术，基于海量的卫星云图训练数据，自动提取卫星图像特征，建立台风客观定位定强估计分析技术，逐渐成为提高台风卫星特征定量化客观分析和台风定位定强业务发展的新方向。我国作为国际上同时拥有静止和极地轨道气象卫星的 3 个国家之一，近年来先后发射了一系列风云气象卫星，已成为全球对地观测系统的重要成员，提高风云系列气象卫星资料在台风监测业务中的客观定量分析应用能力已成为提高我国台风监测预报预警业务水平的重要途径之一。

张长江教授一直致力于基于卫星云图的台风客观定位定强技术研究和业务应用，本书是张长江教授近年来科研成果的一个前瞻性技术总结，基于卫星云图资料，结合小波变化、多尺度几何分析、偏微分方程、分形几何、优化算法和机器学习等技术方法，实现卫星云图去噪与增强、多通道卫星云图融合、云分类和台风云系分割与识别，并对台风中心定位定强及内核风场结构进行客观估计分析。上述研究成果是对卫星云图资料在台风监测业务中的客观定量分析应用的一种有益尝试，相信相关成果形成台风相关卫星特征定量化客观分析产品后，可以在一定程度上提高我国台风监测业务的客观技术支撑水平，对提高我国气象卫星资料的应用效率和客观定量分析业务应用能力大有裨益，并可以为我国防台、抗台、减灾工作提供技术支撑和参考。

许映龙

2023 年 1 月

于北京国家气象中心

前　言

我国受热带气旋灾害影响严重。长期以来，热带气旋定位和定强主要借助于 Dvorak 技术。原始的 Dvorak 技术主观性较强，易对热带气旋云型误判，导致热带气旋定强误差。虽然学者们后期对原始的 Dvorak 技术进行多次改进，减少了主观操作的步骤，但对弱热带气旋（如热带低压、热带风暴等）不适用。

本书是作者近年来科研成果的总结，尝试利用多尺度几何分析、优化算法和机器学习等智能技术进行卫星云图预处理、多通道卫星云图融合、热带气旋主体云系提取、热带气旋中心定位和定强等研究，能够在一定程度上解决目前基于 Dvorak 技术定位定强的主观性较大的问题，为我国的防台、抗台、减灾工作提供技术支撑和参考。

本书共 6 章。第 1 章引言，主要介绍热带气旋的形成、结构、生命周期以及热带气旋定位和定强的研究现状；第 2 章卫星图像预处理，主要介绍基于多尺度几何分析和偏微分方程的卫星云图去噪及基于平稳小波变换和遗传算法的卫星图像增强；第 3 章多通道卫星图像融合，主要介绍基于优化算法的多通道卫星图像配准和基于多尺度几何分析技术的多通道卫星图像融合；第 4 章热带气旋主体云系提取，主要介绍基于机器学习和小波分析技术的热带气旋云系识别和提取；第 5 章基于卫星资料的热带气旋定位方法，主要介绍基于分形特征和红外亮温梯度的两种热带气旋客观定位方法；第 6 章基于卫星资料和机器学习的热带气旋客观定强方法，主要介绍基于红外亮温梯度和机器学习结合内核特征的热带气旋客观定强方法。

本书中的部分研究成果受国家自然科学基金（项目编号：42075140、41575046、40805048、11026226）、国家重点基础研究发展计划项目（项目编号：2009CB421500）、遥感科学国家重点实验室开放基金（项目编号：2009KFJJ013）、中国气象科学研究院灾害天气国家重点实验室开放基金（项目编号：2008LASW-B03）、上海台风研究基金（项目编号：2008ST01）、浙江省公益技术应用研究计划项目（项目编号：LGF20D050004、2016C33010、2012C23027）、浙江省自然科学基金（项目编号：LY13D050001、Y506203）等项目的资助，在此一并表示感谢！

本书部分研究成果中用到的卫星资料数据源自国家气象中心和中国气象局上海台

风研究所，在此一并表示感谢！

上海中心气象台的马雷鸣研究员、国家卫星气象中心的方翔研究员、中国气象局上海台风研究所的鲁小琴研究员在本书中的资料提供、数据处理和部分研究讨论分析方面给予了大量帮助，在此一并表示感谢！

作者指导的硕士研究生鲁娟、张翔、杨波、陈源、钱金芳、戴李杰、罗绮、薛利成等编写了本书中部分研究成果的代码。在此，向上述人员一并表示感谢！

限于作者的学识和水平，书中不足之处在所难免，敬请各位专家、同行批评指正。

张长江
2023年3月

目　录

第 1 章　引言 ………………………………………………………… 1

1.1　热带气旋概述 ………………………………………………………… 1

1.1.1　热带气旋的形成 ………………………………………………… 1

1.1.2　热带气旋的结构 ………………………………………………… 2

1.1.3　热带气旋的生命周期 …………………………………………… 2

1.2　热带气旋定位的研究现状 ………………………………………… 2

1.3　热带气旋定强的研究现状 ………………………………………… 4

1.3.1　极轨卫星微波资料在热带气旋定强中的应用 ………………… 4

1.3.2　静止卫星资料在热带气旋定强中的应用 ……………………… 5

1.3.3　多普勒雷达观测资料在热带气旋定强中的应用 ……………… 7

参考文献 ………………………………………………………………… 7

第 2 章　卫星图像预处理 ……………………………………………… 11

2.1　基于 Tetrolet 变换和 PDE 的卫星图像去噪 ……………………… 11

2.1.1　偏微分方程图像去噪模型 ……………………………………… 11

2.1.2　图像 Tetrolet 变换的 GCV 准则 ……………………………… 13

2.1.3　基于 Tetrolet 变换和 PDE 的卫星云图去噪算法 …………… 16

2.1.4　实验结果与分析 ………………………………………………… 17

2.1.5　结论 ……………………………………………………………… 32

2.2　基于平稳小波变换和遗传算法的卫星图像增强 ………………… 33

2.2.1　卫星图像增强概述 ……………………………………………… 33

2.2.2　离散非抽取小波变换 …………………………………………… 35

2.2.3　基于 UDWT 的去噪原理 ……………………………………… 36

2.2.4　利用遗传算法估计 UDWT 域去噪阈值 ………………………… 37

2.2.5　UWT 域通过非线性增益算子增强细节 ………………………… 39

2.2.6 增强后图像质量评价……40
2.2.7 实验结果与分析……42
2.2.8 结论……49
参考文献……50

第 3 章 多通道卫星图像融合……55

3.1 基于曲率形状表示和粒子群优化算法的多通道卫星图像配准……55
3.1.1 图像配准概述……55
3.1.2 CSS 特征角点的提取……56
3.1.3 图像角点的匹配……58
3.1.4 参考图像和待配准图像配准……59
3.1.5 实验结果与分析……60
3.1.6 结论……63
3.2 非下抽样 Contourlet 变换结合能量熵的多通道卫星图像融合……64
3.2.1 图像融合方法概述……64
3.2.2 图像融合评价……66
3.2.3 NSCT 概述……67
3.2.4 NSCT 结合能量融合算法……69
3.2.5 实验结果与分析……71
3.2.6 结论……75
3.3 基于 Tetrolet 变换的多通道卫星图像融合……76
3.3.1 基于拉普拉斯金字塔分解的融合算法……76
3.3.2 基于 Tetrolet 变换的多通道卫星云图融合算法……78
3.3.3 卫星云图融合结果与分析……80
3.3.4 融合图像的台风中心定位结果……93
3.3.5 结论……101
参考文献……102

第 4 章 热带气旋主体云系提取……104

4.1 基于边界特征的热带气旋云系自动识别……104
4.1.1 台风云系识别分割现状……104
4.1.2 台风云系特征……105
4.1.3 基于纹理与旋转特征的台风云系识别……107
4.1.4 结论……115

4.2 基于小波变换的热带气旋云系分割 …… 116
4.2.1 卫星图像分割概述 …… 116
4.2.2 台风云图预处理 …… 119
4.2.3 基于连续小波变换的 TCIOI 分割 …… 123
4.2.4 实验结果与分析 …… 127
4.2.5 结论 …… 136
参考文献 …… 136

第 5 章 基于卫星资料的热带气旋定位方法 …… 139

5.1 基于分形特征和红外亮温梯度的热带气旋定位 …… 139
5.1.1 热带气旋中心定位概述 …… 139
5.1.2 密闭云区的提取 …… 140
5.1.3 在密闭云区内确定台风中心位置 …… 142
5.1.4 结论 …… 144
5.2 基于红外亮温梯度偏差角的热带气旋定位 …… 145
5.2.1 红外亮温方差定位方法的整体思路和流程概述 …… 145
5.2.2 Bezier 直方图分割 …… 145
5.2.3 *k* 均值聚类分割 …… 146
5.2.4 偏差角 …… 147
5.2.5 偏差角方差定位原理 …… 148
5.2.6 红外亮温方差方法定位热带气旋中心的实现过程 …… 150
5.2.7 实验结果与分析 …… 153
5.2.8 结论 …… 158
参考文献 …… 158

第 6 章 基于卫星资料和机器学习的热带气旋客观定强方法 …… 159

6.1 基于红外亮温梯度和相关向量机的有眼热带气旋定强 …… 159
6.1.1 基于 GAC 模型的 PDE 分割 …… 159
6.1.2 热带气旋眼壁分割结果 …… 161
6.1.3 RVM 概述 …… 162
6.1.4 数据资料及构造建模特征因子 …… 163
6.1.5 实验结果与分析 …… 165
6.1.6 结论 …… 172

6.2 基于卫星云图和RVM以热带气旋中心作为参考点的热带气旋客观定强模型……173
6.2.1 卫星云图融合……174
6.2.2 偏差角介绍……178
6.2.3 热带气旋不同发展阶段的偏差角直方图……178
6.2.4 偏差角-梯度共生矩阵……180
6.2.5 数据资料及构造建模特征因子……181
6.2.6 实验结果与分析……183
6.2.7 结论……186
6.3 基于卫星云图和RVM以每一点依次作为参考点的热带气旋客观定强模型……187
6.3.1 构造偏差角-梯度共生矩阵参数阵……188
6.3.2 热带气旋不同发展阶段的结构伪彩色图……188
6.3.3 数据资料及构造建模特征因子……190
6.3.4 实验结果与分析……190
6.3.5 结论……194
参考文献……194

第1章 引　言

1.1 热带气旋概述

热带气旋（tropical cyclone，TC）是一种非常强烈的天气系统，主要发生在地球赤道附近的海面上。它的形状像一个漩涡，而且是一边绕自己旋转一边向前移动的漩涡。由于受到地球偏转力的影响，热带气旋在赤道以北是逆时针转动的，而在赤道以南是顺时针转动的。热带气旋中内部气压小，风速快[1]。台风、飓风和旋风其实都是热带气旋，只是对热带气旋的不同叫法而已。热带气旋如果登陆陆地会造成严重的财产损失，甚至人员的伤亡。只要热带气旋路过就会出现大风和大雨，而大风和大雨则会造成许多自然灾害，如洪灾、山体滑坡等。这都是由于热带气旋带来的强对流天气造成的[2]。热带气旋眼区天气晴朗，热带气旋眼区附近的密闭云区就会有大风大雨，接着向纬度高的地区移动就会带去大量降雨。我国东南沿海地区每年都会被几个热带气旋登陆引发的大风暴雨天气肆虐，蒙受了巨额的经济财产损失和人员伤亡[3]。因此，准确地预报热带气旋相关信息是一件非常重要的事。要准确地预报热带气旋，必不可少的就是要尽可能精确定位出热带气旋中心[4]。

1.1.1 热带气旋的形成

赤道附近的海面温度很高，导致该区域的气流上升，周围区域的海风和水蒸气沿着海面补充到该区域。这样循环下去，当最开始上升的气流遇到低温，水蒸气体积变小、比重变大，便会下降，而下降之后会吸热，则水蒸气体积膨胀后又会上升，再次遇到低温下降，如此反复气体分子逐渐缩小，最后形成了云。云团在这个过程中越来越大，内部的对流也越来越强，海面上的水蒸气上升和收缩的速度越来越快，云团疯狂吸收周围的水蒸气，当这个速度到达一定程度就变成了气旋。这便是热带气旋形成的主要原因和基本过程[5]。

1.1.2 热带气旋的结构

对于一个成熟的热带气旋而言，热带气旋的中心在海面上的低空形成一个低压区；热带气旋具有暖心结构，即热带气旋中心的温度高、外围的温度低，当然在接近海平面的区域除外，因为正是这种温度差才能使热带气旋继续吸收周围海面上的水蒸气；中心密闭云区则是围绕着热带气旋中心旋转的一群卷云[6]；风眼是当热带气旋非常强的时候产生的，如果热带气旋强度不够可能不会产生风眼结构；眼壁是风眼和密闭云区的交界处，这里的天气十分恶劣，而且眼壁经常发生更新替代[7]；在密闭云区之外可能会存在一条或多条螺旋雨带，它们也围绕着热带气旋中心旋转；热带气旋的高空还存在着外散环流的云块[8]。

1.1.3 热带气旋的生命周期

热带气旋的生命周期可分为 3 个阶段，即生成期、成熟期和消亡期。首先，赤道附近海面由于高温水蒸气上升形成低压。接着，通过周围海风和水蒸气来补充再上升形成循环。最后，上升的水蒸气通过不断地遇冷下降、遇热上升形成云系。云系越变越大，再加上受到地球偏转力的影响，云系自转便形成了热带气旋，这个时期就是生成期[9]。云系旋转起来之后进一步产生了离心力，导致热带气旋中心的空气更加稀薄，接着加速旋转起来，当热带气旋旋转达到一定的标准速度时便可以很明显地看到热带气旋密闭云区，这个时期的热带气旋便处在成熟期。热带气旋在进一步移动过程中登陆陆地后便会很快地减弱直至消散，这是由于其登陆陆地后会受到很大的摩擦力，同时水蒸气的补充也没有在海面上那么充足。又或者不登陆陆地转而从热带海洋进入温带海洋，由于温带海洋温度不够高，气旋能量和水分补充不足，热带气旋慢慢消散，这个时期是消亡期。

1.2 热带气旋定位的研究现状

20 世纪 70 年代早期，人们在海平面上放置装有传感器的浮标用来观测热带气旋的相关信息[10]。当然在这之前还出现过用飞机监测热带气旋，因为飞机可以直接飞抵热带气旋上空，精确地得到热带气旋相关的温湿风雨信息。由于存在费用及安全性的问题，飞机监测的方式逐渐减少。随后出现了用雷达来监测热带气旋，目前最新的雷达已经在监测热带气旋上起到了非常重要的作用，它可以获取热带气旋位置、强度、中心、移速等信息[11]。近年来，遥感卫星云图已逐渐成为监测热带气旋的主要手段。其中，由于红外静止卫星的云图拥有高时间分辨率和大区域覆盖面，目前被较多地用于定位热带气旋的中心位置[12]。

目前，实际运用卫星云图或气象雷达来定位热带气旋中心一般会存在或多或少的主观因素。其中，对热带气旋中心客观定位的方法主要包括模式匹配[13]、风场分析[14]、相关跟踪雷达回波（tracking radar echoes by correlation，TREC）算法[15]、云自动跟踪技术[16]等。

首先是模式匹配，目前广泛使用的是 Dvorak 技术，它针对不同发展过程中的热带气旋制定一定数量的云型模型。然后就可以对得到的云图按照热带气旋云型的不同进行分类，每种云型模型下都有对应该云型的中心定位模板和强度大小估计值[17-20]。在其他使用模式匹配算法的研究中，有的学者使用非线性的螺旋线拟合热带气旋中的螺旋雨带，通过多次拟合最后得到多条螺旋线的平均定位中心[21]。有的学者提出结合模式匹配算法的半自动热带气旋中心位置检测方法[22]。Neeru 和 Kishtawal[23]用先提取螺旋雨带，再对螺旋雨带进行螺旋线拟合的方法定位红外云图中热带气旋的中心。Wong 等[24]提出了一种使用多普勒雷达数据来修正热带气旋中心的运动场结构分析方法。还有学者通过计算云图中每个像素点的梯度方向信息，利用每个像素点梯度方向上的所有直线的相交点的存储矩阵信息来定位热带气旋中心[25-26]。有的学者提出一种梯度方向信息的热带气旋中心定位方法，其中使用了偏差角方差信息[27]。类似地，还有学者提出用形态学算子来描述热带气旋的整体形状，提取热带气旋眼区的覆盖区域，确定热带气旋眼区的相对中心，最后依据此数据得出热带气旋最有可能的移动路径[28]。还有通过 TREC 算法来定位热带气旋中心的，其中有基于被动式微波辐射观测专用传感器微波成像仪/探测器的图像[29]，也有基于主动式微波传感器得到的合成孔径雷达图像[30]。还有学者利用云自动跟踪技术来定位，如 Liu 等[31]先用梯度矢量流（gradient vector flow，GVF）Snake 模型将热带气旋主体云系的大致轮廓提取出来，再利用距离信息最终判定热带气旋的中心位置。

不同的方法各有优缺点。例如，TREC 算法一般针对有眼热带气旋，它是在热带气旋眼区中间更加细致地定位出更精确的结果；而对于无眼热带气旋，这种算法就会变得无能为力。再如，模式匹配方法，虽然这种方法定位比较简单（每个热带气旋一般都能找到一个对应的模板），但是正是这种找模板的简单操作一定会加入一些主观的人为判断在里面，这与客观定位要求不符合[32]。云自动跟踪技术对卫星云图的帧与帧的时间间隔尽量小、帧数尽量多的要求难以实现[33]。风场分析方法虽然能同时适用于定位无眼热带气旋和有眼热带气旋的中心位置，但其稳定性不如模式匹配方法[34]。

本书希望通过对热带气旋风场整体的理解和分析，提出一种既适用于定位有眼热带气旋的中心位置，又能很稳定地适用于对无眼热带气旋的中心定位方法。因此，分别尝试了用直方图结合均值聚类的分割方法和基于小波变换结合显著性检测分割方法来分割出热带气旋中仅含有亮温变化剧烈位置的主体云系。然后利用偏差角方差信息定位出热带气旋中心位置，与中国气象局（China Meteorological Administration，CMA）、日本气象厅（Japan Meteorological Agency，JMA）、美国联合飓风警报中心（Joint Typhoon Warning Center，JTWC）的最佳路径数据对比求取偏差。利用灰度共生矩阵定义中的能量这个应用变量可以用来描述矩阵内元素的整体偏移水平和纹理信息的特性，提出用偏差角梯度分布均匀性信息替代偏差角方差信息来定位热带气旋中心位置，与CMA、JMA、JTWC的最佳路径数据对比求取偏差，与以上两种结果做对比。

1.3 热带气旋定强的研究现状

近年来，热带气旋路径预报水平不断提高，预报精度也不断加强。但是，热带气旋强度的预报研究进程却十分缓慢。较低的热带气旋定强精度阻碍了热带气旋强度数值预报的进展[35-38]。目前，热带气旋定强方法主要包括极轨卫星微波资料[39-42]和静止卫星资料[43-47]两大类。

1.3.1 极轨卫星微波资料在热带气旋定强中的应用

静止卫星红外和可见光通道无法获得低层的热带气旋云系信息，但极轨卫星的微波资料不受此限制，可用于提高热带气旋定强精度。Kidder等[48]的研究表明先进微波探测器（advanced microwave sounding unit，AMSU）观测的54.9/55.5GHz谱段的亮温距平与飞机观测的热带气旋中心气压高度相关，可用于热带气旋定强。王瑾等[49]利用NOAA-16的AMSU资料和邻近时刻的NCEP数值预报资料分析西北太平洋地区热带气旋的热力结构，结果表明，热带气旋对流层中上层暖异常与其强度关系密切。Demuth等[50]基于AMSU资料利用多元回归方法进行热带气旋定强，其平均绝对误差为5.6m/s。Bankert等[39]利用专用传感微波/成像仪（special sensor microwave/imager，SSM/I）资料定强，其均方根误差为7.8～9.9m/s。近年来，热带测雨卫星（tropical rainfall measuring mission，TRMM）微波资料因其低频资料能更好表征云系近地面结构，也被较多用于热带气旋定强。Kishtawal等[41]基于微波成像仪（TRMM microwave imager，TMI）资料利用遗传算法结合多个统计因子进行热带气旋定强，其均方根误差为7.1m/s。卢怡等[42]利用微波成像仪的亮温资料定强，其均方根误差接近业务误差。Jiang[51]基于TMI等资料研究发现，热带气旋内核强对流与其强度变化密切相关。低频通道的亮温相对于高频通道可更好地表征海上热带气旋强度。有研究发现，基于HY-2极轨卫星的微波资料对热带气旋定强的效果与利用QucikSCAT资料定强的效果相当[52]。最近，也有研究综合运用多极轨卫星的微波资料实现热带气旋定强[53]，其定强效果优于单极轨卫星微波资料定强效果。

1.3.2 静止卫星资料在热带气旋定强中的应用

微波资料能够探测到云顶以下的热带气旋结构，但是极容易受到强降水的干扰[54]。此外，由于极轨卫星的时间分辨率不高（每颗卫星每天只有两次观测），往往不能全面捕捉热带气旋强度变化及其相关的内部对流结构演变，不能满足业务要求[55]。静止卫星资料由于时间分辨率高，被更多应用于目前的热带气旋定强业务。

美国在20世纪六七十年代成功发射极轨气象卫星和静止气象卫星。随后，一些研究开始用获得的卫星观测资料估计热带气旋的风速和气压。其中最为重要并一直沿用至今的是Dvorak技术[56-59]，该技术利用可见光和红外云图上热带气旋云系特征实现热带气旋定强。20世纪80年代末，世界气象组织向全球推荐使用Dvorak技术。但该方法在云特征值指数的确定等方面存在较大的主观性，准确度依赖于预报员的经验。

在原有Dvorak技术的基础上，Velden和Olander先后提出客观Dvorak技术[60]（objective Dvorak technique，ODT）和高级客观Dvorak技术[61]（advanced objective Dvorak technique，AODT），尽管减少了人为操作步骤，但经证明仍不适用于弱热带气旋。此后，研究者又对AODT技术进一步改进，如Kossin等[62]指出由于对流层云顶高度随着纬度的增加而降低，将导致Dvorak技术低估中高纬度热带气旋的强度。最新的ODT技术被称为高级Dvorak技术（advanced Dvorak technique，ADT）[63]，ADT与以往致力于模仿主观技术的ODT和AODT不同，其主要致力于将前两者的技术进行拓展并放松了限制条件。ADT估计热带气旋强度的精度依赖于前期基于单通道红外卫星云图的热带气旋中心定位的精度，但当热带气旋眼区或螺旋雨带卷云遮蔽时，自动定位比较困难。为此，Olander和Velden再次对ADT进行修正，利用热带气旋强对流区域在静止卫星红外窗区（infrared window，IRW）、水汽通道（water vapor，WV）及这两通道光谱特性的差异（infrared water vapor，IRWV），用线性回归法估计热带气旋强度。试验证明，GOES卫星的IRWV与热带气旋强度的相关性系数可达0.66[55]。Dvorak技术的设计主要针对大西洋地区的热带气旋，但由于西北太平洋区域存在较强的季风，且该区域热带气旋的云顶温度较低，直接应用Dvorak技术会产生一定的偏差。因此，我国气象工作者方宗义等[64]结合西北太平洋区域热带气旋强度相关的云图特征对 Dvorak 技术进行了改进。数字云图能给出任意像素点的亮温，克服了增强红外云图只能给出固定亮温等级范围的不足。范蕙君等[65]提出利用数字云图确定热带气旋强度，新增结构紧密度因子的概念，在定量化、客观化方面有了显著的进步。长期以来，热带气旋定强主要借助于 Dvorak 技术。原始的 Dvorak 技术[56-59]在基于云特征进行定强时常依赖主观经验，易对热带气旋云型误判，导致热带气旋定强误差。Velden 和 Olander 等针对原始的 Dvorak 技术进行改进[60-63]，虽减少了主观操作的步骤，但对于弱热带气旋（如热带低压、热带风暴等）不适用[66]。2017 年 Zhang 等[67]指出热带气旋云型模型分类和大样本能够提高热带气旋定强的精度。

除前述的 Dvorak 类方法外，近年来国内外学者还基于静止卫星资料提出了其他一些有效的热带气旋定强方法。如曹钰等[68]用日本静止卫星的（black body temperature，TBB）资料研究发现，整个热带气旋环流内对流核总数、外雨带内对流核总数及内核区域对流核密度与热带气旋强度正相关。鲁小琴等[66]用日本的静止卫星 TBB 资料，根据提取的对流核数量、对流核距热带气旋中心距离、对流核亮温极值等信息表征热带气旋强度，用多元线性回归法进行热带气旋定强，精度与 Dvorak 技术和先进微波探测器定强算法相当。Kossin 等[69]基于红外云图资料用线性回归法估计最大风速半径和临界风半径。杨银环[70]基于红外卫星云图资料，利用相关向量机（relevance vector machine，RVM）建立台风眼尺寸和最大风速半径之间的关系模型，利用支持向量机（support vector machine，SVM）建立临界风半径与台风生命史、纬度及最大风速之间的关系模型。近年来，基于红外亮温资料的偏差角方差（deviation angle variance，DAV）技术也被成功用于热带气旋定强[43-44]，但该方法对强风切变的热带气旋定强效果欠佳。为此 Ritchie 等[46-47]用美国国家飓风中心（national hurricane center，NHC）最佳路径资料对 DAV 方法进行修正。近来有学者基于历史热带气旋的卫星方位亮温廓线数据，利用 k 最近邻法进行热带气旋定强[45]，其综合定强效果与 Dvorak 技术、ADT 和 DAV 方法相当。2016 年，钱金芳[71]基于灰度-梯度共生矩阵原理，提出偏差角-梯度共生矩阵的热带气旋定强方法，该方法研究了半径 200km 内的热带气旋内核红外亮温统计特征与热带气旋强度之间的关系，实验结果表明与线性建模方法相比，非线性建模方法有望提高热带气旋定强的精度。新近还有基于红外亮温资料计算热带气旋内核区多点云顶斜率，并据此对热带气旋进行定强[72]。结果表明，在热带气旋眼墙（eyewall）处的红外亮温斜率与热带气旋强度呈明显负相关。前述相关研究工作主要集中于利用可见光和红外通道资料定强，其中以利用单通道资料，尤其是红外通道资料最多。近来已有少数工作结合红外和水汽通道亮温差资料用于热带气旋定强[55]，取得了较好的定强效果。除用红外通道亮温资料进行热带气旋定强外，近年来也有学者开始关注热带气旋尺度对热带气旋强度的影响，如吴联要[73]研究发现，热带气旋内核区尺度与强度的相关性在热带气旋发展增强阶段表现较好。

1.3.3 多普勒雷达观测资料在热带气旋定强中的应用

除了上述基于极轨卫星的微波资料和静止卫星资料的热带气旋定强外，近年来也有研究发现多普勒雷达在热带气旋定强方面有较大的优势，如 2016 年 Shimada 等[74]利用地面多普勒雷达观测资料，对 28 例接近日本的 22 个热带气旋进行了强度（中心气压）估计，并对估计方法的准确性和实用性进行了评价，指出多普勒雷达强度估计有足够的准确性和实用性。该方法采用基于地面的速度轨迹显示（ground-based velocity track display，GBVTD）技术，反演切向风场和梯度风平衡方程。当距离度量较短时，多普勒雷达估计的精度较高；当风力反演精度较高和雷达覆盖较密集时，多普勒雷达估计的精度较高。对于半径为 20～70km 的热带气旋，估计的中心气压具有 5.55hPa（1hPa=100Pa）的均方根误差。这些结果证实，多普勒雷达强度估计具有足够的精度和实用性。多普勒天气雷达的观测对于恶劣天气事件的现时预报和短期预报至关重要，因为它们带来了大气的精确信息。然而，由于不可避免的噪声和非气象信号干扰，雷达所观测到的风速数据不能直接同化成一个数值模型。2018 年，Qian 等[75]在超强台风 Rammasun（2014）登陆前的数值模拟中，对两台多普勒雷达观测到的风速径向分量进行了同化。经过几个质量控制步骤后，对雷达观测到的径向速度进行去混叠、降噪和同化，改善高分辨率模拟的初始条件。但是，地面多普勒雷达因其覆盖范围有限，一般是在热带气旋临近登陆时才有效，当热带气旋在远海时就无能为力了。

综上所述，目前气象业务上的热带气旋定强方法较 Dvorak 技术有了一定的改进，但仍存在一些问题。第一，定强时考虑的因素不够全面，未充分考虑与热带气旋强度有关的结构信息（如内核、尺度等），因而仅对某类热带气旋定强有效。第二，热带气旋定强建模时多采用线性模型，即使有少数非线性模型也常常要借助一些主观经验确定模型中的参数。因此，目前对热带气旋强度的估计仍主要基于 Dvorak 技术的定性描述，定量能力还较弱。

参 考 文 献

[1] 陈渭民. 卫星气象学[M]. 北京：气象出版社，2003.

[2] 钱金芳. 基于卫星资料的热带气旋强度估计及风场反演方法研究[D]. 金华：浙江师范大学，2015.

[3] 陈源. 基于多尺度几何分析的卫星云图融合方法及对台风中心定位的影响[D]. 金华：浙江师范大学，2014.

[4] 乔文峰. 基于卫星云图的台风定位技术研究[D]. 上海：上海交通大学，2012.

[5] 余建波. 基于气象卫星云图的云类识别及台风分割的中心定位研究[D]. 武汉：武汉理工大学，2008.

[6] 张军，刘正光，吴冰，等．基于单幅红外云图的有眼台风自动定位算法[J]. 天津大学学报，2005，38（5）：437-442.

[7] 刘凯，黄峰，罗坚．无眼台风自动定位方法研究[J]. 信息与控制，2001，30（6）：543-546.

[8] 曾明剑，于波，周增奎．卫星红外云图上台风中心定位技术研究和应[J]. 热带气象学报，2006，22（3）：241-247.

[9] 靳梅. 气旋的图像特征提取、描述及台风中心定位[D]. 天津：天津大学，2008.

[10] 毛文吉，金海东．台风预报专家系统[J]. 计算机研究与发展，1991，28（10）：52-54.

[11] 李柏，古庆同，李瑞义，等．新一代天气雷达灾害性天气监测能力分析及未来发展[J]．气象，2013，39（3）：265-280.

[12] 孔秀梅，王萍，宋振龙．基于云导风场的形成期台风定位[J]．模式识别与人工智能，2005，18（6）：752-757.

[13] CHAURASIA S, KISHTAWAL C M, PAL P K. An objective method of cyclone centre determination from geostationary satellite observations[J]. International Journal of Remote Sensing, 2010, 31(9): 2429-2440.

[14] RAO B M, KISHTWAL C M, PAL P K, et al. Ers-1 surface wind observations over a cyclone system in the bay of Bengal during November 1992[J]. Remote Sensing, 1995, 16(2): 351-357.

[15] TUTTLE J, GALL R. A single-radar technique for estimating the winds in tropical cyclones[J]. Bulletin of the American Meteorological Society, 1999, 80(4): 653-668.

[16] HASLER A F, PALANIAPPAN K, KAMBHAMMETU C, et al. High-resolution wind fields within the inner core and eye of a mature tropical cyclone from goes 1-min images[J]. Bulletin of the American Meteorological Society, 1998, 79(11): 2483-2496.

[17] DVORAK V F. A technique for the analysis and forecasting of tropical cyclone intensities from satellite pictures[R]. NOAA Technical Memorandum NESS 45 (Revision of NOAA TM NESS 36), 1973: 19.

[18] DVORAK V F. Tropical cyclone intensity analysis and forecasting from satellite imagery[J]. Monthly Weather Review, 1975, 103(5): 420-430.

[19] DVORAK V F, WRIGHT S. Tropical cyclone intensity analysis using enhanced infrared satellite data[C]//Proceeding of the 11th Technical Conference on Hurricanes and Tropical Meteorology, 1977: 268-273.

[20] DVORAK V F. Tropical cyclone intensity analysis using satellite data[R]. NOAA Technical Report, 1984, 11: 1-47.

[21] YURCHAK B S. Description of cloud-rain bands in a tropical cyclone by a hyperbolic- logarithmic spiral[J]. Russian Meteorology and Hydrology, 2007, 32(1): 8-18.

[22] JIN S H, WANG S, LI X F, et al. A salient region detection and pattern matching-based algorithm for center detection of a partially covered tropical cyclone in a SAR Image[J]. IEEE Transactions on Geoscience and Remote Sensing, 2017, 55(1): 280-291.

[23] NEERU J, KISHTAWAL C M. Automatic determination of center of tropical cyclone in satellite-generated IR images[J]. IEEE Geoscience and Remote Sensing Letters, 2011, 8(3): 460-463.

[24] WONG K Y, YIP C L, LI P W. A novel algorithm for automatic tropical cyclone eye fix using Doppler radar data[J]. Meteorological Applications, 2007, 14(1): 49-59.

[25] MIGUEL F, PINEROS E A, RITCHIE J, et al. Objective measures of tropical cyclone structure and intensity change from remotely sensed infrared image data[J]. IEEE Transactions on Geoscience and Remote Sensing, 2008, 46(11): 3574-3580.

[26] NEERU J, KISHTAWAL C M. Objective detection of center of tropical cyclone in remotely sensed infrared images[J]. IEEE Journal of Selected Topics in Applied Earth Observations and Remote Sensing, 2013, 6(2): 1031-1035.

[27] RODRIGUEZ-HERRERA O G, WOOD K M, DOLLING K P, et al. Automatic tracking of pregenesis tropical disturbances within the deviation angle variance system[J]. IEEE Geoscience and Remote Sensing Letters, 2015, 12(2): 254-258.

[28] WANG K, LI X J, GE L L. Locating tropical cyclones with Integrated SAR and optical satellite imagery[C]//2013 IEEE International Geoscience and Remote Sensing Symposium, 2013: 1626-1629.

[29] HAWKINS J D, TURK F J, LEE T F, et al. Observations of tropical cyclones with the SSMIS[J]. IEEE Transactions on Geoscience and Remote Sensing, 2008, 46(4): 901-912.

[30] XU Q, ZHANG G S, LI X F, et al. An automatic method for tropical cyclones center determination from SAR[C]//2016 IEEE International Geoscience and Remote Sensing Symposium, 2016: 2250-2252.

[31] LIU J N K, FENG B, WANG M, et al. Tropical cyclone forecast using angle features and time warping[C]//The 2006 IEEE International Joint Conference on Neural Network Proceedings, 2006: 4330-4337.

[32] 王继志，杨云琴，汤桂生. 8807 号台风中尺度结构的诊断分析[J]. 海洋学报，1993，15（1）：53-61.

[33] PAO T, YEH J. Typhoon locating and reconstruction from infrared satellite cloud image[J]. Journal of Multimedia, 2008, 3(2): 45-51.

[34] 刘凯，黄峰，罗坚. 台风卫星云图分割方法研究[J]. 微机发展，2001(1)：54-56.

[35] HARNOS D S, NESBITT S W. Convective structure in rapidly intensifying tropical cyclones as depicted by passive microwave measurements[J]. Geophysical Research Letters, 2011, 38(7): L07805.

[36] FREEDMAN A. Storm intensity forecasts lag; communities more at risk[EB/OL]. (2012-06-18) [2019-10-18]. https://www.climatecentral.org/news/storm-intensity-forecasts-lag-putting-communities-more-at-risk.

[37] ZHANG F, TAO D. Effects of vertical wind shear on the predictability of tropical cyclones[J]. Journal of the Atmospheric Sciences, 2013, 70(3): 975-983.

[38] DEMARIA M, SAMPSON C R, KNAFF J A, et al. Is tropical cyclone intensity guidance improving?[J]. Bulletin of the American Meteorological Society, 2014, 95(3): 387-398.

[39] BANKERT R L, TAG P M. An automated method to estimate tropical cyclone intensity using SSM/I imagery[J]. Journal of applied meteorology, 2002, 41(5): 461-472.

[40] BRUESKE K F, VELDEN C S. Satellite-based tropical cyclone intensity estimation using the NOAA-KLM series advanced microwave sounding unit (AMSU)[J]. Monthly Weather Review, 2003, 131(4): 687-697.

[41] KISHTAWAL C M, PATADIA F, SINGH R, et al. Automatic estimation of tropical cyclone intensity using multi-channel TMI data: a genetic algorithm approach[J]. Geophysical Research Letters, 2005, 32(11): L11804.

[42] 卢怡，周顺武，赵兵科，等. TRMM/TMI 资料在热带气旋强度估计中的应用研究[J]. 暴雨灾害，2012，31（4）：336-341.

[43] PINEROS M F, RITCHIE E A, TYO J S. Objective measures of tropical cyclone structure and intensity change from remotely sensed infrared image data[J]. IEEE Transactions on Geoscience and Remote Sensing, 2008, 46(11): 3574-3580.

[44] PINEROS M F, RITCHIE E A, TYO J S. Estimating tropical cyclone intensity from infrared image data[J]. Weather and Forecasting, 2011, 26(5): 690-698.

[45] FETANAT G, HOMAIFAR A. Objective tropical cyclone intensity estimation using analogs of spatial features in satellite data[J]. Weather and Forecasting, 2013, 28(6): 1446-1459.

[46] RITCHIE E A, VALLIERE K G. Tropical cyclone intensity estimation in the north Atlantic basin using an improved deviation angle variance technique[J]. Weather and Forecasting, 2012, 27(5): 1264-1277.

[47] RITCHIE E A, WOOD K M, RODRIGUEZ-HERRERA O G, et al. Satellite-Derived tropical cyclone intensity in the north Pacific ocean using the deviation- angle variance technique[J]. Weather and Forecasting, 2014, 29(3): 505-516.

[48] KIDDER S Q, GOLDBERG M D, ZEHR R M, et al. Satellite analysis of tropical cyclones using the Advanced Microwave Sounding Unit (ASMU)[J]. Bulletin of the American Meteorological Society, 2000, 81(6): 1241-1259.

[49] 王瑾，江吉喜. AMSU 资料揭示的不同强度热带气旋热力结构特征[J]. 应用气象学报，2005，16（2）：159-269.

[50] DEMUTH J L, DEMARIA M, KNAFF J A. Improvement of advanced microwave sounding unit tropical cyclone intensity and size estimation algorithms[J]. Journal of Applied Meteorology and Climatology, 2006, 45(11): 1573-1581.

[51] JIANG H Y. The relationship between tropical cyclone intensity change and the strength of inner-core convection[J]. Monthly Weather Review, 2012, 140(4): 1164-1176.

[52] ZHANG D R, ZHANG Y Z, HU T G, et al. A comparison of HY-2 and QuickSCAT vector wind products for tropical cyclone track and intensity development monitoring[J]. IEEE Geoscience and Remote Sensing Letters, 2014, 11(8): 1365-1369.

[53] YANG S, HAWKINS J, RICHARDSON K. The improvement NRL tropical cyclone system with unified microwave brightness temperature calibration scheme[J]. Remote Sensing, 2014, 6(5): 4563-4581.

[54] 刘喆，李万彪，韩志刚，等. 利用 AMSU-A 亮温估测西北太平洋区域热带气旋强度[J]. 地球物理学报，2008，51（1）：51-57.

[55] OLANDER T L, VELDEN C S. Tropical cyclone convection and intensity analysis using differenced infrared and water vapor imagery[J]. Weather and Forecasting, 2009, 24(6): 1558-1572.

[56] DVORAK C A. A technique for the analysis and forecasting of tropical cyclone intensities from satellite pictures[R]. NOAA Technical Memorandum. National Environmental Satellite Service 36, 1972.

[57] DVORAK C A. Tropical cyclone intensity analysis and forecasting from satellite imagery[J]. Monthly Weather Review, 1975,103(5): 420-430.

[58] DVORAK C A. Tropical cyclone intensity analysis using satellite data[R]. NOAA Technical Report. 11, 1984.

[59] DVORAK C A. Tropical clouds and cloud systems observed in satellite imagery[M]. Workbook Vol. 2, 1995, NOAA/ NESDIS.

[60] VELDEN C S, OLANDER T L, ZEHR R M. Development of an objective scheme to estimate tropical cyclone intensity from digital geostationary satellite infrared imagery[J]. Weather and Forecasting, 1998: 13(1), 172-186.

[61] OLANDER T L, VELDEN C S, TURK M A. Development of the advanced objective Dvorak technique (AODT)-current progress and future directions. Preprints[C]. 25th Conference on Hurricane and Tropical Meteorology. American Meteorology Society, 2002: 585-586.

[62] KOSSIN J P, VELDEN C S. A pronounced bias in tropical cyclone minimum sea level pressure estimation based on the Dvorak technique[J]. Monthly Weather Review, 2004, 132(1): 165-173.

[63] OLANDER T L, VELDEN C S. The advanced Dvorak technique: continued development of an objective scheme to estimate tropical cyclone intensity using geostationary infrared satellite imagery[J]. Weather and Forecasting, 2007, 22(2): 287-298.

[64] 方宗义，周连翔. 用地球同步气象卫星红外云图估计热带气旋强度[J]. 气象学报，1980，38（2）：150-159.

[65] 范蕙君，李修芳，燕芳杰，等. 用数字云图确定热带气旋强度的原理和方法[J]. 大气科学，1996，20（4）：439-444.

[66] 鲁小琴，雷小途，余晖，等. 基于卫星资料进行热带气旋强度客观估算[J]. 应用气象学报，2014，25（1）：52-58.

[67] ZHANG M, QIU H, FANG X, et al. Study on the multivariate statistical estimation of tropical cyclone intensity using FY-3 MWRI brightness temperature data.[J]. Journal of Tropical Meteorology, 2017, 23(2): 146-154.

[68] 曹钰，岳彩军，寿绍文. 热带气旋（TC）环流内对流核数、TBB 特征与 TC 强度关系的统计合成分析[J]. 热带气象学报，2013，29（3）：381-392.

[69] KOSSIN J P, KNAFF J A, BERGER H I, et al. Estimating hurricane wind structure in the absence of aircraft reconnaissance[J]. Weather and Forecasting, 2007, 22: 89-101.

[70] 杨银环. 基于 RVM 和小波变换的近海台风内核风场反演方法研究[D]. 金华：浙江师范大学，2013.

[71] 钱金芳. 基于卫星资料的热带气旋强度估计及风场反演方法研究[D]. 金华：浙江师范大学，2015.

[72] SANNBIA E R, BARRETT B S, FINE C M. Relationships between tropical cyclone intensity and eyewall structure as determined by radial profiles of inner-core infrared brightness temperature[J]. Monthly Weather Review, 2014, 142(12): 4581-4599.

[73] 吴联要. 内核及外围尺度对热带气旋强度影响的初步研究[D]. 北京：中国气象科学研究院，2011.

[74] SHIMADA U, SAWADA M, YAMADA H. Evaluation of the accuracy and utility of tropical cyclone intensity estimation using single ground-based doppler radar observations.[J]. Monthly Weather Review, 2006, 144(5): 1823-1840.

[75] QIAN Y K, PENG S Q, LIU S, et al., Assessing the influence of assimilating radar-observed radial winds on the simulation of a tropical cyclone[J]. Natural Hazards, 2018, 94(1): 279-298.

第 2 章　卫星图像预处理

2.1　基于 Tetrolet 变换和 PDE 的卫星图像去噪

在对多通道卫星云图进行图像融合前，需要对云图进行去噪处理，这是因为在卫星云图的信息采集和传输的过程中不可避免地会有噪声的污染，影响图像的质量；而且，卫星云图中的噪声对图像信息的提取造成很大的干扰，对融合图像可能会造成噪声的叠加，不利于后续采用融合图像对台风中心定位。因此，本章结合 Tetrolet 变换、偏微分方程（partial differential equations，PDE）和广义交叉验证（generalized cross validation，GCV）理论提出一种新的卫星云图去噪方法，对卫星云图进行预处理。

2.1.1　偏微分方程图像去噪模型

偏微分方程去噪理论最早是通过高斯（Gauss）滤波引入的。经过长期的理论研究，以及研究者的数值运算，证明了微分算子都能由大部分局部滤波算子转化得到。

偏微分方程的去噪方法从早期的均匀扩散的高斯滤波，改进为线性非均匀扩散方程，再到由 Perona 等[1]提出的非线性扩散方程，然后 Joachim 等[2]研究了非线性各向异性扩散方程，还有 Gilboa 等[3]研究了一种前向后向扩散方程，以及 You 等[4]研究了四阶扩散方程。另外，有些研究者提出对图像构造能量泛函，为了使泛函有稳定解，可以采用变分法求得最优最小值。现在常用的偏微分方程去噪模型主要是基于 P-M 非线性扩散模型和 TV 模型。

1. P-M 非线性扩散模型

1987 年，Perona 和 Malik 提出了著名的各向异性扩散方程，它是基于热平衡方程的一种模型，也被叫作 P-M 方程。假设 u 为原始图像，u_0 为加噪后的图像，那么依据文献[1]有以下函数：

$$\begin{cases}\dfrac{\partial u}{\partial t}=\operatorname{div}\left(c\left(|\nabla u|\right)\nabla u\right)\\ u(x,y,0)=u_0(x,y)\end{cases} \tag{2-1}$$

式中，$t\geqslant 0$；∇ 为梯度算子；div 为散度算子；$(x,y)\in\Omega$，Ω 表示图像区域，$u(x,y)$ 表示图像中的像素点。函数 $c\left(|\nabla u|\right)$ 为扩散传导系数函数，且 $c\left(|\nabla u|\right)=g\left(\|\nabla u\|\right)$，所得的值是非负的，它表示图像的梯度信息，可以提取图像中的边缘等重要细节。函数 $c\left(|\nabla u|\right)$ 的选择关系到扩散效果的优劣，而且对此函数的选取有一定的条件，需要满足对不同灰度的图像都能做适当处理的要求。特别地，在灰度变化较小的部分，此函数的扩散过程要对图像进行有利于图像效果的平滑处理；在灰度变化较大的部分，此函数的平滑作用需要减弱，以突出图像的信息。根据此特点，一般有以下两种不同方式的扩散函数：

$$c\left(|\nabla u|\right)=\frac{1}{1+\dfrac{|\nabla u|^2}{k}} \tag{2-2}$$

或

$$c\left(|\nabla u|\right)=\exp\left(-\frac{|\nabla u|^2}{k}\right) \tag{2-3}$$

式中，k 作为参照数，是一个常量值。P-M 方程解决了图像在不同尺度上的扩散，应用到图像去噪领域，沿着图像的边缘进行函数扩散就可以保持图像的边缘信息。

此外，作为可调节的 k 值，因 k 值不同，扩散函数的扩散强度不同，图像的去噪效果也有所不同。当 k 值较大时，扩散强度较强，对图像有较强的去噪能力，但平滑作用使图像中的一些边缘信息丢失，细节保留度不好；当 k 值较小时，扩散强度较弱，去噪能力降低，但保持了较好的图像边缘效果。

该模型的缺陷主要是在模型噪声较大时并不是很稳定，可能导致某些噪声的放大，也有可能削弱图像的对比度。总的来说，P-M 模型的优点是能够在去噪的同时对图像的边缘等信息有恰当的保留，但其适用性并不是很强，算法还有很大的改进空间。经过长期的理论和实践研究，很多改进的 P-M 模型已被提出及使用。

2. TV 模型

基于变分方法的去噪模型是目前常用的一种图像去噪技术，是一种以数学为基础的图像处理方法。对于基于变分的方法，在应用数学的研究基础上，许多图像处理方向的研究者也很早就对其进行了研究，获得了很多相关的研究成果。在图像去噪领域，基于变分模型的方法被首次引入是在 1992 年，由 Leonid 等[5]提出的 TV 去噪模型，在去噪的

同时保留图像的边缘信息。该模型也被人们叫作 ROF 模型。假设原图像是 $f(x)$，被噪声污染后，TV 去噪模型的泛函式可以表示为

$$u = \arg\min_{u \in BV} \left\{ |u|_{BV} + \lambda \|u - f\|_{L^2}^2 \right\} \tag{2-4}$$

即求式子的最小值，达到最优的图像去噪水平。其中，$\lambda \geqslant 0$ 表示拉格朗日乘子，$|u|_{BV} = \int_{\Omega} |u| \mathrm{d}x\mathrm{d}y$，利用了有界变差（bounded variation，BV）函数。该模型也可以理解为，它主要是对图像进行一阶微分，平滑图像实现去噪的效果，同时在去噪过程中加入优化的算法，使之能体现图像目标物的边缘纹理等特征信息。总之，基于变分方法的 TV 模型理论基础完善，应用范围广泛，现有的很多图像去噪算法都是基于 TV 模型改进的，且都取得较优的图像效果。

对比以上两种偏微分图像去噪方法，TV 模型大体上比 P-M 模型更优，具有更好的稳定性。由于 TV 模型是在 BV 函数空间上求得的解空间，对于图像去噪中边缘等信息的不连续性特征有所保留，非常适合应用在图像去噪领域。但是，TV 模型也有一定的缺陷，经 TV 模型去噪的图像中容易出现阶梯效应，需要进一步研究以克服该现象。

2.1.2　图像 Tetrolet 变换的 GCV 准则

在实际应用中，很多图像的噪声来源一般是不可知的，因此需要对噪声信息进行预估计。考虑可以用某一个像素点的邻域像素值的线性组合表示该像素点的值，那么就可以用其周围的信息求得该点的近似值。对于图像去噪来说，可以完全不考虑含有噪声的像素值，而用其周围的信息来确定该像素点的值，能有效地抑制该点噪声，有利于得到较好的去噪结果。主要是采用所求像素点的邻域加权取平均方法，先求得相应的数值，再计算均方误差（mean square error，MSE）的近似期望值。由于 MSE 是衡量去噪效果的评价参数，按照此思路提出的 GCV 准则可以在对图像噪声能量及其真实数据未知的情况下，用估计的 MSE 值选择最优的去噪阈值对图像去噪。而且，Jansen 等[6]已经证明，利用 GCV 所求得的阈值是一种最小均方误差意义上的渐近最优解。GCV 的最小化过程具体来说是使用软阈值门限函数进行处理，不同于硬阈值函数，它是一个连续的过程。在不同阈值 δ 下，图像小波分解系数 GCV(δ) 和 MSE(δ) 值的比较曲线如图 2-1 所示，其中横坐标是阈值，纵坐标是 GCV(δ) 或 MSE(δ) 值。选取 512×512 像素的 Lena 标准图像作为实验图像，加入标准差为 30、均值为 0 的高斯白噪声，快速双正交小波分解层数设为 3 层，所取的测试系数大小为 512×512，列举了 100 个阈值点的比较结果，参照 ThreshLab Maarten Jansen 网站[6]所提供的程序。

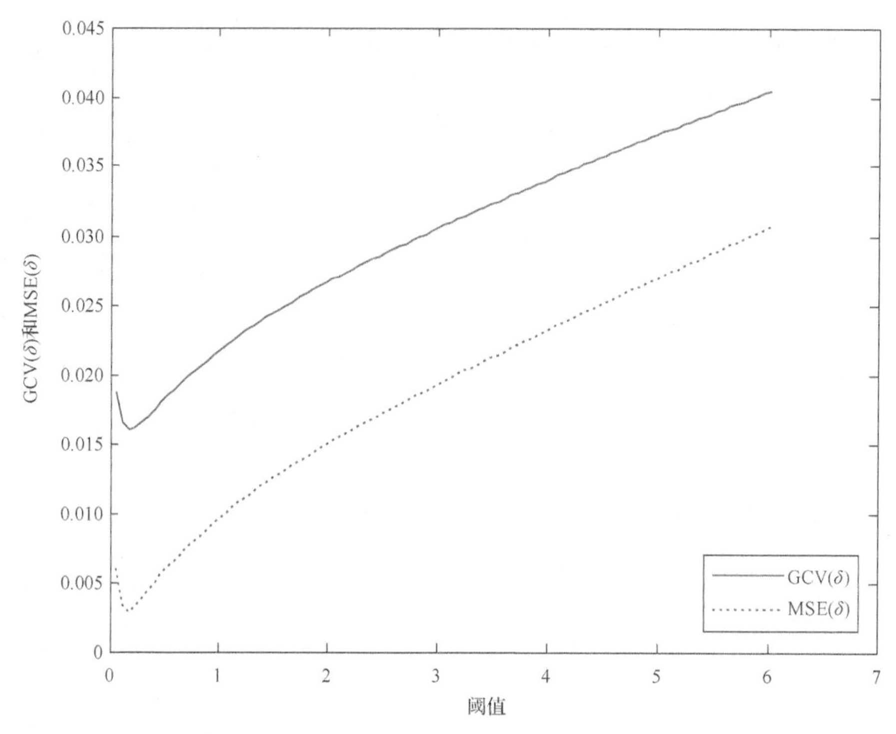

图 2-1　小波分解系数在不同阈值下的 GCV(δ) 和 MSE(δ) 值的比较曲线

从图 2-1 中可以看到，GCV(δ) 关于阈值的曲线形状和 MSE(δ) 关于阈值的曲线形状非常接近，且都是单调凸函数曲线，因此可以找到最小值点。GCV 准则是对 MSE 值的近似估计，图 2-1 再次证明其估计方法的有效性。MSE 作为衡量去噪效果的评价参数，其值越小表示去噪效果越好，单调凸函数曲线正好能找到最优阈值。文献[6]中已证明当 $N \to \infty$ 时，最优阈值 $\arg\min \mathrm{GCV}(\delta) = \arg\min \mathrm{MSE}(\delta)$ 。因此，在不知道原图噪声分布情况时，可以用 GCV 函数估计 MSE，确定最优去噪阈值，同时对原图像的细节特性也有较好的保留。

由于 Tetrolet 变换在图像边缘应用哈尔（Haar）功能函数，有非常小的支撑域，使去噪图像不受吉布斯（Gibbs）现象的影响，且对边缘和纹理信息的稀疏逼近性能远高于小波变换，而 GCV 函数能很好地计算最优阈值，在运用 Tetrolet 变换对图像去噪的过程中，使用 GCV 准则确定去噪的最优阈值，以期望达到较好的去噪效果。

假设将原图像 X 加噪的图像为 Y，将 Y 进行 Tetrolet 变换得到 Tetrolet 分解系数：低频系数 Y_{Low}、高频系数 Y_{High}、覆盖分布矩阵 $\boldsymbol{Y}_{\mathrm{C}}$，保留 Y_{Low} 和 $\boldsymbol{Y}_{\mathrm{C}}$，仅对 Y_{High} 进行基于 GCV 准则的阈值处理。若图像经 Tetrolet 变换分解成 L 层，记第 l 层高频系数里的第 i 行第 j 列的分解系数为 $y_{ij}^{l} = Y_{\mathrm{High}}^{l}[i, j]$，系数矩阵大小为 $m \times n$ 。按照 GCV 准则，预先设定软阈值

为 δ，得到阈值处理结果 $s_{ij}=y_{ij}^{l\prime}$，阈值函数为

$$s_{ij}=\begin{cases}0, & 当\left|y_{ij}^{l}\right|<\delta时\\ y_{ij}^{l}-\delta, & 其他\end{cases} \tag{2-5}$$

定义 Tetrolet 域下的 GCV 函数为

$$\mathrm{GCV}(\delta)=\frac{\frac{1}{N}\left\|y_{ij}^{l\prime}-y_{ij}^{l}\right\|^{2}}{(N_0/N)^{2}} \tag{2-6}$$

式中，$y_{ij}^{l\prime}$ 为阈值处理后的系数；$N=m\times n$；$N_0=N-S$，S 为系数阈值处理后被置为 0 的个数。

根据上述定义，用 512×512 的 Lena 标准图像作为实验图像，加入标准差为 20、均值为 0 的高斯白噪声，用 Tetrolet 变换将图像分解为 3 层，取分解系数进行 GCV(δ) 值的测试。图像经 Tetrolet 变换，第 1 层分解系数中第 80 行第 34 列的系数矩阵在不同阈值下 GCV(δ) 和 MSE(δ) 值的比较曲线如图 2-2 所示。

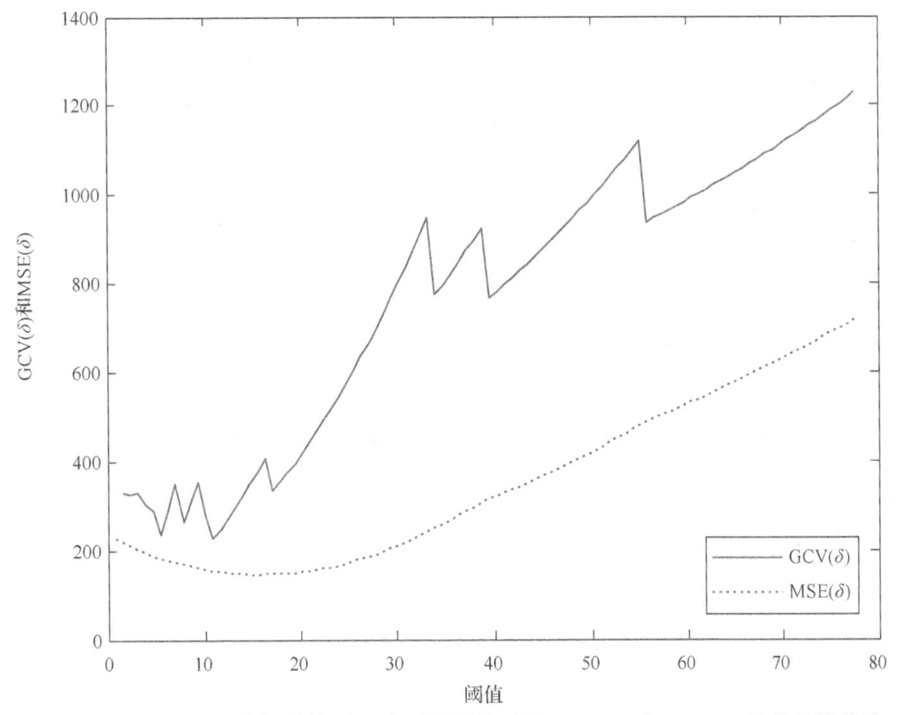

图 2-2　Tetrolet 分解系数 $y_{80,34}^{1}$ 在不同阈值下的 GCV(δ) 和 MSE(δ) 值的比较曲线

从图 2-2 中可以看到，Tetrolet 分解系数在不同阈值下的 GCV(δ) 值较好地估计了 MSE(δ) 值。虽然 GCV(δ) 曲线有部分锯齿现象，但是两条曲线的变化趋势一致。图 2-2 表明，可以在 Tetrolet 域内应用类似于小波域的 GCV 方法估计最优去噪阈值。因为 GCV

函数是对 MSE 的近似估计，MSE 值越小，说明去噪效果越好，所以与 GCV(δ) 最小值相对应的阈值就是最优阈值，其表达式为

$$\delta_{opt} = \arg\min \mathrm{GCV}(\delta) \tag{2-7}$$

因此，GCV 准则可以应用到 Tetrolet 变换域，用 GCV 函数对 Tetrolet 域的 MSE 值进行估计，然后找到各层分解系数的最优阈值，达到去噪的效果。

2.1.3 基于 Tetrolet 变换和 PDE 的卫星云图去噪算法

Tetrolet 变换是一种新的稀疏图像表示的自适应 Haar 小波变换，具有简单的理论基础和良好的实际效果。Tetrolet 变换结合了 Curvelet 等新方法的优点，具有十分集中的系数能量，图像表示的稀疏程度非常高，对图像的几何特征能够充分表达，非常适合对图像进行去噪处理。缺点是对于纹理和细节比较丰富的图像，去噪后存在方块效应，视觉效果有待提高。此外，在去噪过程中常用的几种阈值选取方法都依赖于先验的噪声方差，但在实际应用中噪声的实际统计特性往往是不可知的。GCV 能解决这个问题，GCV 已被证明是一个估计最优值的有效统计方法，能在只有输入数据却不知噪声方差的情况下求得去噪的（渐近）最优阈值[6]，被广泛地应用到图像处理中。因此，本小节用 PDE 来改善 Tetrolet 变换后的去噪图像质量，并提出采用 GCV 算法来确定各级尺度上的最优阈值。

记加噪图像 u_0 的大小是 $N \times N$ 的图像，去噪算法的具体步骤如下。

步骤 1：对加噪图像 u_0 进行 Tetrolet 变换，得到低频系数、高频系数、覆盖分布矩阵。

步骤 2：保留其低频系数和覆盖分布矩阵，而高频系数根据其各个子带的分布特点，利用 GCV 函数自适应地确定各自的最优去噪阈值，并进行处理。

步骤 3：对 Tetrolet 逆变换，得到初步的去噪图像 u_c。

步骤 4：对 $\Delta u = u_0 - u_c$ 进行 PDE 处理，得 $\Delta u'$。

步骤 5：$u' = u_c + \Delta u'$。

步骤 6：如果 u' 满足迭代终止条件（设定算法的循环次数为 10 次），则转步骤 8，否则转步骤 7。

步骤 7：$u_0 = u'$，重复步骤 1～6。

步骤 8：输出去噪图像 u'。

去噪算法的具体流程如图 2-3 所示。

图 2-3　去噪算法的流程图

2.1.4　实验结果与分析

去噪实验选取一幅极轨卫星云图（256×256）和一幅静止卫星云图（256×256）作为实验对象。其中，极轨卫星云图是从风云一号 D 星（FY-1D）于北京时间 2005 年 8 月

24 日 6 时 57 分监测的 0511 号热带气旋“玛娃（Mawar）”的极轨卫星云图中截取的部分图像；静止卫星云图是从 MASAT 卫星于北京时间 2007 年 8 月 17 日 4 时拍摄的红外 IR2 通道静止卫星云图中截取的部分图像。实验的原图像如图 2-4 所示，均叠加均值为 0、标准差为σ的高斯白噪声。本小节的去噪方法是在 MatLab R2009a 软件中运行的，软件运行在处理器为英特尔酷睿 2 四核 Q9400 @ 2.66GHz，内存为 2GB（金士顿 DDR3 1333MHz），操作系统为 Windows XP 专业版 32 位 SP3（DirectX 9.0c）的戴尔 OptiPlex 780 台式计算机上。

（a）极轨卫星云图（256×256）

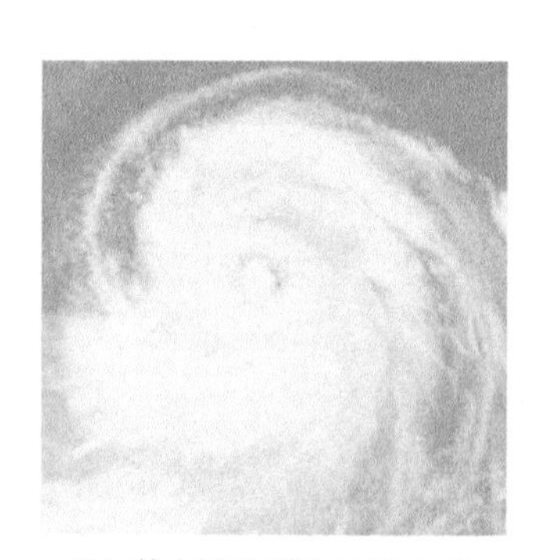

（b）静止卫星云图（256×256）

图 2-4　图像去噪的实验原图像

为了验证本章提出的去噪方法的有效性，将本章方法的去噪结果与 Wavelet 变换、Contourlet 变换、Curvelet 变换和 Shearlet 变换分别结合 PDE 的去噪方法，以及文献[7]提出的 Tetrolet 变换结合 PDE 的去噪方法这 5 种同类去噪方法的结果进行对比。其中，PDE 用 P-M 和 TV 两种模型，P-M 模型又有 PM1 和 PM2 两种算法：PM1 表示用式（2-2）计算的方法，PM2 表示用式（2-3）计算的方法，所有 PDE 算法都循环迭代 50 次；各种变换方法的分解层数均设为 3 层。此外，本章中 Wavelet 变换结合 PDE 的去噪算法参考了文献[8]中的方法，Contourlet 变换用了金字塔型方向滤波器（pyramidal directional filter bank，PDFB）的方法，Contourlet 变换结合 TV 的去噪算法参考了文献[9]中的方法，Curvelet 变换结合 P-M 模型的去噪方法参考了文献[1]中的方法，Curvelet 变换结合 TV 的去噪方法参考了文献[10]中的方法，Shearlet 变换结合 TV 的去噪方法参考了文献[11]中的方法。虽然没有文献研究 Contourlet 和 Shearlet 变换与 P-M 模型结合进行去噪的方法，但是为了比较的公平性，仍然将上述两种变换与 P-M 模型相结合的去噪方法与本章提出方法及其他同类方法做对比分析。

先在极轨卫星云图（256×256）中加入标准差σ=20 的高斯白噪声，用各种方法的去噪结果如图 2-5 所示。其中，Xlet+PM1 表示各种变换方法结合 PM1 模型的去噪算法，Xlet+PM2 表示各种变换方法结合 PM2 模型的去噪算法，Xlet+TV 表示各种变换方法结合 TV 模型的去噪算法，Tetrolet+GCV+PM1/PM2/TV 表示 Tetrolet 变换和 GCV 准则分别结合 PM1、PM2 和 TV 模型的去噪算法。

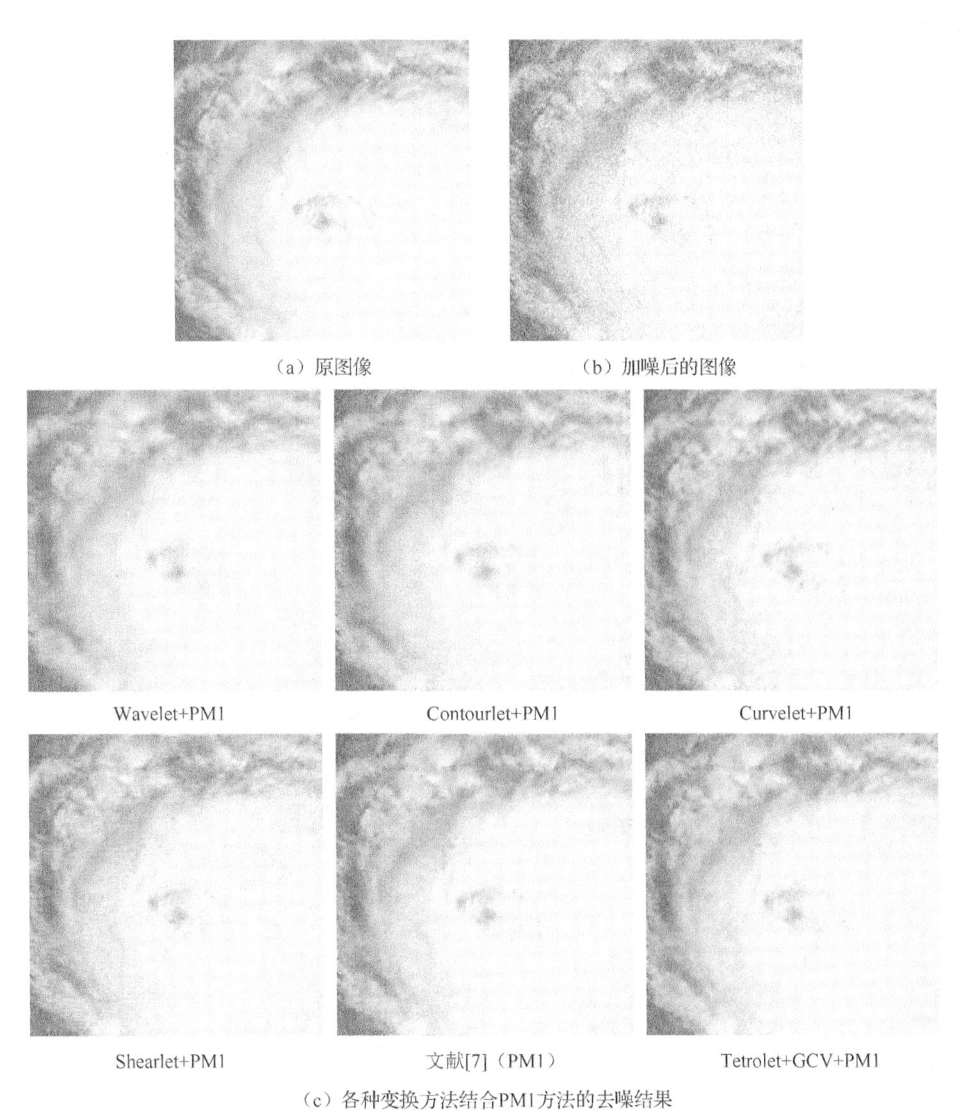

图 2-5　极轨卫星云图加噪（σ=20）时各种方法的去噪结果

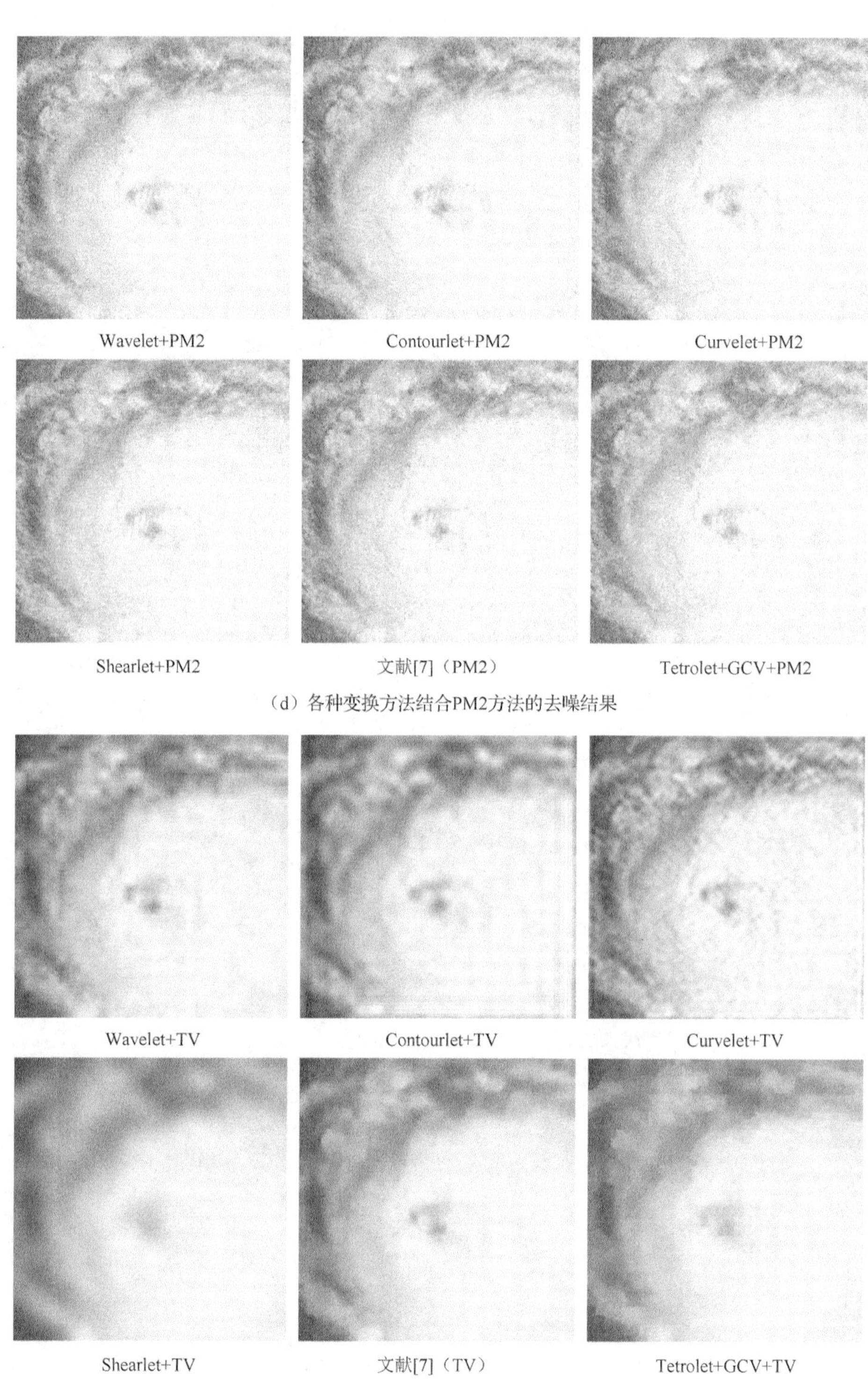

（d）各种变换方法结合PM2方法的去噪结果

（e）各种变换方法结合TV方法的去噪结果

图 2-5（续）

从图 2-5 中可以看到，各种变换方法结合 PM1 方法的去噪图像效果最佳。图 2-5（c）中 Wavelet 变换结合 PM1 方法的去噪图像有模糊感，台风外圈模糊；Contourlet 变换结合 PM1 方法的去噪图像的边缘有线状条纹，台风眼处比 Wavelet 变换结合 PM1 方法的去噪结果更模糊；Curvelet 变换结合 PM1 方法的去噪图像中白色区域有块状细纹，图像不清晰；Shearlet 变换结合 PM1 方法的去噪图像相较于前几种方法，去噪效果较优，但还是有少许细横纹出现；文献[7]结合 PM1 方法的去噪图像的边缘处不够平滑，特别是图像左侧重叠的云朵有明显的方块感；本章结合 GCV 和 PM1 方法的去噪图像减少了文献[7]的边缘块状情况，台风眼等边缘细节明显，云际上也没有噪点出现，平滑效果不错，整体去噪效果较优。图 2-5（d）中各种变换方法结合 PM2 方法的去噪图像都包含了白色细小噪点，云朵不清晰。图 2-5（e）中 Curvelet 变换结合 TV 方法的去噪图像效果相对较好，图像大致清晰，但还有斑点噪声出现，其他变换方法结合 TV 方法的去噪图像都很模糊，图像信息严重缺失，其中 Shearlet 变换结合 TV 的去噪图像视觉效果最差。

在静止卫星云图（256×256）中加入σ=25 的高斯白噪声，用各种方法的去噪结果如图 2-6 所示。从图 2-6 中可以看到，各种变换方法结合 PM1 方法的去噪图像效果最佳。图 2-6（c）中 Wavelet 变换结合 PM1 方法的去噪图像模糊，台风眼边界不清晰，且有条纹状；Contourlet 变换结合 PM1 方法的去噪图像也有线状条纹，特别是在深色区域，边界也不是很清晰；Curvelet 变换结合 PM1 方法的去噪图像较模糊，特别是深灰色背景部分及大片白色云部分不清晰，有块状噪点；Shearlet 变换结合 PM1 方法的去噪图像相较于前几种方法，去噪效果良好，但存在细小的横条纹；文献[7]结合 PM1 方法的去噪图像较好，但是白色云团上有块状效应，边缘清晰度还有待加强；本章结合 GCV 和 PM1 方法的去噪图像保持了很好的边缘特征，浅色的云团与深色的背景区域区分良好，图像平滑效果较优，没有出现明显的块状现象，中心台风眼也清晰可见，整体去噪效果占优。图 2-6（d）中各种变换方法结合 PM2 方法的去噪图像都有细小的噪点，去噪不干净，画质不清晰。图 2-6（e）是各种变换方法结合 TV 方法的去噪图像，前 3 种变换方法结合 TV 方法相对后 3 种变换方法的去噪图像效果较好，Wavelet 变换、Contourlet 变换结合 TV 方法的去噪图像稍有些模糊，细节不够清晰，Shearlet 变换结合 TV 的去噪图像效果最差。

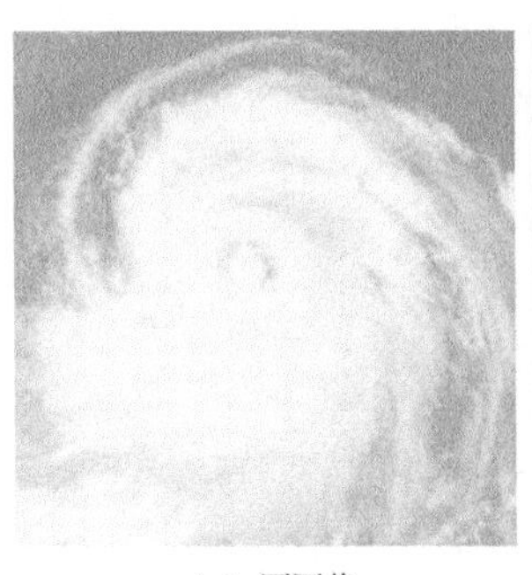

（a）原图像

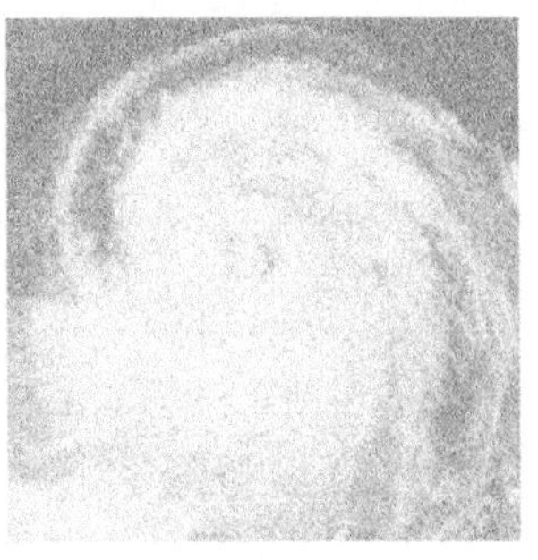

（b）加噪后的图像

图 2-6　静止卫星云图加噪（σ=25）时各种方法的去噪结果

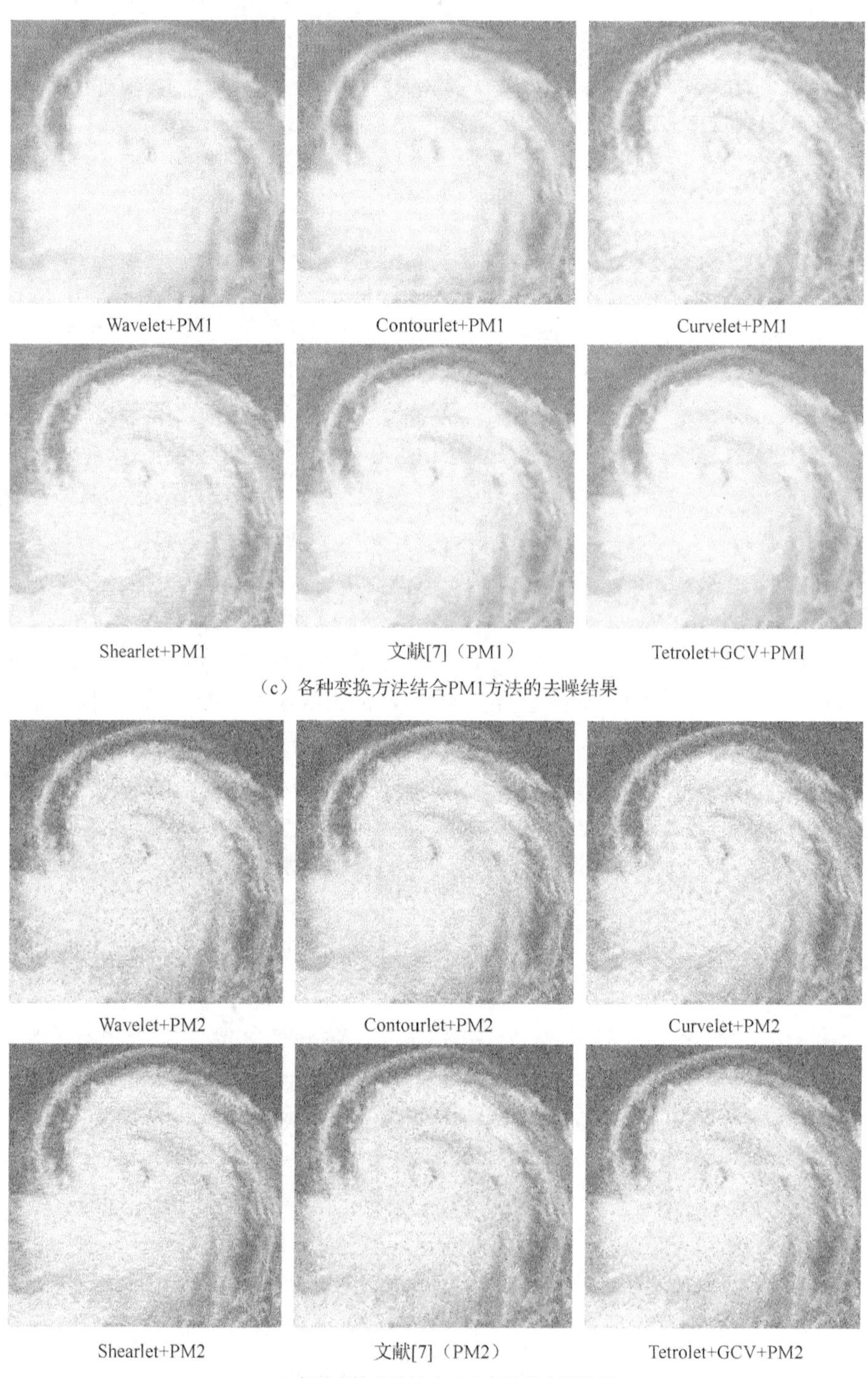

（c）各种变换方法结合PM1方法的去噪结果

（d）各种变换方法结合PM2方法的去噪结果

图 2-6（续）

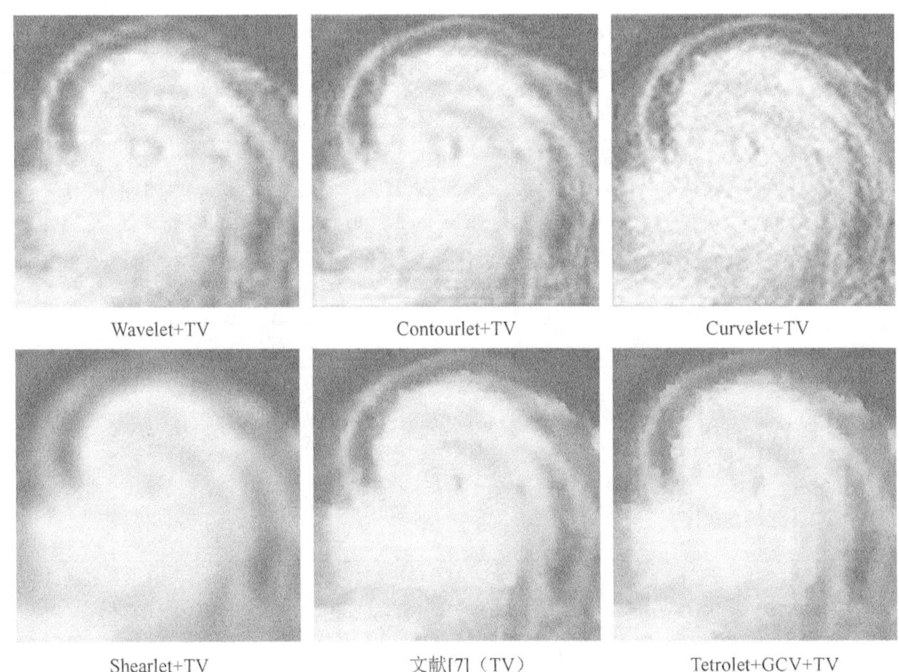

（e）各种变换方法结合TV方法的去噪结果

图 2-6（续）

各种变换方法对极轨卫星云图去噪后的峰值信噪比(peak signal to noise ratio，PSNR）值比较结果如表 2-1 所示，其中各种变换方法与 PDE 结合又分为 PM1、PM2 和 TV 三类分别进行比较，根据原图加噪程度不同，分成σ为 10、15、20、25、30、35、40、45、50、55、60 共 11 组实验。为了表述方便，用“im_noise”表示加噪后的图像；“W_PM1”表示 Wavelet 变换结合 PM1 的去噪方法，“W_PM2”表示 Wavelet 变换结合 PM2 的去噪方法，“W_TV”表示 Wavelet 变换结合 TV 的去噪方法；“Con_PM1”表示 Contourlet 变换结合 PM1 的去噪方法，“Con_PM2”表示 Contourlet 变换结合 PM2 的去噪方法，“Con_TV”表示 Contourlet 变换结合 TV 的去噪方法；“Cur_PM1”表示 Curvelet 变换结合 PM1 的去噪方法，“Cur_PM2”表示 Curvelet 变换结合 PM2 的去噪方法，“Cur_TV”表示 Curvelet 变换结合 TV 的去噪方法；“S_PM1”表示 Shearlet 变换结合 PM1 的去噪方法，“S_PM2”表示 Shearlet 变换结合 PM2 的去噪方法，“S_TV”表示 Shearlet 变换结合 TV 的去噪方法。“W19_PM1”表示文献[7]提出的去噪方法，其中 PDE 用 PM1；“W19_PM2”表示文献[7]提出的去噪方法，其中 PDE 用 PM2；“W19_TV”表示文献[7]提出的去噪方法，其中 PDE 用 TV。“T_GCV_PM1”表示本章提出的 Tetrolet 变换结合 PM1 和 GCV 的去噪方法，“T_GCV_PM2”表示本章提出的 Tetrolet 变换结合 PM2 和 GCV 的去噪方法，“T_GCV_TV”表示本章提出的 Tetrolet 变换结合 TV 和 GCV 的去噪方法。

表 2-1　各种方法对极轨卫星云图（256×256）去噪后的 PSNR 值比较　（单位：dB）

方法	σ										
	10	15	20	25	30	35	40	45	50	55	60
im_noise	28.307	25.006	22.667	20.892	19.434	18.242	17.176	16.228	15.469	14.711	14.186
W_PM1	32.211	30.488	29.034	27.666	26.473	25.267	24.260	23.384	22.642	21.769	21.304
Con_PM1	31.990	29.750	28.116	26.663	25.303	24.213	23.102	22.158	21.418	20.566	20.126
Cur_PM1	34.693	32.333	30.480	28.835	27.311	26.072	24.820	23.776	22.880	21.927	21.500
S_PM1	34.469	31.661	29.417	27.747	26.178	24.946	23.727	22.780	21.879	21.062	20.497
W19_PM1	34.589	32.828	31.024	29.386	27.751	26.437	24.843	23.692	22.752	21.774	21.028
T_GCV_PM1	34.297	32.769	31.189	29.618	28.012	26.836	25.338	24.358	23.309	22.467	21.685
W_PM2	30.677	27.708	25.413	23.510	22.106	20.781	19.755	18.768	17.976	17.193	16.699
Con_PM2	30.641	27.561	25.266	23.461	22.019	20.804	19.743	18.669	17.900	17.142	16.686
Cur_PM2	31.169	27.842	25.444	23.604	22.016	20.745	19.552	18.532	17.671	16.799	16.336
S_PM2	31.261	27.993	25.541	23.776	22.127	20.986	19.843	18.904	18.067	17.286	16.770
W19_PM2	31.543	28.306	25.923	24.036	22.347	21.048	19.727	18.749	17.824	16.955	16.405
T_GCV_PM2	31.450	28.238	25.877	24.069	22.381	21.170	19.951	19.084	18.193	17.449	17.002
W_TV	29.078	28.816	28.640	28.259	27.681	27.105	26.523	25.865	25.391	24.561	24.096
Con_TV	33.167	26.935	26.744	28.767	27.772	27.141	26.275	25.663	25.182	24.330	23.732
Cur_TV	31.171	30.406	29.631	28.828	27.843	27.013	26.137	25.291	24.630	23.798	23.283
S_TV	26.777	26.750	26.670	26.515	26.304	26.007	25.630	25.198	24.890	24.321	23.939
W19_TV	30.250	30.031	29.747	29.484	29.023	28.653	28.306	27.880	27.531	26.876	26.309
T_GCV_TV	28.506	28.474	28.231	28.067	27.774	27.488	27.188	26.885	26.733	26.257	26.028

从表 2-1 中可知，在各种方法与 PM1 结合的去噪结果中，本章算法“T_GCV_PM1”在噪声强度较大时（$20\leqslant\sigma\leqslant60$），去噪图像的 PSNR 值一直保持最大，优于其他结合 PM1 的去噪方法；在噪声强度较小时（σ=10, 15）有“Cur_PM1”、“S_PM1”和“W19_PM1”方法比本章算法“T_GCV_PM1”去噪图像的 PSNR 值略大，但最大仅相差 0.396dB。在各种方法与 PM2 结合的去噪结果中，本章算法“T_GCV_PM2”在噪声强度较大时（$25\leqslant\sigma\leqslant60$），去噪图像的 PSNR 值最大，优于其他结合 PM2 的去噪方法；在噪声强度较小时（$10\leqslant\sigma\leqslant20$），仅有“W19_PM2”方法比本章算法“T_GCV_PM2”去噪图像的 PSNR 值稍大些，但非常接近，最大仅相差 0.093dB。在各种方法与 TV 结合的去噪结果中，本章算法“T_GCV_TV”去噪图像的 PSNR 值并不是最优的，“W_TV”、“Con_TV”、“Cur_TV”和“W19_TV”方法都比本章算法去噪结果的 PSNR 值大，随着 σ 的增大，本章算法与它们的差距有所减小，在 $\sigma\geqslant35$ 时仅有“W19_TV”方法比本章算法去噪结果的 PSNR 值稍大。

为了更好地对比评价参数，将对极轨卫星加噪图像的本章去噪结果与 5 种和 PDE 结合的同类方法去噪结果的 PSNR 值用曲线图直观地表示出来，如图 2-7 所示。图 2-7（a）是各种方法与 PM1 结合的 PSNR 值对比图，图 2-7（b）是各种方法与 PM2 结合的 PSNR 值对比图，图 2-7（d）是各种方法与 TV 结合的 PSNR 值对比图。各图横坐标是加入原图的高斯白噪声标准差，纵坐标是去噪图像的 PSNR 值，图中的线段由噪声标准差 σ 为 10～60 的加噪图像的 11 组实验数据连接所得。

从图 2-7（a）中可以看到，本章算法“T_GCV_PM1”去噪图像的 PSNR 值在噪声强度较大时（$\sigma \geqslant 20$）都是最大的，在噪声强度较小时（$10 \leqslant \sigma < 20$）与“W19_PM1”方法去噪图像的 PSNR 值非常接近。图 2-7（b）中，本章算法“T_GCV_PM2”去噪图像的 PSNR 值在噪声强度较小时（$10 \leqslant \sigma < 25$）与“W19_PM2”方法去噪图像的 PSNR 值非常接近。如图 2-7（c）所示，在噪声强度较大时（$\sigma \geqslant 25$），本章算法“T_GCV_PM2”去噪图像的 PSNR 值一直是最大值。如图 2-7（d）所示，在 $10 \leqslant \sigma < 30$ 时，本章算法“T_GCV_TV”去噪图像的 PSNR 值比“W_TV”、“Con_TV”、“Cur_TV”和“W19_TV”

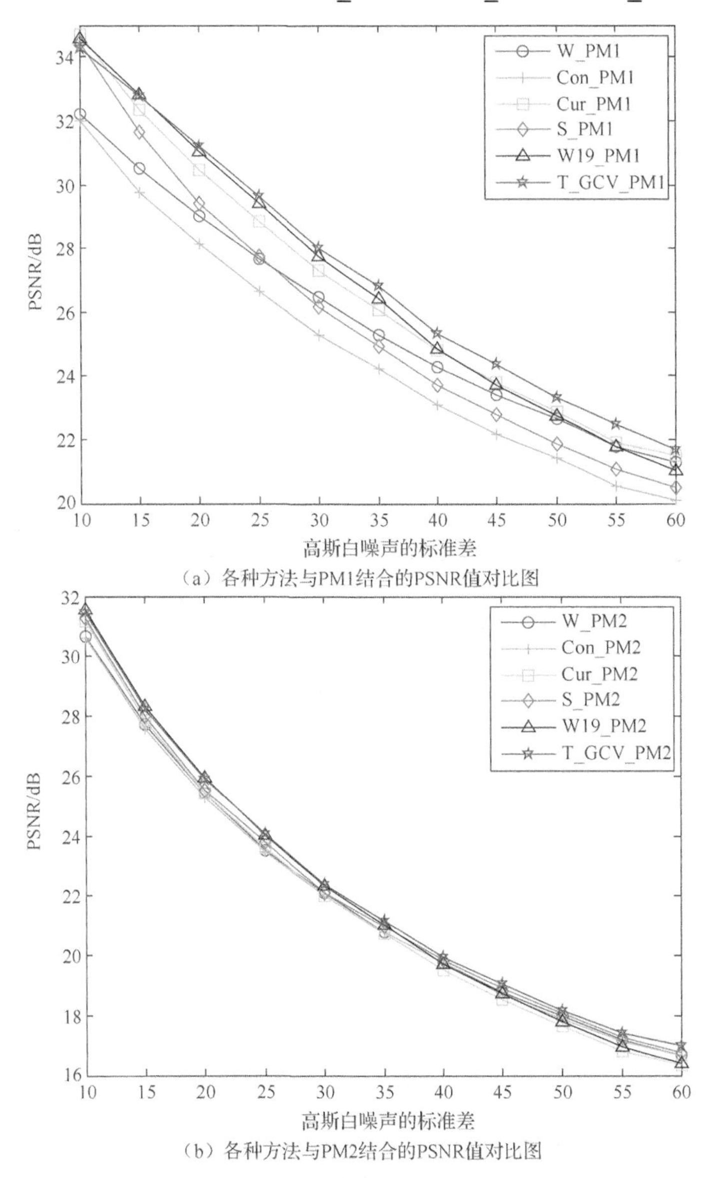

（a）各种方法与PM1结合的PSNR值对比图

（b）各种方法与PM2结合的PSNR值对比图

图 2-7 各种方法对极轨卫星云图去噪图像的 PSNR 值对比图

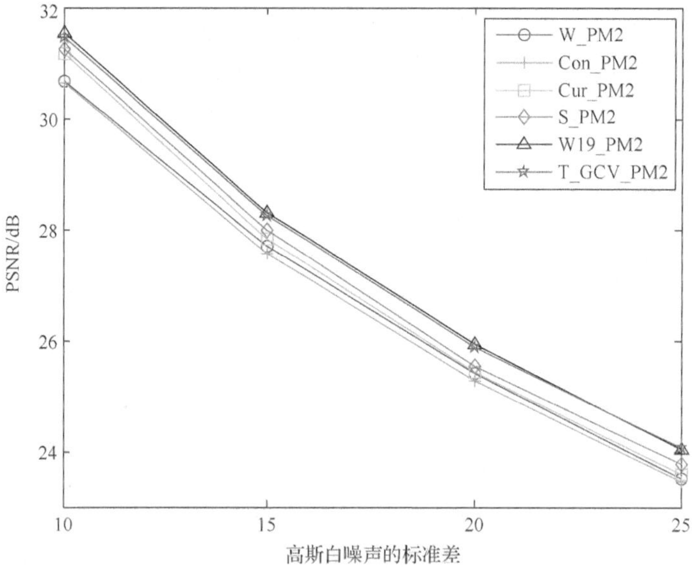

W_PM2
Con_PM2
Cur_PM2
S_PM2
W19_PM2
T_GCV_PM2
PSNR/dB
高斯白噪声的标准差

（c）图（b）中10≤σ≤30范围曲线的放大图

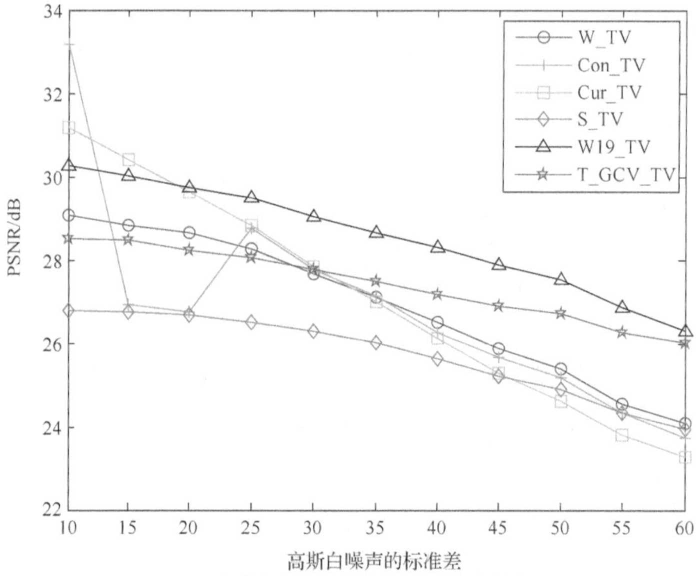

W_TV
Con_TV
Cur_TV
S_TV
W19_TV
T_GCV_TV
PSNR/dB
高斯白噪声的标准差

（d）各种方法与TV结合的PSNR值对比图

图 2-7（续）

方法去噪图像的 PSNR 值小些，在 $\sigma \geqslant 30$ 时，本章算法“T_GCV_TV”去噪图像的 PSNR 值仅比“W19_TV”方法去噪图像的 PSNR 值小些，但优于其他 4 种方法。所以对于极轨卫星云图实验图像来说，本章提出的“T_GCV_PM1”和“T_GCV_PM2”算法的去噪图像 PSNR 值在噪声强度较小时（$10 \leqslant \sigma < 25$），与其他同类方法去噪图像的较优 PSNR 值相差不大，在噪声强度较大时（$\sigma \geqslant 25$），优于其他 5 种同类方法去噪图像的 PSNR 值。

各种方法对静止卫星云图去噪后的 PSNR 值比较结果如表 2-2 所示。

表 2-2　各种方法对静止卫星云图（256×256）去噪后的 PSNR 值比较　　（单位：dB）

方法	σ										
	10	15	20	25	30	35	40	45	50	55	60
im_noise	28.129	24.693	22.315	20.586	19.096	17.943	16.893	15.970	15.172	14.494	13.848
W_PM1	33.163	31.193	29.629	28.308	27.093	26.035	25.092	24.179	23.359	22.624	21.888
Con_PM1	32.474	30.200	28.328	26.907	25.511	24.464	23.465	22.471	21.708	20.887	20.269
Cur_PM1	35.240	32.789	30.899	29.394	27.895	26.742	25.574	24.544	23.698	22.768	22.241
S_PM1	34.817	31.829	29.683	27.931	26.424	25.229	24.033	23.050	22.233	21.452	20.796
W19_PM1	35.339	33.429	31.691	30.099	28.563	27.149	25.959	24.688	23.610	22.543	21.843
T_GCV_PM1	35.195	33.418	31.792	30.426	28.965	27.764	26.721	25.542	24.564	23.595	22.775
W_PM2	30.853	27.584	25.401	23.564	22.082	20.915	19.981	18.925	18.099	17.452	16.700
Con_PM2	30.687	27.446	25.136	23.405	21.911	20.791	19.712	18.766	17.924	17.194	16.528
Cur_PM2	31.072	27.774	25.389	23.732	22.140	20.934	19.711	18.719	17.904	17.112	16.503
S_PM2	31.219	27.803	25.410	23.671	22.142	20.962	19.808	18.843	18.059	17.367	16.716
W19_PM2	31.447	28.370	26.031	24.411	22.761	21.537	20.195	19.169	18.265	17.439	16.705
T_GCV_PM2	31.479	28.350	26.125	24.547	22.981	21.852	20.599	19.677	18.830	18.193	17.521
W_TV	30.255	30.039	29.802	29.403	28.977	28.470	28.004	27.544	26.804	26.061	25.334
Con_TV	33.869	28.504	28.300	30.023	29.349	27.232	28.098	27.394	26.626	25.910	25.203
Cur_TV	32.929	31.811	30.957	29.959	29.008	28.145	27.285	26.501	25.631	24.807	24.226
S_TV	27.945	27.908	27.855	27.770	27.665	27.444	27.211	26.976	26.514	25.999	25.539
W19_TV	31.788	31.473	31.042	30.614	30.198	29.825	29.494	29.007	28.634	27.811	27.168
T_GCV_TV	29.949	29.776	29.570	29.280	28.776	28.826	28.546	28.322	27.904	27.366	27.224

从表 2-2 中可得，在各种方法与 PM1 结合的去噪结果中，本章算法“T_GCV_PM1”在噪声强度较大时（$20 \leqslant \sigma \leqslant 60$），去噪图像的 PSNR 值一直保持最大，优于其他结合 PM1 的去噪方法；在噪声强度较小时（$\sigma=10$），“Cur_PM1”和“W19_PM1”方法比本章算法去噪图像的 PSNR 值略大，但最大仅相差 0.144dB。在各种方法与 PM2 结合的去噪结果中，在噪声强度较小时（$\sigma=15$），“W19_PM2”方法比本章算法“T_GCV_PM2”去噪图像的 PSNR 值大 0.020dB，在噪声强度较大时都是本章算法去噪图像的 PSNR 值

最大。在各种方法与 TV 结合的去噪结果中，本章算法“T_GCV_TV”去噪图像的 PSNR 值并不是最优的，“W_TV”、“Con_TV”、“Cur_TV”和“W19_TV”方法都比本章算法“T_GCV_TV”去噪结果的 PSNR 值大，随着σ的增大，本章算法与它们的差距有所减小，在$\sigma \geqslant 35$时，仅有“W19_TV”方法比本章算法去噪结果的 PSNR 值稍大，当σ=60 时本章算法“T_GCV_TV”去噪结果的 PSNR 值最大。

为了更好地对比评价参数，将对静止卫星云图加噪图的本章去噪结果与 5 种和 PDE 结合的同类方法去噪结果的 PSNR 值用曲线图直观地表示出来，如图 2-8 所示。

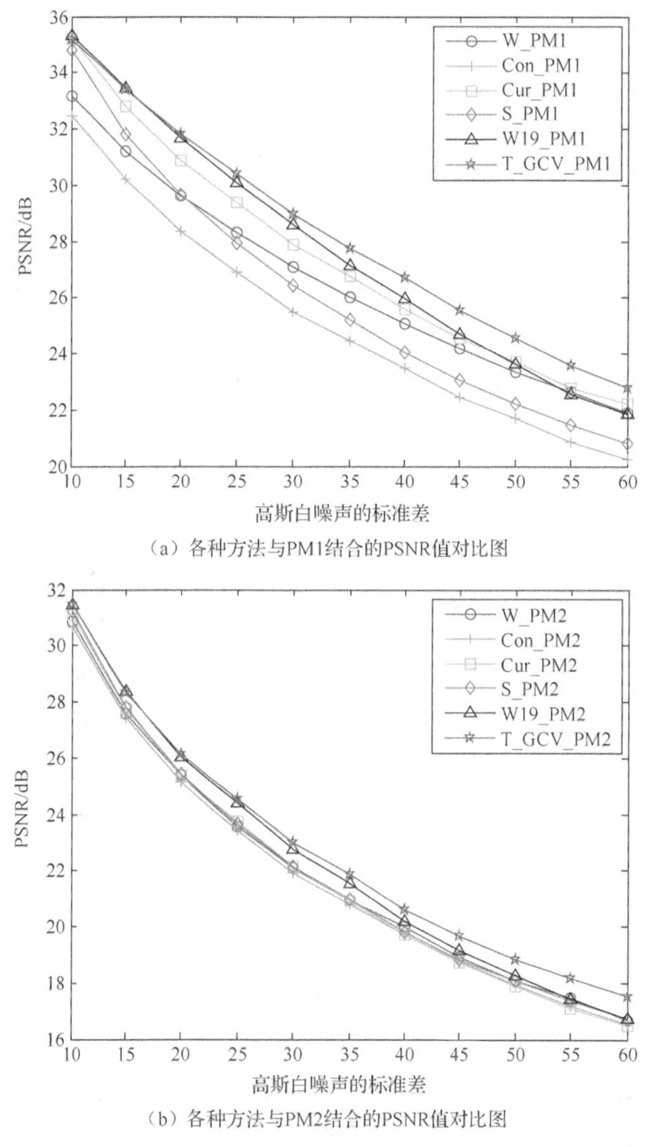

（a）各种方法与PM1结合的PSNR值对比图

（b）各种方法与PM2结合的PSNR值对比图

图 2-8　各种方法对静止卫星云图去噪图像的 PSNR 值对比图

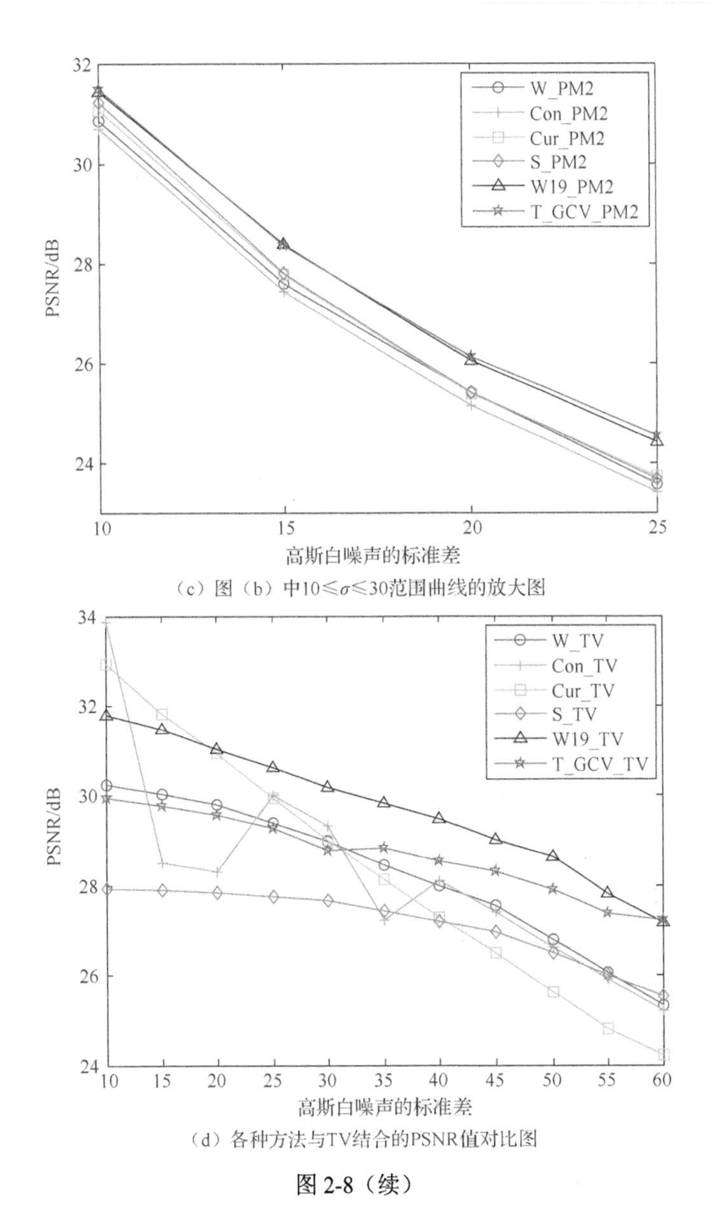

（c）图（b）中$10\leqslant\sigma\leqslant30$范围曲线的放大图

（d）各种方法与TV结合的PSNR值对比图

图 2-8（续）

从图 2-8（a）中可以看到，本章算法“T_GCV_PM1”去噪图像的 PSNR 在噪声强度较大时（$\sigma\geqslant20$）都是最大的，在噪声强度较小时（$10\leqslant\sigma<20$）与“W19_PM1”方法去噪图像的 PSNR 值非常接近。在图 2-8（b）中，本章算法“T_GCV_PM2”去噪图像的 PSNR 值在噪声强度较小时（$10\leqslant\sigma<20$），与“W19_PM2”方法去噪图像的 PSNR 值非常接近。如图 2-8（c）所示，在噪声强度较大时（$\sigma\geqslant20$），本章算法“T_GCV_PM2”去噪图像的 PSNR 值一直是最大值。在图 2-8（d）中，当$10\leqslant\sigma<35$ 时，本章算法“T_GCV_TV”去噪图像的 PSNR 值比“W_TV”、“Con_TV”、“Cur_TV”和“W19_TV”

方法去噪图像的 PSNR 值小些；在$\sigma \geqslant 35$时，本章算法去噪图像的 PSNR 值仅比“W19_TV”方法去噪图像的PSNR值小些，但优于其他4种方法。所以对于静止卫星云图实验图像来说，本章提出的“T_GCV_PM1”和“T_GCV_PM2”算法的去噪图像PSNR值在噪声强度较小时（$10 \leqslant \sigma < 20$）与其他同类方法去噪图像的较优PSNR值相差不大，在噪声强度较大时（$\sigma \geqslant 20$）优于其他5种同类方法去噪图像的PSNR值。

综上所述，PDE 用 PM1 或 PM2 模型在两幅实验图像去噪时，本章提出的 Tetrolet 变换结合 PDE 和 GCV 理论的去噪算法在噪声强度较大时（$25 \leqslant \sigma \leqslant 60$）相较于其他5种结合 PDE 的同类算法去噪图像的 PSNR 值一直保持最大；在噪声强度较小时（$10 \leqslant \sigma < 25$），虽然不一定是最大值，但是与其他算法得到的PSNR值最大相差为0.8dB，所以本章结合PM1或PM2的算法在噪声强度较大时相较于其他结合PM1或PM2的算法，去噪图像的PSNR值优势明显。PDE用TV模型时，本章算法的去噪图像PSNR值并不是最优的，但随着σ的增大，本章算法与其他算法得到的去噪图像PSNR值的差距有所缩小。结合实验效果图像，本章提出的Tetrolet变换结合PDE和GCV理论的去噪算法中，结合PM1模型的去噪效果图最优，能较好地平滑去噪，并保持良好的边缘特性与细节特点。因此，此去噪算法是最优的，在噪声强度较大时稳定性强，具有广泛的适用性。

在上述实验中，本章算法和文献[7]中的去噪算法都对$\Delta u = u_0 - u_c$进行 PDE 处理，然后进行多次迭代达到迭代终止条件，且上述实验中设置的迭代终止条件均为 10 次，所以下面讨论改变迭代终止条件对去噪结果的影响。因为上述实验已得出结合PM1方法的去噪结果比结合PM2、TV方法的去噪结果更优，所以这里仅用结合PM1方法的去噪方法进行实验。选择极轨卫星加噪图像（σ=20）作为实验对象，分别用本章提出的“T_GCV_PM1”去噪方法和文献[7]提出的“W19_PM1”去噪方法，设置迭代终止条件为1次、5次、10次、15次、20次、30次作为对比，实验结果部分图像如图2-9和图2-10所示。

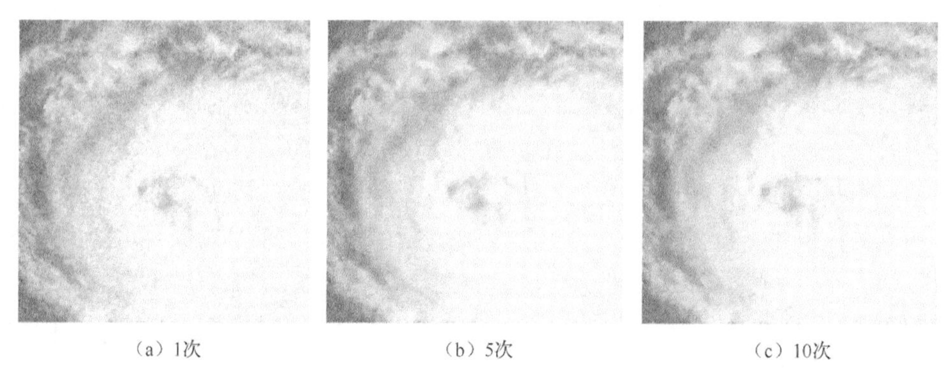

（a）1次　（b）5次　（c）10次

图2-9　设置不同的迭代终止条件用“T_GCV_PM1”方法去噪的部分图像结果

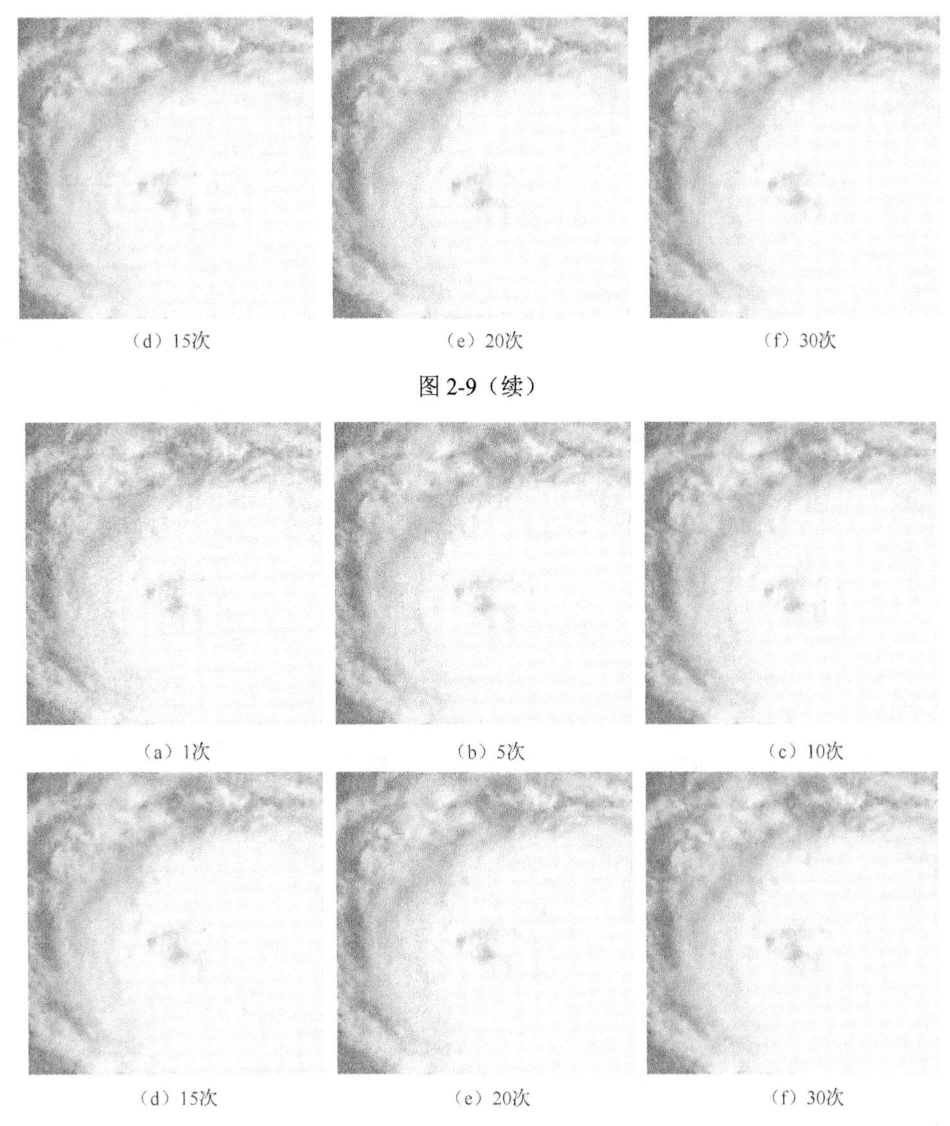

（d）15次　（e）20次　（f）30次

图 2-9（续）

（a）1次　（b）5次　（c）10次

（d）15次　（e）20次　（f）30次

图 2-10　设置不同的迭代终止条件用“W19_PM1”方法去噪的部分图像结果

从图 2-9 和图 2-10 中可以看出，随着迭代次数的增加，图像中噪声点也随之减少，迭代 10 次的图像去噪效果比迭代 1 次的图像的去噪效果明显，但迭代 20 次、30 次的图像的去噪效果与迭代 10 次的图像去噪效果差异不大。

两种方法在不同迭代终止条件下去噪结果的 PSNR 值对比结果如表 2-3 所示。根据表中的数据可知，迭代次数从 1 次增到 10 次，“T_GCV_PM1”去噪图像的 PSNR 值随着迭代次数的增加而增大，但迭代次数从 10 次增到 30 次，PSNR 值就出现递减。“W19_PM1”的 PSNR 值从迭代 1 次到 5 次时明显递增的，但从第 10 次开始出现递减。

综合上述图像和实验数据可得，迭代次数设置为 10 次的去噪效果比较明显，再增加迭代次数并不能保证去噪效果优于迭代次数为 10 次的效果，可能去噪效果反而会有所下降。

表 2-3　不同迭代终止条件下对图像（σ=20）去噪后的 PSNR 值比较

迭代终止条件/次	T_GCV_PM1/dB	W19_PM1/dB
1	29.1575	29.3221
5	31.1320	31.1162
10	31.1865	31.1047
15	31.1813	31.0982
20	31.1741	31.0968
30	31.1509	31.0895

为了进一步说明本章方法的有效性，分析本章方法的计算复杂度，此处利用各类去噪方法的运行时间进行度量。本章方法和 5 种同类方法对极轨卫星加噪图像（σ=20）去噪的平均运行时间如表 2-4 所示，终止迭代次数设置为 10 次。

表 2-4　各种方法对图像（σ=20）去噪的平均运行时间　（单位：s）

模型	W_PM1	Con_PM1	Cur_PM1	S_PM1	W19_PM1	T_GCV_PM1
运行时间	4.2063	5.2693	10.4601	291.9053	114.3212	179.1956
模型	W_PM2	Con_PM2	Cur_PM2	S_PM2	W19_PM2	T_GCV_PM2
运行时间	4.2063	5.2693	10.4601	291.9053	114.3212	179.1956
模型	W_TV	Con_TV	Cur_TV	S_TV	W19_TV	T_GCV_TV
运行时间	2.0056	1.9923	5.8887	70.9714	65.2854	129.8132

从表 2-4 中可以看出，因为本章方法是由 Tetrolet 变换结合 PDE 和 GCV 理论提出的，所以迭代处理算法在程序运算复杂度上比其他方法要大。因此，本章方法在得到较好的图像视觉效果和较优的 PSNR 值前提下，时间代价较高。

2.1.5　结论

本章将 Tetrolet 变换与 PDE、GCV 理论相结合对图像去噪处理，该去噪算法使用 PDE 可以在一定程度上消除单独基于 Tetrolet 去噪算法产生的方块效应，同时结合 GCV 理论，对含有未知噪声信息的图像有较好的去噪优势。本章算法通过与基于 Wavelet 变换、Contourlet 变换、Curvelet 变换、Shearlet 变换和 Tetrolet 变换分别结合 PDE 的去噪方法的去噪结果进行对比，证明本章算法中与 PM1 模型结合的去噪结果在噪声强度较大时具有最优的 PSNR 值，且图像视觉效果好，边缘特征清晰，细节信息得到了很好的保留。经主客观评价，本章算法的结果都较优，其去噪的综合效果是最好的。

2.2　基于平稳小波变换和遗传算法的卫星图像增强

2.2.1　卫星图像增强概述

在台风云图中有很多种噪声，如果不能有效地消除这些噪声，将影响图像的综合质量，从而导致无法从云图中提取一些重要的信息。例如，云图中的噪声可能影响台风中心定位的精度，进而影响台风移动路径的准确预报。此外，一些台风云图的对比度也较差，这可能会影响从云图中准确提取台风的螺旋雨带。因此，有效地去除云图中的噪声和增强其对比度非常有必要。近年来，在卫星云图增强方面很多学者做了相应的研究工作，如 Albertz 等[12]融合同一区域的多卫星图像数据以提高传感器的空间分辨率，该增强技术称为数据累积法。该方法对于人造目标和卫星图像数据均取得了较好的增强效果。Fernandez-Maloigne[13]指出阈值选取在图像增强中是个很重要的问题，增强时将图像的灰度级分成若干段，增强后的图像包含较少的灰度级，并具有较好的对比度。获得该阈值的方法之一就是通过使用灰度空间相关矩阵，根据图像的灰度共生矩阵计算一个与灰度级相关的函数，然后对应这个函数的极大值位置确定一个阈值，该方法被成功应用于卫星图像增强。Bekkhoucha 等[14]提出一种适用于发展中国家，并能协助地理学者对郊区发展情况视觉解读的卫星图像和航拍图像增强方法。该方法是一种局部对比度估计方法。Karantzalos[15]为了更好地实现图像自动特征提取，提出一种卫星图像增强和平滑方法。该方法通过各向异性扩散处理和交替时序滤波器来实现。

近年来，小波变换被广泛应用于图像增强。一些图像增强方法仅仅考虑图像增强，但是没有考虑噪声抑制问题。例如，Fu 等[16]和 Wan 等[17]在小波域里利用改进的直方图均衡法增强图像的对比度。Temizel 等[18-19]提出了两种提高图像分辨率的算法，分别是在高分辨率尺度下对细节小波系数的估计和小波域中的循环自旋方法。Shi 等和 Derado 等分别提出了两种仅通过修改小波域中的细节系数来增强图像对比度的算法[20-21]。Xiao 等[22]提出了一种通过修改低频系数和细节系数来增强图像对比度的算法。Heric 等[23]介绍了一种基于多尺度奇异性检测的图像增强技术，其具有自适应阈值，其值通过方向小波域的最大熵测度计算。Scheunders 等[24]提出了一种基于贝叶斯估计的多分量图像或图像序列的小波增强方法。一些图像增强算法只考虑降噪，不考虑细节增强。例如，Ercelebi 等[25]提出了一种利用基于提升小波域维纳滤波器增强图像对比度的方法。该方法利用基于提升小波滤波器将图像转换为小波域，然后在小波域上应用维纳滤波器，最后将结果转换为空间域。

许多增强算法同时考虑细节增强和噪声抑制。例如，Zeng 等[26]提出了一种基于小波的图像对比度增强算法。该方法将小波平面间的相关关系作为存在噪声可能性的一个指标。然后，利用逐点非线性变换对不同尺度的小波变换系数进行不同程度的修正。该算法在增强图像细微细节和避免噪声放大之间取得了很好的平衡。Claudio 等[27]提出了一种基于小波变换的数字图像噪声抑制和边缘增强的方法。该方法对图像中不同强度的噪声具有自适应能力，对较大的噪声污染具有较强的鲁棒性。Nakashizuka 等[28]提出了一种针对噪声图像的非线性图像增强滤波器，即加权反锐化掩膜技术。Sun 等[29]、Zhou 等[30]和 Yong 等[31]分别提出了 3 种基于小波变换的图像增强算法，这些算法可以有效地增强图像的对比度，同时抑制脉冲噪声。Sakellaropoulos 等[32]提出了一种基于过完备二进小波变换的乳腺图像去噪和对比度增强方法。去噪是通过自适应软阈值和局部非线性增益算子增强对比度来实现的。Sattar 等[33]提出了一种利用双树复小波变换进行图像增强的非线性多尺度重建方法。该图像增强方法在保持图像清晰度的同时，降低了加性噪声。Jung 等[34]基于冗余小波变换对图像进行多分辨率分解，提出了一种边缘保持和增强的图像去噪方法。在该框架下，可以同时对边缘相关系数进行增强和降噪。Mencattini 等[35]提出了一种基于小波变换和局部迭代模糊噪声方差估计的乳腺图像增强降噪算法。Luo 等[36]提出了一种基于快速提升小波阈值的 X 射线图像去噪方法。Artem 等[37]提出了一种两相全彩色图像增强算法。在第一阶段，图像是基于小波阈值去噪。在第二阶段，使用进化算法自动调整亮度和对比度。Wu 等[38]提出了一种将偏微分方程与小波压缩相结合的图像增强方法。与传统的平滑模型相比，新的混合模型不存在吉布斯现象，在没有阶梯效应的情况下对图像进行平滑处理，并增强边缘以保持图像的特征和纹理。

在过去的十年中，人们对信号和图像中的离散非抽取小波方法产生了极大的兴趣。因此，研究者们发表了数百篇论文。近年来，非抽取小波变换（undecimated wavelet transform，UWT）在图像处理中得到了广泛的应用，如图像去噪[39-54]、图像融合[55-57]、图像恢复[58-59]、图像压缩[60]、图像增强[61-63]、图像编码[64-66]、特征提取[67]、分割[68]等。与传统的离散正交小波变换相比，UWT 重建图像的质量有明显的提高。采用逆 UWT 方法对图像进行去噪，可以消除吉布斯现象。

目前，一些基于小波变换的图像增强方法只考虑细节增强而不考虑降噪或抑制[16-24]。一些图像增强方法只考虑降低噪声而不考虑细节增强[25]。一些图像增强方法虽然同时考虑了降噪和细节增强，然而，它们大多利用噪声的统计特性来估计去噪阈值[29-32, 34-38]。事实上，估计去噪阈值是很困难的，因为噪声准确的统计特性不能预先知道或准确预测。此外，当前基于小波变换的图像增强算法大多通过用户干预来增强细节，从而获得良好的效果[20-22, 26, 32]，这将限制当前基于小波变换的图像增强算法在实际图像增强中的广泛应用。针对上述问题，本章提出了一种利用 UWT 和遗传算法（genetic algorithm，GA）

对台风云图像进行有效增强的算法。首先，对台风云图像进行 UWT 处理。然后，在每个分解层的精细高频子带中分别抑制噪声，从而在高频子带中分别获得最大信噪比。采用遗传算法在 UWT 域中估计去噪阈值。在每个分解级的粗高频子带中，分别采用改进的非线性增益算子来增强细节。为了自动获得非线性增益参数，采用遗传算法搜索最优非线性增益参数。实验结果表明，该算法在增强台风云图像细节的同时，有效地降低了加性高斯白噪声（additive white Gaussian noise，AWGN）。最后，将该算法与其他一些类似的图像增强算法进行了比较。图 2-11 为所提出的增强算法流程图，其中 UWT 为非抽取小波变换，IUWT 为反非抽取小波变换，NLG 为非线性增益，GCV 为广义交叉验证。

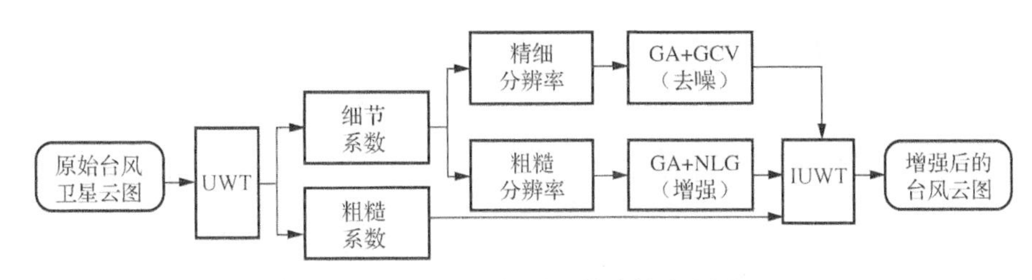

图 2-11　所提出的增强算法的流程图

2.2.2　离散非抽取小波变换

非抽取的离散小波变换曾多次被独立地发现，出于不同的目的，有不同的名称，如移位/平移不变小波变换、平稳小波变换或冗余小波变换。因它是冗余的、移位不变的，与离散小波变换（discrete wavelet transform，DWT）相比，能更好地逼近连续小波变换。从滤波器组的角度来看，UWT 同时保留了偶数和奇数下采样，并进一步拆分了低通频带。也可以从矩阵的角度来表示 UWT。非抽取的离散小波变换（UDWT）可以表示为矩阵乘法：

$$\boldsymbol{Y}=\boldsymbol{W}\boldsymbol{y} \tag{2-8}$$

式中，$\boldsymbol{y}$ 是一个 $1\times N$ 输入矢量；$\boldsymbol{W}$ 是一个 $(L+1)N\times N$ 矩阵，L 是分解的层数；$\boldsymbol{Y}$ 是 $(L+1)N\times 1$ 输出矢量。$\boldsymbol{W}=\left[\boldsymbol{W}_1,\boldsymbol{W}_2,\cdots,\boldsymbol{W}_L,\boldsymbol{W}_{L+1}\right]^{\mathrm{T}}$，其中 $\boldsymbol{W}_i$ 是一个 $N\times N$ 大小的矩阵，$\boldsymbol{W}_i$ 的列是单个矢量 $\boldsymbol{w}_i$ 循环平移的结果，这里 $\boldsymbol{w}_i$ 通常是在第 i 个尺度下的离散小波变换（$i=1$ 对于最精细的尺度），并且 $\boldsymbol{w}_{L+1}$ 是最粗糙尺度下的尺度函数。有很多种反变换形式，下面是一种比较常见的形式：

$$\boldsymbol{M}=\left[\frac{1}{2}\boldsymbol{W}_1,\frac{1}{2^2}\boldsymbol{W}_2,\cdots,\frac{1}{2^L}\boldsymbol{W}^L,\frac{1}{2^{L+1}}\boldsymbol{W}_{L+1}\right] \tag{2-9}$$

这里因子$\left(\frac{1}{2},\frac{1}{4},\cdots,\frac{1}{2^L},\frac{1}{2^{L+1}}\right)$被用来抵消随着尺度变得粗糙时而产生的 UWT 冗余。式(2-8)

中直接乘法的计算复杂度为$O((L+1)N^2)$。所以有快速算法，所以总体计算复杂度可以简化为$O(LN)$。

2.2.3 基于 UDWT 的去噪原理

有色噪声的小波变换是非平稳的。采用传统的全局阈值对图像进行降噪处理，降噪效果不理想。Johnstone 等[69]证明了有色噪声的小波变换在每个分辨率级别的所有尺度上都是平稳的。因此，在每个分辨率级别的所有尺度上分别计算去噪阈值，以有效地降低图像中的噪声。

假设一幅图像的离散模型如下：

$$g[i,j]=f[i,j]+\varepsilon[i,j] \tag{2-10}$$

式（2-10）可以写成矩阵形式如下：

$$\boldsymbol{g}=\boldsymbol{f}+\boldsymbol{\varepsilon} \tag{2-11}$$

式中，$\boldsymbol{g}=\{g[i,j]\}_{i,j}$是观测信号；$\boldsymbol{f}=\{f[i,j]\}_{i,j}$表示未被污染的原始图像；$\boldsymbol{\varepsilon}=\{\varepsilon[i,j]\}_{i,j}$，$i=1,\cdots,M; j=1,\cdots,N$是个平稳信号。UWT 可以通过式（2-11）实现，则有

$$\boldsymbol{X}=\mathbb{U}\boldsymbol{f} \tag{2-12}$$

$$\boldsymbol{V}=\mathbb{U}\boldsymbol{\varepsilon} \tag{2-13}$$

$$\boldsymbol{Y}=\mathbb{U}\boldsymbol{g} \tag{2-14}$$

$$\boldsymbol{Y}=\boldsymbol{X}+\boldsymbol{V} \tag{2-15}$$

式中，$\mathbb{U}$表示一个二维 UWT 运算。利用 Donoho 提出的软阈值法进行去噪：

$$\boldsymbol{Y}_\delta=\boldsymbol{T}_\delta\circ\boldsymbol{Y} \tag{2-16}$$

$$\boldsymbol{T}_\delta=\mathrm{diag}\{t[m,m]\}$$

$$t[m,m]=\begin{cases}0, & |\boldsymbol{Y}[i,j]|<\delta \\ 1-\dfrac{\delta}{|\boldsymbol{Y}[i,j]|}, & |\boldsymbol{Y}[i,j]|\geqslant\delta\end{cases}$$

式中，$i=1,\cdots,M$；$j=1,\cdots,N$；$m=1,\cdots,MN$。类似地，有

$$\boldsymbol{X}_\delta=\boldsymbol{T}_\delta\circ\boldsymbol{X} \tag{2-17}$$

根据式（2-14）和式（2-16），输入信号的逆变换可以写为

$$\boldsymbol{g}_\delta=\mathbb{U}^{-1}\circ\boldsymbol{Y}_\delta \tag{2-18}$$

上述的综合运算可以表示为

$$\boldsymbol{g}_\delta=\boldsymbol{Z}_\delta\circ\boldsymbol{g} \tag{2-19}$$

$$\boldsymbol{Z}_\delta=\mathbb{U}^{-1}\circ\boldsymbol{T}_\delta\circ\mathbb{U} \tag{2-20}$$

式中，$\boldsymbol{T}_\delta$与阈值δ和输入信号$\boldsymbol{g}$相关。如果利用噪声的统计特性来估计最优的阈值δ，那么需要利用噪声的标准差σ[69-70]。但是，估计噪声的标准差σ在很多情况下是不可能

的。广义交叉确认原理恰好能够解决这个问题[71]。

假设原始信号 $f[i,j]$ 能够被其周围的元素的线性组合表示。基于此，$\tilde{g}[i,j]$ 可以考虑成是 $g[k,l]$ 的线性组合，则图像中的某些特定噪声能够被抑制。因为这些值能够被其邻近元素的加权均值代替，所以利用这种方法可以平滑图像中的噪声，获得比较纯净的信号。修正后的信号 $\tilde{\boldsymbol{g}}$ 被用来计算去噪阈值。$g[i,j]$ 是 $\boldsymbol{g}$ 的第 $[i,j]$ 个元素，可以利用 $\tilde{g}[i,j]$ 替代：

$$\tilde{\boldsymbol{g}} = \boldsymbol{Z} \cdot (g[1,1],\cdots,\tilde{g}[i,j],\cdots,g[M,N])^{\mathrm{T}} \tag{2-21}$$

我们考虑用 $\tilde{g}_\delta[i,j]$ 预测 $g[i,j]$ 的能力来作为确定最优阈值的测度。如果阈值 δ 太小，$g[i,j]-\tilde{g}_\delta[i,j]$ 的主要成分是噪声；如果阈值 δ 太大，那么大部分有用信号都被抑制了。对所有的组分重复同样的处理，通过下式获得适当的阈值：

$$\mathrm{OCV}(\delta) = \frac{1}{MN}\sum_{i=1}^{M}\sum_{j=1}^{N}(g[i,j]-\tilde{g}_\delta[i,j])^2 \tag{2-22}$$

$\tilde{g}[i,j]$ 可能有多种形式。此处，令 $\tilde{g}_\delta[i,j]=\tilde{g}[i,j]$，则有

$$g[i,j]-\tilde{g}_\delta[i,j] = \frac{g[i,j]-g_\delta[i,j]}{1-\tilde{z}[i,j]} \tag{2-23}$$

其中，

$$\tilde{z}[i,j] = \frac{g_\delta[i,j]-\tilde{g}_\delta[i,j]}{g[i,j]-\tilde{g}_\delta[i,j]} \approx z'[m,n] = \frac{\partial g_\delta[i,j]}{\partial g[k,l]}$$

式中，$m,n=1,\cdots,MN$；$i,k=1,\cdots,M$；$j,l=1,\cdots,N$。但是，在式（2-23）中，$z'[m,m]$ 要么是 0，要么是 1。这将导致式（2-23）无解。因此，给出下式所示的 UWT 域的广义交叉认证公式来解决这个问题：

$$\mathbb{U}\mathrm{GCV}(\delta) = \frac{\dfrac{1}{MN}\cdot\|\boldsymbol{Y}-\boldsymbol{Y}_\delta\|^2}{\left[\dfrac{\mathrm{tr}(\boldsymbol{I}-\boldsymbol{Z}'_\delta)}{MN}\right]^2} \tag{2-24}$$

式中，tr 表示矩阵的迹；$\|\cdot\|$ 表示基于内积的欧几里得范数；$\boldsymbol{I}$ 是 $M\times N$ 单位阵；其他符号的含义同上。令 $\delta^* = \arg\min \mathrm{MSE}(\delta)$，$\tilde{\delta} = \arg\min \mathbb{U}\mathrm{GCV}(\delta)$，Jansen 等[72]已经证明通过广义交叉认证获得的阈值 $\tilde{\delta}$ 是一个渐进最优解。

2.2.4　利用遗传算法估计 UDWT 域去噪阈值

要最小化 $\mathbb{U}\mathrm{GCV}(\delta)$ 以便获得渐进最优的去噪阈值。Jansen 利用黄金分割法获得去噪阈值。但是，这种方法仅对单峰形式的函数有效。实际上，$\mathbb{U}\mathrm{GCV}(\delta)$ 曲线多数是如图 2-12 所示的曲线。因此，使用黄金分割法不能从图 2-12 所示的曲线中找到最优的去噪阈值。本小节使用遗传算法来解决这个问题。

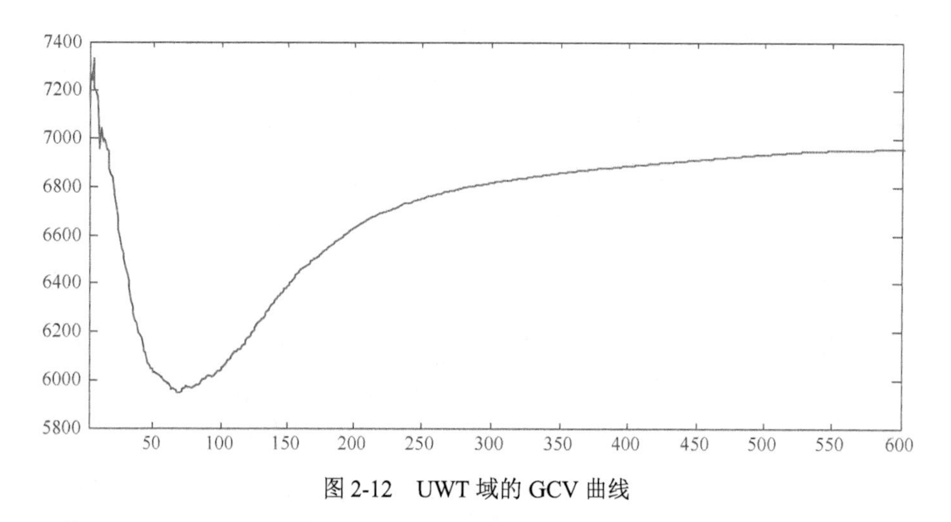

图 2-12　UWT 域的 GCV 曲线

遗传算法能够在大的解空间里迅速找到近似全局最优解。利用遗传算法可获得 UWT 域内的去噪阈值[73]。令 $F(x)$ 是遗传算法的适应度函数，其中 $a<x<b$ ，a 和 b 可以通过下面的方程来确定：

$$a=\min\left\{\left|C_s^w(i,j)\right|\right\},\quad b=\max\left\{\left|C_s^w(i,j)\right|\right\} \tag{2-25}$$

式中，$C_s^w(i,j)$ 是 UWT 域内第 s 个尺度第 w 个方向的系数。在使用遗传算法之前，应该考虑下面几个问题。

1）系统参数

种群大小设置为 20，初始种群包括 20 个染色体，这是随机选取的。遗传算法的最大迭代次数针对去噪和增强分别设置为 40 和 50。

2）适应度函数

适应度函数如下：

$$F(\delta)=\mathrm{UGCV}(\delta)=\frac{\frac{1}{MN}\cdot\left\|\boldsymbol{Y}-\boldsymbol{Y}_\delta\right\|^2}{\left[\frac{\mathrm{tr}(\boldsymbol{I}-\boldsymbol{Z}_\delta')}{MN}\right]^2} \tag{2-26}$$

3）遗传算法

遗传算法一般来说包括 3 个算子：复制、交叉和变异。本节中使用的是多点交叉算子。变异是随机改变附带染色体上的一位，其变异概率 P_m 设置为 0.001。

在满足停止准则之前，遗传算法将迭代地对输入退化图像执行去噪和增强操作。停止条件是迭代次数大于另一个阈值。然后确定适应度函数值最小的染色体（解）。应用遗传算法，一个参数将形成一个以二进制位串表示的染色体（解），其中参数由 20 位描述。我们将使用遗传算法来优化连续变量[73]。

2.2.5 UWT 域通过非线性增益算子增强细节

基于离散 UWT，采用 Laine 等[74]于 1994 年提出的一种非线性增强操作来增强图像的局部对比度。我们抑制非常小幅度的像素值，只增强每个变换空间内大于一定阈值 T 的像素。设计了以下函数来完成这个非线性操作：

$$f(y_s^r[i,j]) = a[\mathrm{sigm}(c(y_s^r[i,j]-b)) - \mathrm{sigm}(-c(y_s^r[i,j]+b))] \tag{2-27}$$

其中，

$$y_s^r[i,j] = f_s^r[i,j] / \max f_s^r \tag{2-28}$$

$$a = \frac{1}{\mathrm{sigm}[c(1-b)] - \mathrm{sigm}[-c(1+b)]} \tag{2-29}$$

$$0 < b < 1$$

$$\mathrm{sigm}(y) = \frac{1}{1+\mathrm{e}^{-y}} \tag{2-30}$$

式中，b 和 c 分别用来控制增强的阈值和程度。很显然，总会存在一个阈值 T，凡是像素灰度值的绝对值比这个阈值大的像素点被增强，像素灰度值的绝对值比这个阈值小的像素点被抑制。精确的阈值 T 可以通过解方程 $f(y)-y=0$ 来获得。但是，为了简单起见，阈值是通过参数 b 控制的。同样，我们利用像素值的标准差自适应选择阈值 T，公式如下：

$$T_j^i = \frac{1}{2}\sqrt{\frac{1}{N^2}\sum_{n_1=1}^{N}\sum_{n_2=1}^{N}\left(y_j^i(n_1,n_2)-m_y\right)^2} \tag{2-31}$$

式中，m_y 是 y_j^i 的均值；$N \times N$ 是图像的大小。因此，对于每个子带图像，阈值与该子带图像的能量（小波子空间）直接相关。

我们可以将非线性操作从空间域扩展到 UWT 域。为方便起见，定义如下变换函数，分别对各分解层的高频子带图像进行增强：

$$g[i,j] = \mathrm{MAG}\{f[i,j]\},\quad i=1,\cdots,M;\quad j=1,\cdots,N \tag{2-32}$$

式中，$g[i,j]$ 是增强后的子带图像；$f[i,j]$ 是原始待增强的子带图像；MAG 是非线性增强算子；M,N 是图像的宽和高。

令 $f_s^r[i,j]$ 是在第 r 个子带和第 s 个分阶层的灰度级值，其中 $s=1,2,\cdots,L$；$r=1,2,3$。$\max f_s^r$ 是 $f_s^r[i,j]$ 中所有像素点的灰度值中的最大值。$f_s^r[i,j]$ 能够被从 $[-\max f_s^r, \max f_s^r]$ 映射到 $[-1,1]$。因此，a,b,c 的动态范围可以被单独设置。对比度增强方法可以通过下式来描述：

$$g_s^r[i,j] = \begin{cases} f_s^r[i,j], & \left|f_s^r[i,j]\right| < T_s^r \\ a \cdot \max f_s^r\{\mathrm{sigm}[c(y_s^r[i,j]-b)] - \mathrm{sigm}[-c(y_s^r[i,j]+b)]\}, & \left|f_s^r[i,j]\right| \geqslant T_s^r \end{cases} \tag{2-33}$$

为了获得最优的非线性灰度变换参数，采用遗传算法求解该问题[73]。在运行遗传算法之前，必须考虑以下几个问题。

1）系统参数

种群大小仍然设置为20，初始种群包含随机选择的20条染色体（二进制位串）。遗传算法的最大迭代次数（代）设置为50。

2）适应度函数

本章利用适应度（目标）函数来评价染色体（溶液）的优度。利用香农熵函数对灰度直方图复杂度[16]进行量化。给定一个概率分布 $P=\left(p_1,p_2,\cdots,p_n\right)$，其中 $p_i\geqslant 0$（$i=1,2,\cdots,n$），并且 $\sum_{i=1}^{n}p_i=1$，则熵为

$$e(b,c)=-\sum_{i=1}^{n}\left(p_i\cdot\lg p_i\right) \tag{2-34}$$

式中，对于 $p_i=0$ 的情况，令 $p_i\cdot\lg p_i=0$。因为 P 是一个概率分布，所以在应用熵函数之前应该对直方图进行归一化。将式（2-34）作为遗传算法的适应度函数进行图像增强。增强图像对比度越好，则式（2-34）越大。b 和 c 的取值范围分别被设置为 $0<b<1$，$0<c<50$。

3）遗传算法

遗传算法的3种遗传操作，即复制、交叉和变异，已在2.2.4节介绍过，此处不再赘述。

2.2.6　增强后图像质量评价

数字图像在采集、处理、压缩、存储、传输和复制过程中会发生各种各样的失真，任何一种失真都可能导致视觉质量下降。对于那些最终由人眼观察图像做出相应决策的实际应用，唯一“正确”的方法是通过主观评价来确定视觉图像质量。然而，在实践中，主观评价往往不方便、费时和成本高[75]。客观图像质量评价研究的目的是开发能够自动预测感知图像质量的定量方法。

客观图像质量度量在图像处理应用中可以发挥多种作用：首先，它可以用来动态监测和调整图像质量；其次，它可以用来优化图像处理系统的算法和参数设置；最后，它可以用来对图像处理系统和算法进行基准测试。本章从图像信息的角度构造了一种质量度量方法，用于评价增强后的图像质量。该评价系统将增强图像质量评价任务分解为信息熵、对比度和信噪比3种比较。

首先，比较各增强图像的信息熵。使用式（2-34）评估增强图像的细节信息。图像质量增强越好，信息熵越大。

其次，对每个增强图像的对比度进行比较。假设为离散信号，平均强度可表示为

$$\mu_x = \frac{1}{N}\sum_{i=1}^{N} x_i \tag{2-35}$$

把信号的平均强度去掉。在离散形式下，得到的信号 $x_i - \mu_x$ 对应于 $\boldsymbol{x}$ 向量在超平面上的投影：

$$\sum_{i=1}^{N} x_i = 0 \tag{2-36}$$

用标准差来估计信号的对比度。给出了一个离散形式的无偏估计：

$$c = \left(\frac{1}{N-1}\sum_{i=1}^{N}\left(x_i - \mu_x\right)^2\right)^{\frac{1}{2}} \tag{2-37}$$

增强后图像的质量越好，则 c 越大。

再次，增强后的图像的峰值信噪比为

$$p = 10 \cdot \lg\left(\frac{MN \cdot \max\left(F_{ij}^{\ 2}\right)}{\sum_{i=1}^{M}\sum_{j=1}^{N}\left(F_{ij} - G_{ij}\right)^2}\right) \tag{2-38}$$

式中，F_{ij} 和 G_{ij} 分别是原始图像和增强后图像在 (i, j) 处的灰度级值；M 和 N 分别表示原始图像的宽和高。增强后图像的质量越好，p 值越大。

最后，将上述 3 个参数组合在一起构建一个新的综合参数：

$$S = f(e, c, p) \tag{2-39}$$

一般来说，增强后的图像质量越好，p 值越大。然而，尽管图像的整体质量很好，但在增强和降低噪声之后，峰值信噪比可能会变小。因此，构建了以下综合测度来评估增强图像的质量：

$$S = e^{\alpha} \cdot c^{\beta} \cdot \left[\operatorname{sign}(p) \cdot |p|^{\gamma}\right] \tag{2-40}$$

式中，$\alpha > 0$，$\beta > 0$，$\gamma > 0$ 被用来调整 3 个参数的重要程度。为了简化上述峰值信噪比的表达式，令 $\alpha = \beta = 1$，$\gamma = \frac{1}{5}$。因此本章构建的综合评价指标如下：

$$S = e \cdot c \cdot \left[\operatorname{sign}(p) \cdot |p|^{\frac{1}{5}}\right] \tag{2-41}$$

增强后图像的质量越好，则 S 值越大。

2.2.7 实验结果与分析

利用中国气象局、国家卫星气象中心提供的两幅红外台风云图验证了所提出算法的有效性，两幅台风云图被加性高斯白噪声污染。为了证明该算法的有效性，将比较所提出的算法（ZCJ）与只使用离散小波变换增强（只在 UWT 域增强细节）方法、AFL 方法[74]、WYQ 方法[76]、XLZ 方法[77]和 EE 方法[25]之间的性能优劣。

图 2-13（a）和图 2-13（b）分别表示原始台风（台风“泰利”，编号：0513）云图和相应的噪声（高斯白噪声的标准差为 16.4047）图像。图 2-13（c）～图 2-13（h）分别显示了 UWT、AFL、WYQ、XLZ、EE 和 ZCJ 的去噪和增强结果。从图 2-13 可以看出，UWT 方法和 AFL 方法都只考虑增强图像对比度，而噪声在增强台风云图对比度的同时也得到了增强。基于经典离散小波变换的 AFL 方法比 UWT 方法具有更好的效果，但在增强后的台风云图中存在一些不理想的斑点。WYQ 方法和 XLZ 方法在增强台风云图对比度的同时，都考虑了噪声的抑制。WYQ 方法在增强台风云图对比度的同时，增大了背景毛刺。XLZ 方法具有较好的降噪效果，但台风云图像细节模糊。EE 方法具有良好的降噪效果，但台风云图的对比度并不理想。

图 2-13　台风“泰利”（编号：0513）卫星云图去噪和增强结果

通过对以上方法的比较，可以看出 ZCJ 方法不仅具有良好的去噪结果，还能进行较好的细节增强，这在图 2-13（h）中是很明显的。为了解释所提算法的有效性，另一幅台风（台风“西马仑”，编号：0620）云图被用于验证所提出算法的有效性。图 2-14（a）～图 2-14（h）分别为原始台风云图、噪声图像（高斯白噪声）、UWT 法、AFL 法、WYQ

法、XLZ 法、EE 法和 ZCJ 法的去噪和增强结果，其中图 2-14（b）为噪声图像（噪声标准差为 14.6952）。从图 2-14 中，可以得出与图 2-13 相同的结论。

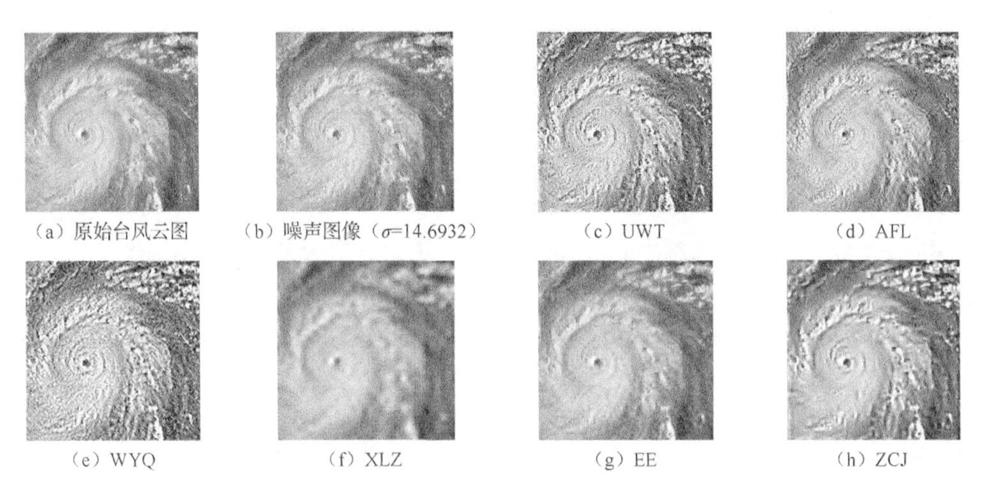
（a）原始台风云图　（b）噪声图像（σ=14.6932）　（c）UWT　（d）AFL
（e）WYQ　（f）XLZ　（g）EE　（h）ZCJ

图 2-14　台风“西马仑”（编号：0620）卫星云图去噪和增强结果

表 2-5 列出了上述两幅台风云图的增强参数和去噪阈值。

表 2-5　两幅台风云图的增强参数和去噪阈值

图像子带	“泰利”（编号：0513）			“西马仑”（编号：0620）		
	b	c	T	b	c	T
HL1			43.1335			33.5274
LH1			23.1574			26.2791
HH1			40.5291			40.4793
HL2	0.1045	34.6539	30.7838	0.1010	36.5218	24.5288
LH2	0.5499	2.5314	32.1453	0.1024	32.4641	32.4393
HH2	0.1039	24.4018	35.3877	0.1353	37.3861	133.7950
HL3	0.1001	39.0379	26.7537	0.1013	38.1118	21.0146
LH3	0.1000	34.3275	27.0253	0.1001	37.6154	29.1547
HH3	0.1015	23.8954	33.8545	0.1212	35.1778	35.7256

图 2-15（a）～图 2-15（f）分别表示用于增强台风“泰利”细节的非线性增益曲线。在此只绘制台风“泰利”的非线性增益曲线，以证明所提算法的有效性。

图 2-16（a）～图 2-16（f）分别为台风“泰利”增强细节的遗传算法进化曲线。图 2-17（a）～图 2-17（i）分别为台风“泰利”降噪遗传算法进化曲线。

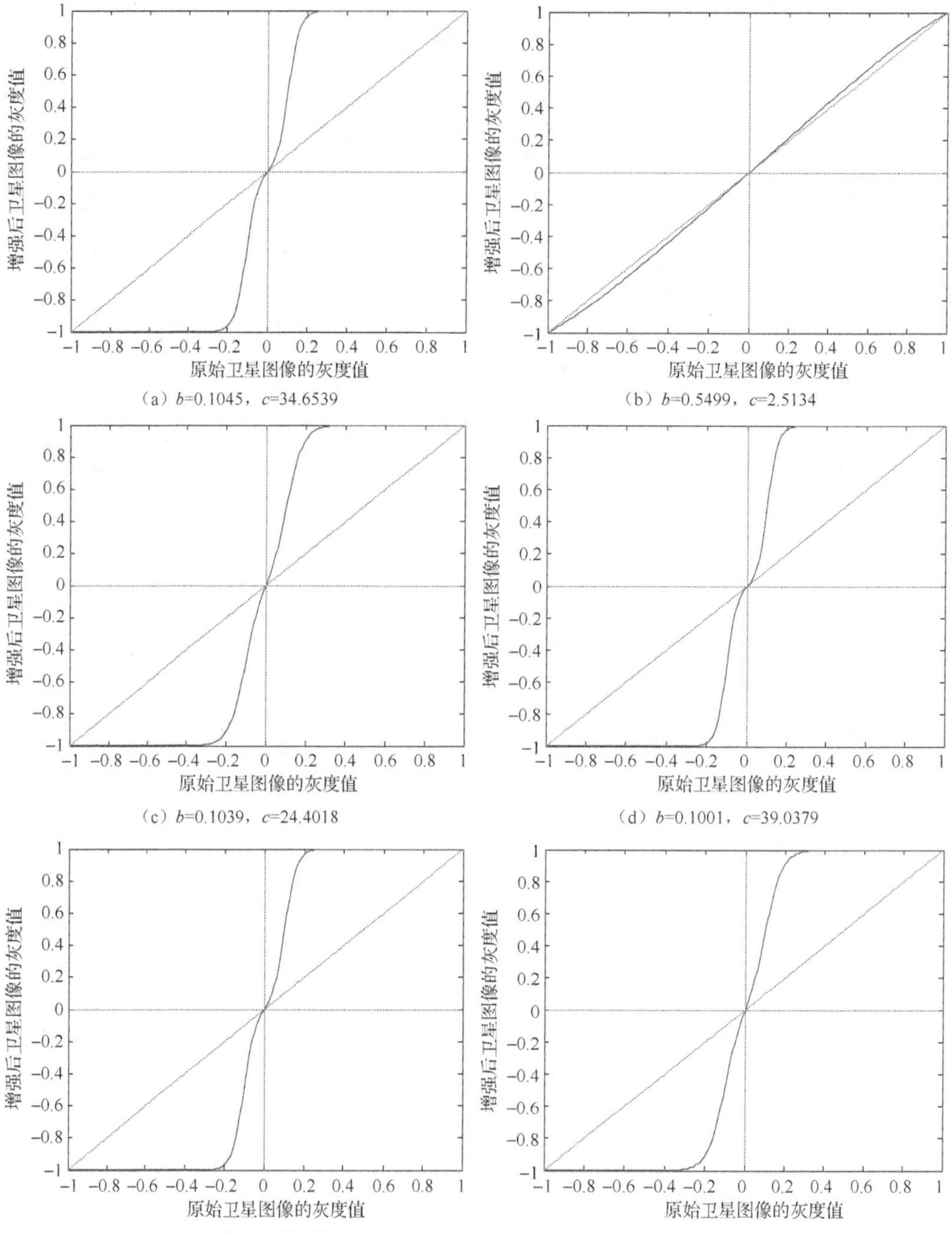

（a）b=0.1045，c=34.6539

（b）b=0.5499，c=2.5134

（c）b=0.1039，c=24.4018

（d）b=0.1001，c=39.0379

（e）b=0.1000，c=34.3275

（f）b=0.1015，c=23.8954

图 2-15　增强台风“泰利”（编号：0513）云图的非线性增益曲线

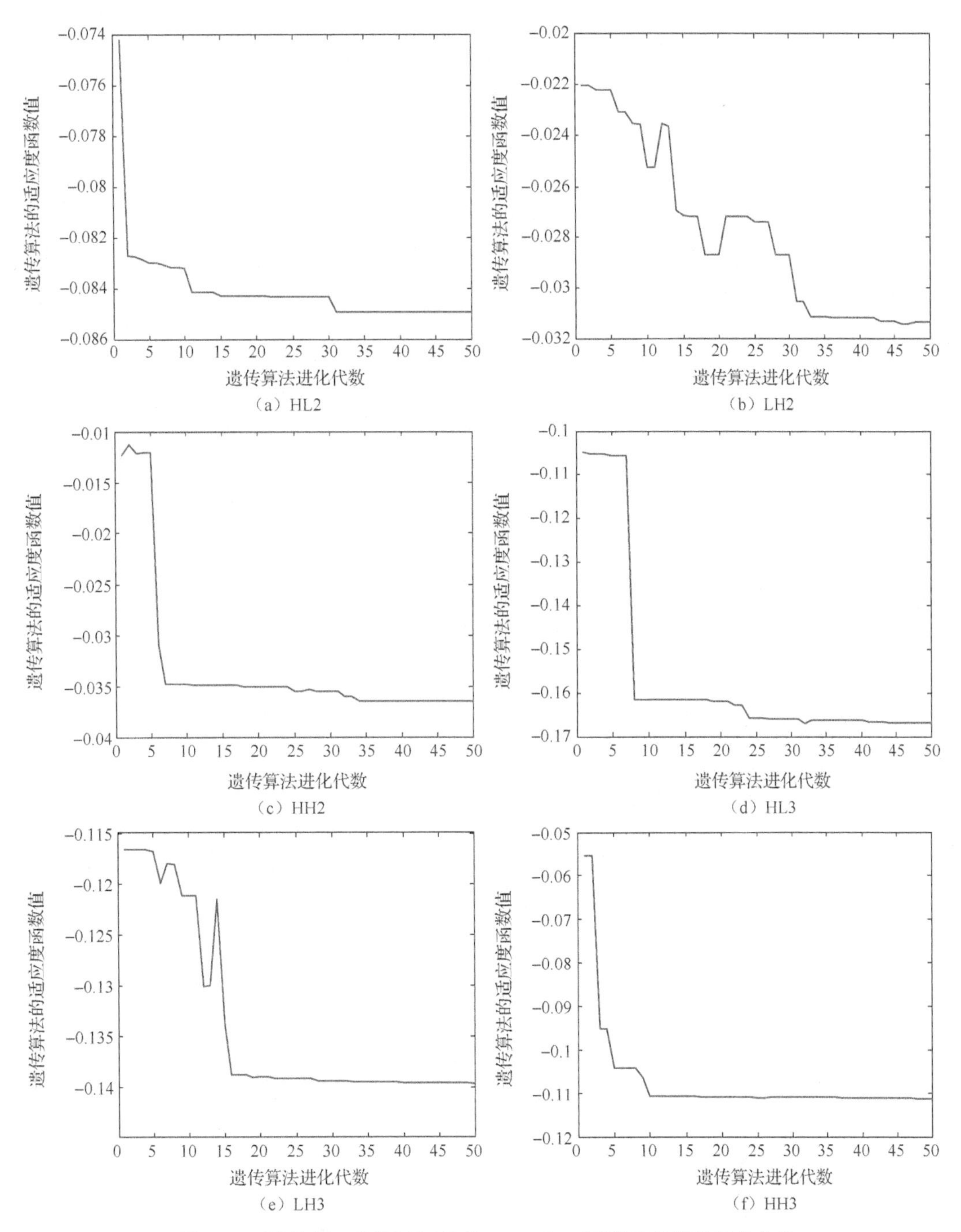

图 2-16　增强台风“泰利”（编号：0513）云图的遗传算法进化曲线

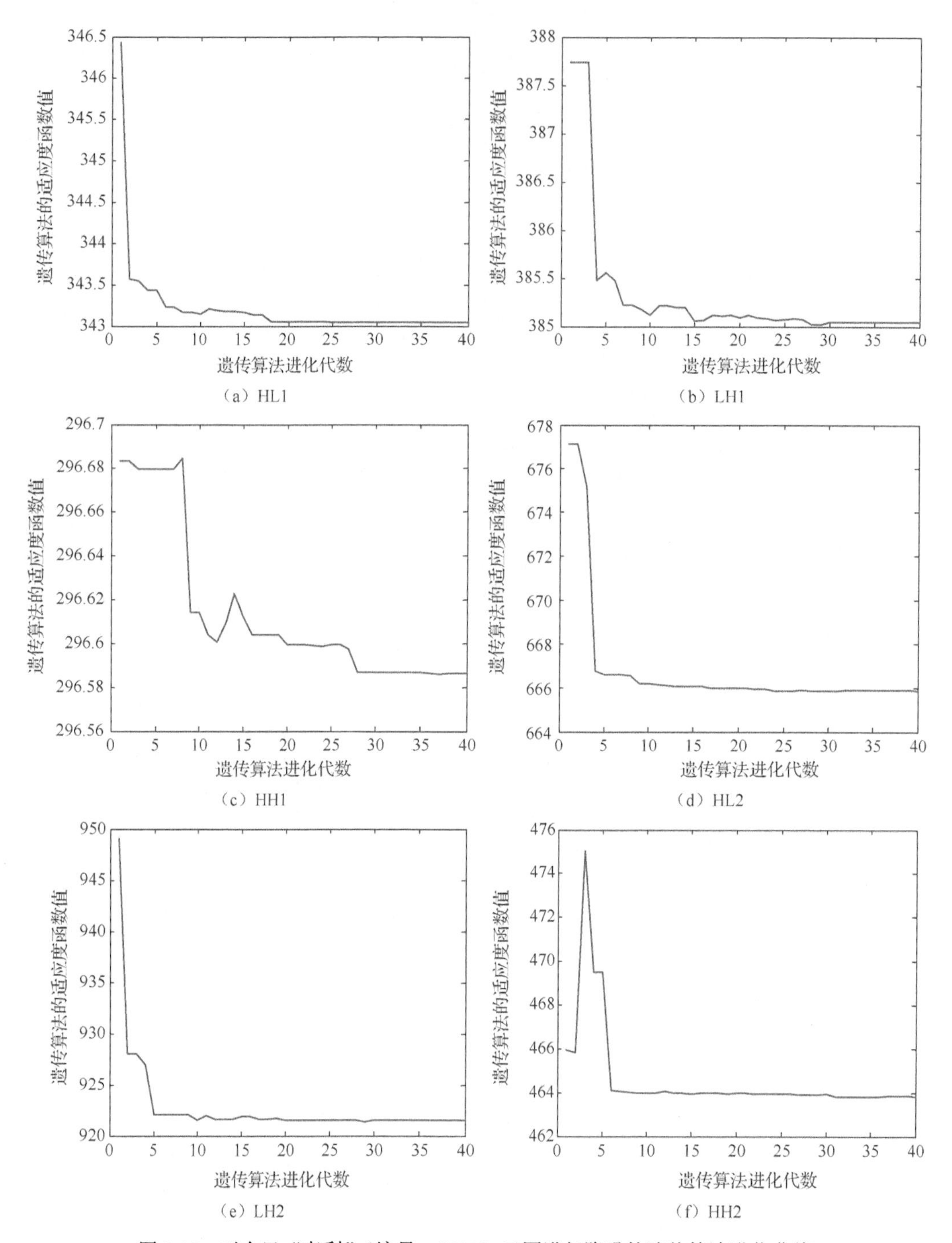

图 2-17　对台风“泰利”（编号：0513）云图进行降噪的遗传算法进化曲线

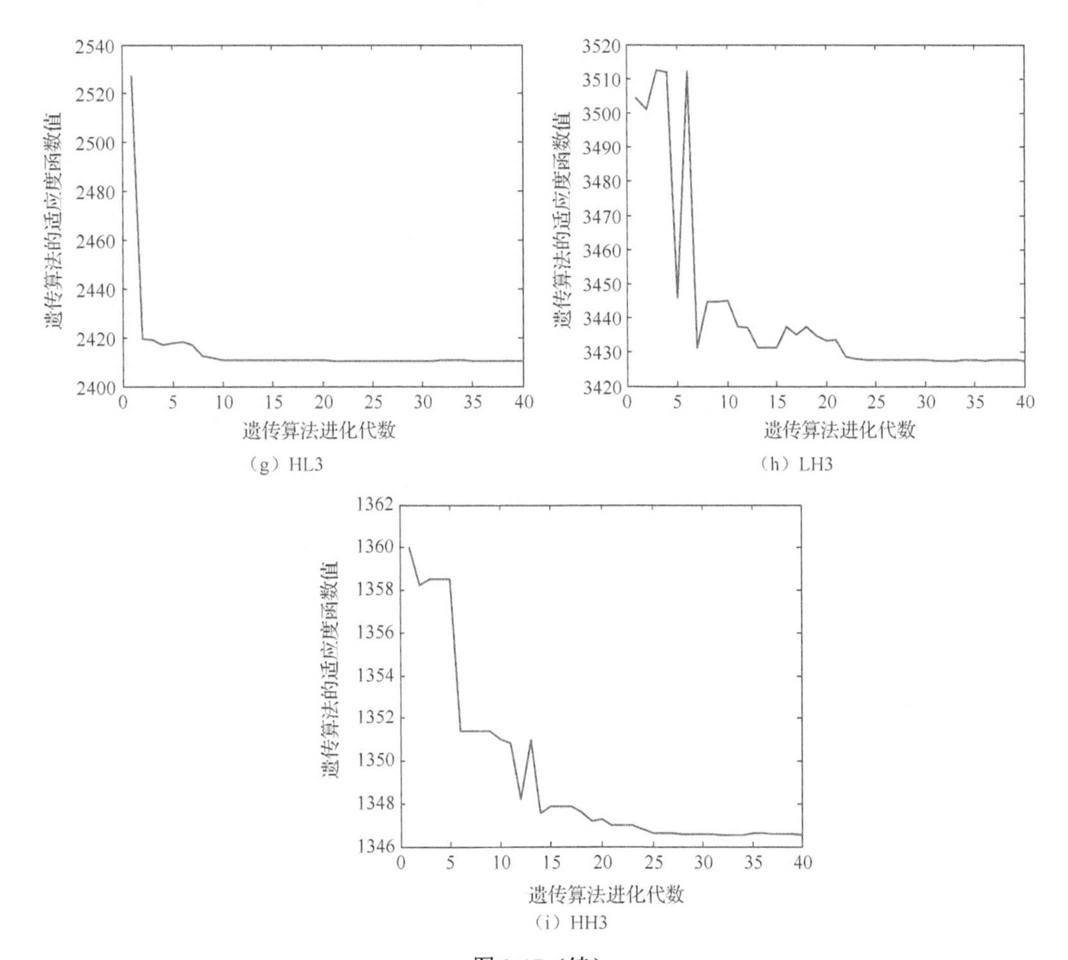

图 2-17（续）

为了客观评价增强后的图像质量，使用式（2-41）评价增强后图像的综合质量。表 2-6 列出了使用 6 种不同算法增强后的图像得分，其中加粗字体表示我们提出的算法。由表可知，我们所提出的算法得分最高。因此，与其他 5 种方法相比，ZCJ 算法的整体质量是最好的。

表 2-6　利用不同算法增强后的图像质量得分

台风名称	算法						
	σ_n	UWT	AFL	WYQ	XLZ	EE	**ZCJ**
“泰利”	16.4047	207.6674	249.1955	252.3776	242.8527	265.3905	**267.3983**
“西马仑”	14.6932	−195.3994	171.7391	170.0276	145.8233	169.8399	**189.4891**

为了进一步说明所提出算法的有效性，表 2-7 列出了不同噪声标准差下增强后图像的得分。从表中可以看出，随着噪声标准差的增大，增强后的图像得分越来越低。与其

他 5 种方法相比，ZCJ 算法增强图像的得分最高，这恰好证明了其优越性。

表 2-7　不同强度的噪声影响下增强后的图像得分

σ_n	UWT	AFL	WYQ	XLZ	EE	**ZCJ**
20.6523	−194.8528	238.2011	245.2032	242.8312	262.8057	**268.9955**
23.1722	−238.9590	228.5626	239.7757	242.8032	261.3295	**265.8782**
25.9996	−269.7511	211.8711	232.8147	242.7938	259.7492	**266.6770**
29.1721	−298.4712	170.7104	222.7874	242.7621	258.0763	**266.0023**
32.7316	−326.3825	−192.8582	206.8108	242.7300	256.2807	**263.8827**
36.7255	−354.9095	−244.2247	173.8934	242.6713	254.3384	**260.4320**
41.2067	−382.6106	−281.3083	−173.1841	242.6122	252.2492	**260.3751**
46.2346	−409.8737	−314.0914	−227.3902	242.5131	250.0196	**257.3633**
51.8761	−437.5093	−345.7339	−263.0154	242.4086	247.6549	**254.1942**
58.2060	−464.4655	−377.1198	−293.4866	242.0122	245.0122	**251.2614**

为了能够清楚地表明 ZCJ 算法的有效性，利用表 2-7 绘制了 6 种算法增强图像的得分曲线，如图 2-18 所示，可以得出与表 2-7 相同的结论。因为在图 2-18（a）中的 ZCJ、XLZ 和 EE 3 种算法评分曲线特别接近，为了更加清晰地看出上面 3 种算法的评分差异，将 ZCJ、XLZ 和 EE 3 种算法评分曲线单独绘制，如图 2-18（b）所示。

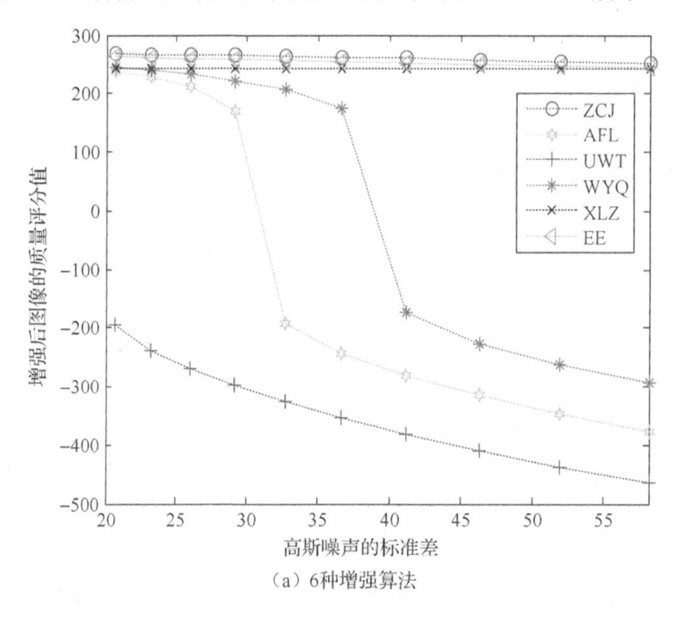

图 2-18　利用 6 种算法获得的增强后图像的评分曲线（a）和用 ZCJ、XLZ、EE 方法的评分曲线（b）

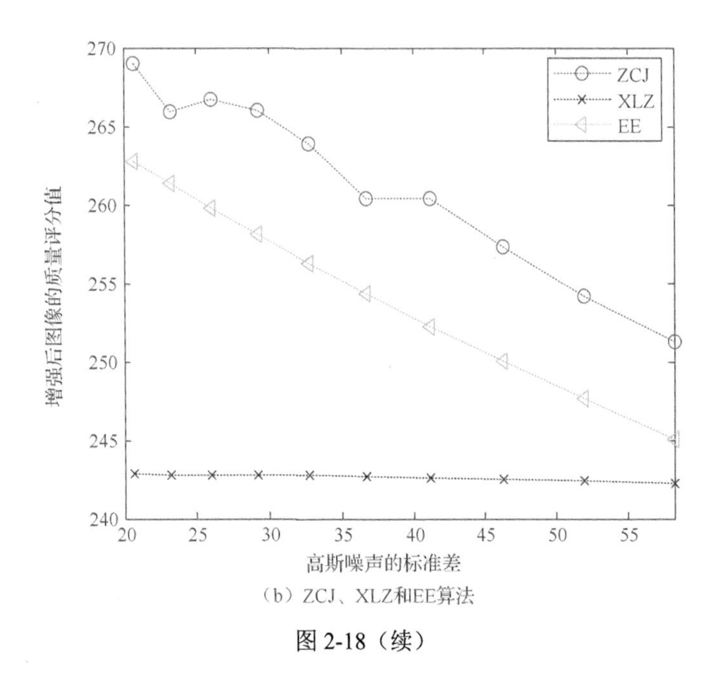

（b）ZCJ、XLZ和EE算法

图 2-18（续）

2.2.8　结论

本章提出了一种利用 GCV、NGL 和 UWT 域遗传算法对台风云图像进行降噪和增强细节的方法。遗传算法可以在不预先知道噪声统计特性的情况下，获得渐近最优去噪阈值。遗传算法能够自适应地获得 UWT 域的最优非线性增益参数。本章提出了一种基于信息熵、对比度测度和 PSNR 的增强图像质量客观评价准则。该算法能够有效地降低红外台风云图像的高斯白噪声，同时提高图像的细节。与经典小波变换相比，通过本章研究的 UWT 域结合遗传算法的卫星图像增强算法能够得出如下结论。

（1）UWT 和经典小波都很好地考虑了图像噪声。

（2）UWT 实验表明，与 AFL、WYQ、XLZ、EE 相比，UWT 具有更好的去噪和增强效果。

（3）对于低噪声图像，小波变换的 UWT 降噪效果不明显。

（4）大多数基于经典小波变换的方法都会导致一些细节丢失或一些不需要的伪影，而本章提出的算法可以很好地减少图像中的高斯白噪声，同时可以增强细节。

（5）现有的图像增强方法大多需要用户或专家来确定增强参数，而本章提出的算法可以通过遗传算法自适应地获得最优的非线性增强参数。

（6）现有的基于经典小波变换的图像增强方法大多采用主观评价方法对增强后的图

像质量进行评价，而本章提出的算法可以采用客观评价准则对增强后的图像质量进行评价。

下一步的计划包括通过改进我们的算法来减少算法的计算负担，通过小波变换与曲线波变换或轮廓波变换相结合来降低台风云图中的噪声和增强细节。此外，我们计划在UWT域中使用粗糙系数来增强台风云图像的全局对比度。

参考文献

[1] PERONA P, MALIK J. Scale-space and edge detection using anisotropic diffusion[J]. IEEE Transactions on Pattern Analysis and Machine Intelligence, 1990, 12(7): 629-639.

[2] JOACHIM W, BART M T, HAAR R, et al. Efficient and reliable schemes for nonlinear diffusion filtering[J]. IEEE Transactions on Image Processing, 1998, 7(3): 398-410.

[3] GILBOA G, SOCHEN N, ZEEVI Y Y. Forward-and-backward diffusion processes for adaptive image enhancement and denoising[J]. IEEE Transactions on Image Processing, 2002, 11(7): 689-703.

[4] YOU Y L, KAVEH M. Fourth-order partial differential equations for noise removal[J]. IEEE Trans. on Image Processing, 2000, 9(10): 1723-1730.

[5] LEONID I R, STANLEY O, EMAD F. Nonlinear total variation based noise removal algorithms[J]. Physica D: Nonlinear Phenomena, 1992, 60(1-4): 259-268.

[6] JANSEN M, MALFAIT M, BULTHEEL A. Generalized cross validation for wavelet thresholding[J]. Signal Processing, 1997, 56(1): 33-44.

[7] 李财莲，孙即祥，康耀红，等. 利用偏微分方程的 Tetrolet 变换图像去噪[J]. 海南大学学报（自然科学版），2011，29（2）：166-171.

[8] LIU F. Diffusion filtering in image processing based on wavelet transform[J]. Science in China Series F: Information Sciences, 2006, 49(4): 494-503.

[9] JIA D X, GE Y R. Underwater image de-noising algorithm based on nonsubsampled Contourlet transform and total variation[C]//Proceeding of IEEE International Conference on Computer Science and Information Processing, 2012: 76-80.

[10] WANG H Z, QIAN L Y, ZHAO J T. An image denoising method based on fast discrete curvelet transform and Total Variation[C]//Proceeding of IEEE International Conference on Software Processing, 2010: 1040-1043.

[11] LI Y, CHEN R M, LIANG S. A new image denoising method based on Shearlet shrinkage and improved total variation[J]. Lecture Note in Computer Science, 2012, 7202: 382-388.

[12] ALBERTZ J, ZELIANEOS K. Enhancement of satellite image data by data cumulation[J]. Journal of Photogrammetry and Remote Sensing, 1990, 45(3): 161-174.

[13] FERNANDEZ-MALOIGNE C. Satellite images enhancement[C]//Proceeding of International Symposium on Automotive Technology & Automation, 1990: 210-215.

[14] BEKKHOUCHA A, SMOLARZ A. Technique of images contrast enhancement: an application to satellite and aerial images[J]. Automatique Productique Informatique Industrielle, 1992, 26(4): 335-353.

[15] KARANTZALOS G K. Combining anisotropic diffusion and alternating sequential filtering for satellite image enhancement

and smoothing[C]. Proceeding of SPIE-Image and Signal Processing for Remote Sensing, 2004: 461-468.

[16] FU J C, LIEN W C, WONG S T C. Wavelet-based histogram equalization enhancement of gastric sonogram images[J]. Computerized Medical Imaging and Graphics, 2000, 24(2): 59-68.

[17] WAN Y, SHI D. Joint exact histogram specification and image enhancement through the wavelet transform[J]. IEEE Transactions on Image Processing, 2007, 16(9): 2245-2250.

[18] TEMIZEL A, VLACHOS T. Wavelet domain image resolution enhancement[J]. IEE Proceedings Vision, Image and Signal Processing, 2006, 153(1): 25-30.

[19] TEMIZEL A, VLACHOS T. Wavelet domain image resolution enhancement using cycle-spinning[J]. Electronics Letters, 2005, 41(3): 119-121.

[20] SHI F, SELESNICK I W, GULERYUZ O. Image enhancement using wavelet-domain mixture models[C]//Proceeding of IEEE 12th Digital Signal Processing Workshop & 4th IEEE Signal Processing Education Workshop, 2006: 6.

[21] DERADO G, BOWMAN F D, PATEL R, et al. Wavelet Image Interpolation (WII): a wavelet-based approach to enhancement of digital mammography images[C]//Lecture Notes in Computer Science, 2007, 4463: 203-214.

[22] XIAO D, OHYA J. Contrast enhancement of color images based on wavelet transform and human visual system[C]// Proceedings of the IASTED International Conference on Graphics and Visualization in Engineering, 2007: 58-63.

[23] HERIC D, POTOCNIK B. Image enhancement by using directional wavelet transform[J]. Journal of Computing and Information Technology, 2006, 14: 299-305.

[24] SCHEUNDERS P, BACKER S D. Wavelet-based enhancement of remote sensing and biomedical image series using an auxiliary image[C]//Proceedings of SPIE-The International Society for Optical Engineering, 2005: 600105.

[25] ERCELEBI E, KOC S. Lifting-based wavelet domain adaptive Wiener filter for image enhancement[J]. IEEE Proceedings Vision, Image and Signal Processing, 2006, 153(1): 31-36.

[26] ZENG P X, DONG H Y, CHI J N, et al. An approach for wavelet based image enhancement[C]//Proceeding of IEEE International Conference on Robotics and Biomimetics, 2004: 574-577.

[27] CLASUDIO R J, SCHARCANSKI J. Wavelet transform approach to adaptive image denoising and enhancement[J]. Journal of Electronic Imaging, 2004, 13(2): 278-285.

[28] NAKASHIZUKA M, AOKI K, NITTA T. A simple edge-weighted image enhancement filter using wavelet scale products[C].// Proceeding of Midwest Symposium on Circuits and Systems, 2004: 285-288.

[29] SUN K Y, BEOM R J. Improvement of ultrasound image based on wavelet transform: speckle reduction and edge enhancement[C]//Proceeding of SPIE of Progress in Biomedical Optics and Imaging, 2005: 1085-1092.

[30] ZHOU Q W, LIU L Z, ZHANG D L, et al. Denoise and contrast enhancement of ultrasound speckle image based on wavelet[C]//Proceeding of the 6th International Conference on Signal Processing, 2002:1500.

[31] YONG Y, CROITORU M M, BIDANI A, et al. Nonlinear multiscale wavelet diffusion for speckle suppression and edge enhancement in ultrasound images[J]. IEEE Transactions on Medical Imaging, 2006, 25(3): 297-311.

[32] SAKELLAROPOULOS P, COSTARIDOU L, PANAYIOTAKIS G. An adaptive wavelet-based method for mammographic image enhancement[C]//Proceeding of the 14th International Conference on Digital Signal Processing, 2002: 453-456.

[33] SATTAR F, GAO X. Image enhancement based on a nonlinear multiscale method using dual-tree complex wavelet transform[C]//Proceeding of IEEE Pacific Rim Conference on Communications Computers and Signal Processing, 2003: 716-719.

[34] JUNG C R, SCHARCANSKI J. Adaptive image denoising and edge enhancement in scale-space using the wavelet transform[J]. Pattern Recognition Letters, 2003, 24(7): 965-971.

[35] MENCATTINI A, CASELLI F, SALMERI M, et al. Wavelet based adaptive algorithm for mammographic images enhancement and denoising[C]//Proceeding of International Conference on Image Processing, 2005: 857-860.

[36] LUO G Y, OSYPIW D, HUDSON C. Real-time wavelet denoising with edge enhancement for medical x-ray imaging[C]//Proceeding of Proceedings of SPIE-The International Society for Optical Engineering, 2006: 606303.

[37] ARTEM A B, VLADIMIR G S, DMITRY V S. Applying wavelets and evolutionary algorithms to automatic image enhancement[C]//Proceeding of of SPIE - The International Society for Optical Engineering, 2006: 652210.

[38] WU J Y, RUAN Q Q. Combining adaptive PDE and wavelet shrinkage in image denoising with edge enhancing property[C]//Proceeding of the 18th International Conference on Pattern Recognition, 2006: 4.

[39] GYAOUROVA A, KAMATH C, FODOR I K. Undecimated wavelet transforms for image de-noising[R]. Lawrence Livermore National Lab., CA., 2002: 18.

[40] FLORIAN L, THIERRY B. Image denoising by pointwise thresholding of the undecimated wavelet coefficients: a global sure optimum[C]//Proceeding of IEEE International Conference on Acoustics, Speech and Signal Processing, 2007: 593-596.

[41] ALIN A, DIEGO H, ERCAN K. Astrophysical image denoising using bivariate isotropic cauchy distributions in the undecimated wavelet domain[C]//Proceeding of International Conference on Image Processing, 2004: 1225-1228.

[42] GNANADURAI D, SADASIVAM V. Undecimated wavelet based speckle reduction for SAR images[J]. Pattern Recognition Letters, 2005, 26(6): 793-800.

[43] FABRIZIO A, NICOLA R. LUCIANO A. Despeckling SAR images in the undecimated wavelet domain: a map approach[C]//Proceeding of IEEE International Conference on Acoustics, Speech, and Signal Processing, 2005: 541-544.

[44] STEFANO A D, WHITE P R, COLLIS W B. Film grain reduction on colour images using undecimated wavelet transform[J]. Image and Vision Computing, 2004, 22(11): 873-882.

[45] STEFANO A D, ALLEN R, WHITE P R. Noise reduction in spine videofluoroscopic images using the undecimated wavelet transform[J]. Computerized Medical Imaging and Graphics, 2004, 28(8): 453-459.

[46] FABRIZIO A, LUCIANO A. Speckle removal from SAR images in the undecimated wavelet domain[J]. IEEE Transactions on Geoscience and Remote Sensing, 2002, 40(11): 2363-2374.

[47] FABRIZIO A, GIONATAN T. Speckle suppression in ultrasonic images based on undecimated wavelets[J]. EURASIP Journal on Applied Signal Processing, 2003(5): 470-478.

[48] CHAMBOLLE A, LUCIER B J. Interpreting translation-invariant wavelet shrinkage as a new image smoothing scale space[J]. IEEE Transactions on Image Processing, 2001, 10(7): 993-1000.

[49] SVEINSSON J R, BENEDIKTSSON J A. Almost translation invariant wavelet transformations for speckle reduction of SAR images[J]. IEEE Transactions on Geoscience and Remote Sensing, 2003, 41(10): 2404-2408.

[50] SVEINSSON J R, HILMARSSON O, BENEDIKTSSON J A. Translation invariant wavelets for speckle reduction of SAR images[C]//Proceeding of IEEE International Geoscience and Remote Sensing, 1998: 1121-1123.

[51] MAHMOUD W A, IBRAHEEM I K. Image denoising using stationary wavelet transform[J]. Advances in Modelling and Analysis B, 2003, 46(4): 1-17.

[52] WANG X H, ISTEPANIAN-ROBERT S H, SONG Y H. Microarray image enhancement by denoising using stationary wavelet transform[J]. IEEE Transactions on Nanobioscience, 2003, 2(4): 184-189.

[53] PENG Y H, LI L Y, TIAN Y C. An nonlinear algorithm in stationary wavelet transform domain or images denoising[C]//Proceeding of the 7th International Conference on Signal Processing Proceedings, 2004: 216-218.

[54] RAGHAVENDRA B S, BHAT P S. Shift-invariant image denoising using mixture of laplace distributions in wavelet-domain[C]//Lecture Notes in Computer Science, 2006, 3851: 180-188.

[55] LIU W, HUANG J, ZHAO Y J. Image fusion based on PCA and undecimated discrete wavelet transform[C]//Lecture Notes in Computer Science, 2006, 4233: 481-488.

[56] STYLIANI I, VASSILIA K. Investigation of the dual-tree complex and shift-invariant discrete wavelet transforms on quickbird image fusion[J]. IEEE Geoscience and Remote Sensing Letters, 2007, 4(1):166-170.

[57] OLIVER R. Image sequence fusion using a shift-invariant wavelet transform[C]// Proceeding of International Conference on Image Processing, 1995: 288-291.

[58] FUJIWARA H, ZHANG H, ZHANG Z, et al. Defocused image restoration using translation invariant wavelet transform[C]//Proceeding of SICE-ICASE International Joint Conference, 2006: 3293-3297.

[59] CIARLINI P, CASCIO M L L. Stationary wavelet decomposition in image restoration: some experimental results[C]//Proceeding of International Conference on Numerical Analysis and Applied Mathematics, 2005: 612-614.

[60] HUI Y, KOK C W, NGUYEN T Q. Image compression using shift-invariant dyadic wavelets[C]//Proceeding of International Conference on Image Processing, 1997: 61-64.

[61] BEAULIEU M, FAUCHER S, GAGNON L. Multi-Spectral Image Resolution Refinement Using Stationary Wavelet Transform[C]//Proceeding of International Geoscience and Remote Sensing Symposium, 2003: 4032-4034.

[62] WANG X H, ISTEPANIAN-ROBERT S H, SONG Y H. Microarray image enhancement by denoising using stationary wavelet transform[J]. IEEE Transactions on Nanobioscience, 2003, 2(4): 184-189.

[63] LEMESHEWSKY, GEORGE P. Multispectral image sharpening using a shift-invariant wavelet transform and adaptive processing of multiresolution edges[C]//Proceeding of SPIE-The International Society for Optical Engineering, 2002: 189-200.

[64] LIANG J, THOMAS W P. Image coding using translation invariant wavelet transforms with symmetric extensions[J]. IEEE Transactions on Image Processing, 1998, 7(5): 762-769.

[65] WU B F, SU C Y. Arbitrarily shaped image coding by using translation invariant wavelet transforms[J]. Signal Processing, 1999, 79(3): 309-314.

[66] MOHAMMED A A, LI C C. Motion estimation and compensation based on almost shift-invariant wavelet transform for image sequence coding[J]. International Journal of Imaging Systems and Technology, 1998, 9(4): 214-229.

[67] PUN C M, LEE M C. Extraction of shift invariant wavelet features for classification of images with different sizes[J]. IEEE Transactions on Pattern Analysis and Machine Intelligence, 2004, 26(9): 1228-1233.

[68] ZHANG C J, ZHANG H R, WANG X D, et al. A multi-threshold approach to segment man-made targets from infrared image by discrete stationary wavelet transform[C]//Proceeding of the Sixth World Congress on Intelligent Control and Automation, 2006: 5.

[69] JOHNSTONE I M, SILVERMAN B W. Wavelet threshold estimators for data with correlated noise[J]. Journal of the Royal Statistical Society, Series B, 1997, 59(2): 319-351.

[70] CHANG S G, YU B, VETTERLI M. Spatially adaptive wavelet thresholding with context modeling for image denoising[J]. IEEE Transactions on Image Processing, 2000, 9(9): 1522-1531.

[71] HALL P M, KOCH I. On the feasibility of cross-validation in image analysis[J]. SIAM Journal on Applied Mathematics, 1992,

52(1): 292-313.

[72] JANSEN M, MALFAIT M, BULTHEEL A. Generalized cross validation for wavelet thresholding[J]. Signal Processing, 1997, 56(1): 33-44.

[73] SHYU M S, LEOU J J. A genetic algorithm approach to color image enhancement[J]. Pattern Recognition, 1998, 31(7): 871-880.

[74] LAINE A F, SCHULER S, FAN J, et al. Mammographic feature enhancement by multiscale analysis[J]. IEEE Transactions on Medical Imaging, 1994, 13 (4): 725-752.

[75] WANG Z, BOVIK A C, SHEIKH H R, et al. Image quality assessment: from error visibility to structural similarity[J]. IEEE Transactions on Image Processing, 2004, 13(4): 600-612.

[76] WU Y Q, DU P J, SHI P F. Research on wavelet-based algorithm for image contrast enhancement[J]. Wuhan University Journal of Natural Sciences, 2004, 9(1): 46-50.

[77] ZONG X L, LAINE A F. De-noising and contrast enhancement via wavelet shrinkage and nonlinear adaptive gain[C]//Proceeding of SPIE: wavelet applications 3, 1996: 566-574.

第 3 章　多通道卫星图像融合

3.1　基于曲率形状表示和粒子群优化算法的多通道卫星图像配准

3.1.1　图像配准概述

图像配准就是将取自同一目标区域的两幅或多幅影像在空间位置上对准。这些影像或者来自不同传感器，或者是由同一传感器在不同时刻获取的[1]。图像配准作为多传感器图像融合研究中的一项关键技术，广泛应用于医学图像、视频动态、图像监控、模式识别、卫星遥感图像和工业探伤等领域。快速高精度图像配准算法一直是众多研究学者追求的目标。目前，配准方法总体上可以分为全自动图像配准和半自动图像配准两类，全自动图像配准主要是基于像素灰度的图像配准，当前基于像素灰度的图像配准方法有灰度平均差、最大互相关性[2]、不变矩、频域相关[3]、小波变换[4]等方法，这些基于图像灰度的图像配准方法的缺点是对图像的灰度变换比较敏感，运算量大，而且对配准目标的旋转、形变及遮挡都比较敏感。半自动图像配准方法是基于图像控制点的方法，它一般能够较好地保持平移、形变及旋转不变性。另外，特征点对灰度的变化依赖性小，本身适应性较好，并且减少了匹配过程中的运算量，特征点对位置的变化敏感有利于提高匹配的精度。

本章采用基于图像角点特征的方法来实现两幅图像的配准。首先，利用曲率尺度空间（curvature scale space，CSS）[5]角点检测方法对参考图像和待配准图像提取特征角点；其次，用各图像特征角点的角度信息、灰度信息、相对距离信息及归一化互相关信息来实现参考图像和待配准图像特征角点的精确、快速匹配；最后，应用粒子群算法对两幅图像的匹配角点对来精确求取参考图像和待配准图像的配准参数，最终实现两幅图像的配准。用本章所提出的图像配准方法来实现图像配准除了具有半自动图像配准方法的共同特征外，还在很大程度上节省了运算时耗问题，并且由于它结合了粒子群优化算法优化匹配参数使最终匹配的精度得到很大的提升。本章图像配准方法的具体流程如图 3-1 所示。

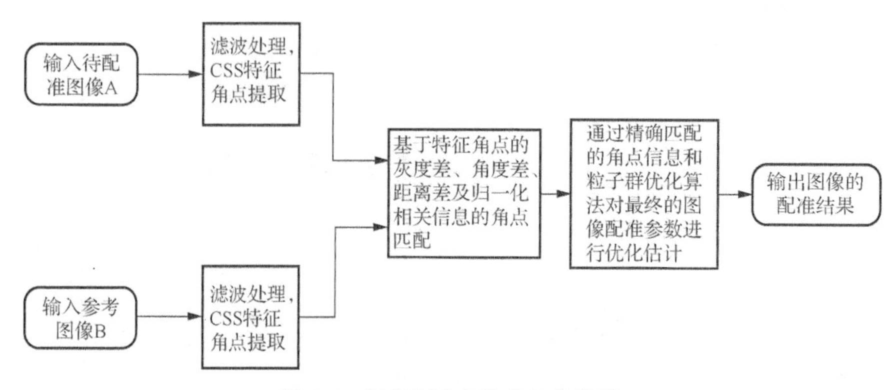

图 3-1　图像配准方法的具体流程

3.1.2　CSS 特征角点的提取

CSS 技术适合于恢复多尺度平面曲线的不变几何特征（曲率零交叉点和/或极值点）。曲线 L 用弧长参数 μ 表示为

$$L(\mu) = (x(\mu), y(\mu)) \tag{3-1}$$

多尺度的 L_σ 用下式计算：

$$L(\mu,\sigma) = (x(\mu,\sigma), y(\mu,\sigma)) \tag{3-2}$$

其中，

$$x(\mu,\sigma) = x(\mu) \otimes g(\mu,\sigma)$$
$$y(\mu,\sigma) = y(\mu) \otimes g(\mu,\sigma)$$

式中，$\otimes$ 是卷积算子；$g(\mu,\sigma)$ 是宽度为 σ 的高斯函数；σ 表示尺度参数。

曲率的定义为

$$X(\mu,\sigma) = \frac{X'(\mu,\sigma)Y''(\mu,\sigma) - X''(\mu,\sigma)Y'(\mu,\sigma)}{\left[X'(\mu,\sigma)^2 - Y'(\mu,\sigma)^2\right]^{3/2}} \tag{3-3}$$

其中，

$$X'(\mu,\sigma) = X(\mu) \otimes g'(\mu,\sigma)$$
$$X''(\mu,\sigma) = X(\mu) \otimes g''(\mu,\sigma)$$
$$Y'(\mu,\sigma) = Y(\mu) \otimes g'(\mu,\sigma)$$
$$Y''(\mu,\sigma) = Y(\mu) \otimes g''(\mu,\sigma)$$

式中，$g'(\mu,\sigma)$、$g''(\mu,\sigma)$ 分别是 $g(\mu,\sigma)$ 的一阶、二阶导数。

角点被定义为曲率绝对值的局部最大值点，在数字曲线上由于噪声的影响，低尺度会存在许多局部最大值点[6]。随着尺度的增加，噪声被平滑只剩下真实角点的局部最大值点。CSS 角点检测方法就是寻找这些局部最大值点作为候选角点。

本章应用CSS角点检测方法提取图像角点的具体步骤如下。

步骤1：应用Canny边缘检测算子从原图像中提取图像的边缘轮廓信息。

步骤2：计算边缘轮廓图像中曲率最大值点作为图像的候选角点。

步骤3：对提取的候选角点进行处理，去除伪角点和不正确的角点，最终得到图像的真实角点[7]。

通过上面的处理，得到了待配准图像和参考图像上的特征角点。以两幅卫星云图为例进行说明，其中图3-2和图3-3分别来源于2007年8月19日3时30分（北京时间）中国风云二号（FY-2）卫星发送的卫星云图红外1通道台风云图和可见光台风云图，图3-4和图3-5是通过上述方法提取的真实角点图像。该方法为图像配准提供了真实可靠的特征点信息[8]。

图3-2 待配准图像

图3-3 参考图像

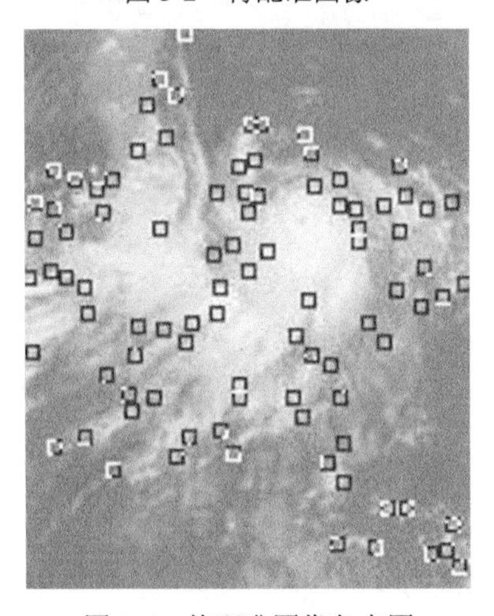

图3-4 待配准图像角点图

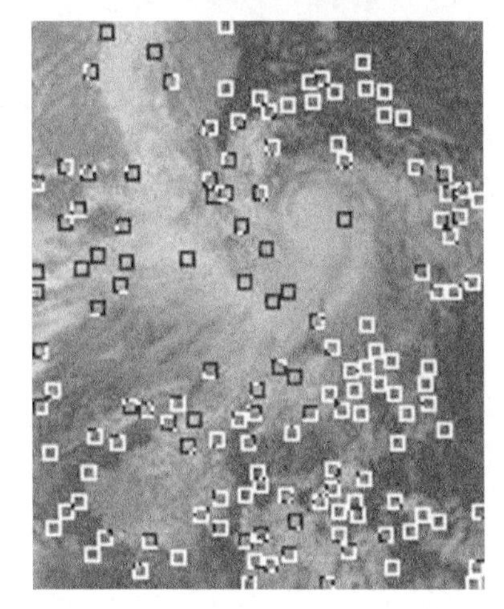

图3-5 参考图像角点图

3.1.3 图像角点的匹配

根据匹配角点和待匹配角点所具有的相互关联性信息，我们提出了 4 个使彼此角点互相关的量，即角点的角度差、灰度差、相对距离及归一化相关系数[9]。设输入的参考图像和待配准的图像分别是 I 和 F，(x,y)是对应像素点的坐标。其中，角度差反映的是图像每个角点的角度信息，具体的数学表达定义为

$$\theta_I(x,y) = a\tan 2(I(x+1,y) - I(x-1,y), I(x,y+1) - I(x,y-1)) \tag{3-4}$$

$$\theta_F(x,y) = a\tan 2(F(x+1,y) - F(x-1,y), F(x,y+1) - F(x,y-1)) \tag{3-5}$$

$$\theta(x,y) = \theta_I(x,y) - \theta_F(x,y) \tag{3-6}$$

式中，$\theta_I(x,y)$和$\theta_F(x,y)$分别表示参考图像和待配准图像在像素点(x,y)处的角度信息值；$\theta(x,y)$是两幅图像相对于像素点(x,y)的角度差值。

灰度差是参考图像和待配准图像对应特征角点的灰度值的差，即

$$M(x,y) = I(x,y) - F(x,y) \tag{3-7}$$

式中，$I(x,y)$和$F(x,y)$分别表示参考图像和待配准图像在像素点(x,y)处的灰度值；$M(x,y)$是两幅图像相对于像素点(x,y)的灰度差。

角点间的相对距离是指参考图像和待配准图像对应特征角点处的相对距离。设(x_I, y_I)是图像 I 上的角点坐标，(x_F, y_F)是图像 F 上的角点坐标，$D(x,y)$是相对应角点间的相对距离。

$$D(x,y) = \sqrt{(x_I - x_F)^2 + (y_I - y_F)^2} \tag{3-8}$$

角点间的归一化相关系数反映了角点彼此间的相关情况，当次系数 C 大于某个阈值时，则说明两个角点是局部相关的。其中，C 的定义为

$$C = \frac{\sum_{i=-k}^{k}\sum_{j=-l}^{l}\left[I(u+i,v+j) - \overline{I(u,v)}\right]\times\left[F(m+i,n+j) - \overline{F(m,n)}\right]}{\sqrt{\sum_{i=-k}^{k}\sum_{j=-l}^{l}\left[(I(u+i,v+j) - \overline{I(u,v)}\right]^2 \times \sum_{i=-k}^{k}\sum_{j=-l}^{l}\left[(F(m+i,n+j) - \overline{F(m,n)}\right]^2}} \tag{3-9}$$

式中，(u,v)和(m,n)是要匹配的角点坐标，k 和 l 分别表示围绕参考图像上角点(u,v)的一个矩形窗的长和宽的大小，令 k=l=3，$\overline{I(u,v)}$和$\overline{F(m,n)}$分别表示参考图像和待配准图像所得窗口内的灰度平均值。具体数学定义如下：

$$\overline{I(u,v)} = \frac{\sum_{i=-k}^{k}\sum_{j=-l}^{l} I(u+i,v+j)}{(2k+1)\times(2l+1)} \tag{3-10}$$

$$\overline{F(m,n)}=\frac{\sum_{i=-k}^{k}\sum_{j=-l}^{l}F(m+i,n+j)}{(2k+1)\times(2l+1)} \tag{3-11}$$

在定义角点的角度差、灰度差、相对距离及归一化相关系数后，将式（3-9）作为限制条件通过自定义一个新的函数 $K(x,y)$ 来最终实现匹配角点和待匹配角点的初始配对。其中，

$$K(x,y)=\theta(x,y)+M(x,y)+D(x,y) \tag{3-12}$$

即通过设定一个门限 $\xi=1.70$，当 $K(x,y)$ 小于或等于 ξ 时，就把此时的两个角点 (x_I,y_I) 和 (x_F,y_F) 作为匹配的角点对，当然这种角点配对当中必然会出现匹配角点中的某一个点对应待匹配角点中的两个或两个以上的情况，或匹配角点中的多个角点对应待匹配角点中某一个角点的情况，对于这种情况通过找到这一角点对多角点或多角点对一角点的 $K(x,y)$ 最小的一对作为最终的匹配角点对。这样就得到了几组相互精确配对好的角点对序列 (p_i,q_j)，其中 p_i 和 q_j 分别表示参考图像和待配准图像上相互匹配的特征角点[10]。

3.1.4　参考图像和待配准图像配准

在计算得到参考图像和待配准图像相互精确匹配的角点对序列 (p_i,q_j) 后，通过如下仿射变换模型最终实现两幅图像的配准[11]。

$$(X,Y)=s\cdot(x,y)\cdot\begin{vmatrix}\cos\partial & \sin\partial\\ -\sin\partial & \cos\partial\end{vmatrix}+\begin{vmatrix}t_x\\ t_y\end{vmatrix} \tag{3-13}$$

式中，(x, y) 和 (X, Y) 分别是待配准图像和参考图像的对应点坐标；s 表示待配准图像相对于参考图像的缩放倍数；∂ 表示待配准图像相对于参考图像的旋转角度；t_x 和 t_y 分别表示待配准图像相对于参考图像在 x 方向和 y 方向上的平移量[12]。

为了最终实现待配准图像和参考图像的配准，必须要先知道参数 s,∂,t_x 和 t_y。这里，通过已知的两对匹配点对 (p_{i1},q_{j1}) 和 (p_{i2},q_{j2}) 定义一个关于 s,∂,t_x 和 t_y 的方程组，通过此方程组可以最终实现待配准图像 I 和参考图像 F 的配准，其中方程组形式如下：

$$\begin{cases}p_{i1}=s\cdot q_{j1}\cdot\begin{vmatrix}\cos\partial & \sin\partial\\ -\sin\partial & \cos\partial\end{vmatrix}+\begin{vmatrix}t_x\\ t_y\end{vmatrix}\\ p_{i2}=s\cdot q_{j2}\cdot\begin{vmatrix}\cos\partial & \sin\partial\\ -\sin\partial & \cos\partial\end{vmatrix}+\begin{vmatrix}t_x\\ t_y\end{vmatrix}\end{cases} \tag{3-14}$$

为了更精确地得到 s,∂,t_x 和 t_y 参数值，通过文献[13]发现应用粒子群算法进行方程组优化可以得到高精度的方程组解值，这组高精度的解值作为图像配准的参数值对于图像高精度配准是很有意义的。所以我们采用粒子群算法（particle swam optimization，PSO）

来求解式（3-14）。其中粒子群算法应用到图像配准中，其基本思想是应用粒子群优化算法对参考图像和待配准图像匹配的变换参数进行优化问题[14]，即应用粒子群算法优化式（3-14）。根据具体的问题通过设定粒子群初始化种群个数、最大进化代数和学习因子等参数来匹配参数。具体流程如下。

步骤 1：初始化一个规模为 N 的粒子群，设定初始位置和速度。

步骤 2：计算每个粒子的适应值。

步骤 3：将每个粒子的适应值和其经历过的最好位置的适应值进行比较，若较好，则将其作为当前最好位置。

步骤 4：将每个粒子的适应值和全局经历过的最好位置的适应值进行比较，若较好，则将其作为当前全局最好位置。

步骤 5：对当前所有粒子的位置和速度进行更新。

步骤 6：如果满足终止条件，则输出解，否则返回步骤 2。

经过上面粒子群优化过程，当式（3-14）达到全局最优适应值时，所得到的最优解就是所要求解的 s,∂,t_x 和 t_y 参数值。

具体地应用粒子群算法求解过程中，我们又定义一个新的函数 $\phi(s,\partial,t_x,t_y)$，通过粒子群算法来优化函数 $\phi(s,\partial,t_x,t_y)$，并使其达到全局最优适应值，其中使式（3-15）达到最优适应值时的 s,∂,t_x 和 t_y 就是最终得到的结果。

$$\phi(s,\partial,t_x,t_y)=\left(p_{i1}-\left(s\cdot q_{j1}\cdot\begin{vmatrix}\cos\partial & \sin\partial\\ -\sin\partial & \cos\partial\end{vmatrix}+\begin{vmatrix}t_x\\ t_y\end{vmatrix}\right)\right)^2+\left(p_{i2}-\left(s\cdot q_{j2}\cdot\begin{vmatrix}\cos\partial & \sin\partial\\ -\sin\partial & \cos\partial\end{vmatrix}+\begin{vmatrix}t_x\\ t_y\end{vmatrix}\right)\right)^2 \tag{3-15}$$

通过式（3-15），解得 s,∂,t_x 和 t_y 参数，代入式（3-13），最后用式（3-12）得到待配准图像和参考图像的匹配关系。

3.1.5 实验结果与分析

采用的实验参考图像和待配准图像为卫星台风云图的红外 1 通道图像和可见光图像。图像大小是 172×142。图 3-2（台风云图红外 1 通道部分截取图像）是待配准图像，图 3-3（台风云图可见光通道部分截取图像）是参考图像，图 3-4 是待配准图像提取出待配准角点图像，图 3-5 是参考图像提取出的参考角点图像。根据图 3-4 和图 3-5 可以看出，应用基于 CSS 角点检测方法提取的角点基本保持一致，同时也存在一些不一致的角点，这些可以通过后续的角点匹配限制条件予以排除。

表 3-1 列出了对以上待配准图像中的特征角点坐标经仿射变换后到参考图像中的点的坐标，以及参考图像对应角点的坐标对比情况。其中，应用粒子群算法求得主要变换

参数的取值为$\partial = 0.0113$，$t_x = 1.3674$，$t_y = 1.2857$，s=0.9902。达到最优适应值的粒子群算法优化参数的分配为最大进化代数为 1000，粒子群数目为 200，学习因子为 2，初始化的速度为 0.01。提取的参考图像角点的个数为 144 个，待配准图像角点的个数为 93 个，经过本章算法提取完全匹配的角点个数为 30 对。最后，从完全匹配的点对中抽取以下 8 对以作为参考。其中，图 3-6 与图 3-7 展现了最后角点匹配情况。

表 3-1　部分特征角点对的坐标

待配准图像	仿射变换后	参考图像
（3, 100）	（3.02, 100.33）	（3, 101）
（97, 134）	（95.91, 135.05）	（96, 135）
（89, 120）	（88.15, 121.10）	（88, 121）
（129, 57）	（128.45, 59.16）	（128, 59）
（63, 80）	（62.85, 81.20）	（63, 81）
（134, 83）	（133.12, 84.97）	（133, 85）
（20, 80）	（20.27, 80.72）	（20, 81）
（101, 114）	（100.10, 115.29）	（100, 115）

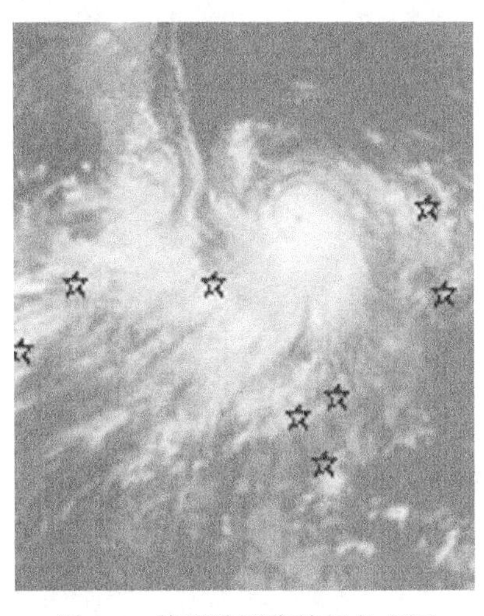

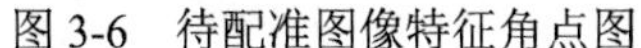

图 3-6　待配准图像特征角点图

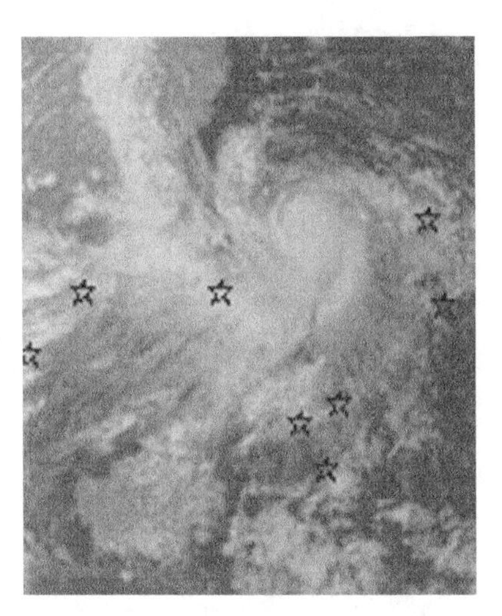

图 3-7　参考图像特征角点图

针对以上图像配准算法，取另外一对图像完成最终图像配准。实验情况如下：图 3-8 和图 3-9 分别是 2007 年 8 月 19 日 1 时（北京时间）中国风云二号卫星发回来的卫星云图红外通道 3 台风云图和可见光台风云图的部分截取图像。其中，图 3-8 是待配准图像，图 3-9 是参考图像，最后取 10 个匹配点配准的效果图像如图 3-10 和图 3-11 所示。

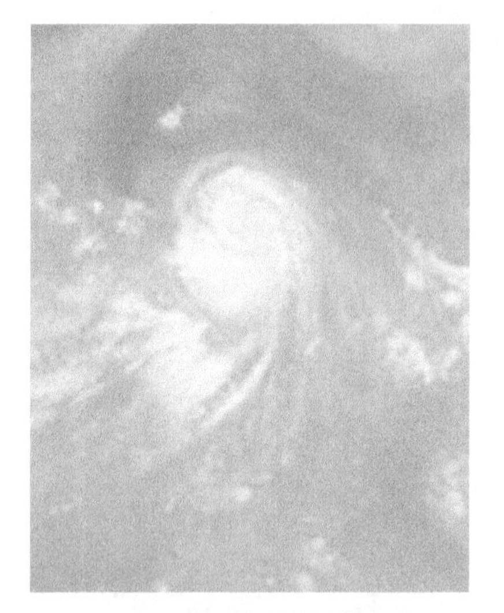

图 3-8　待配准图像

图 3-9　参考图像

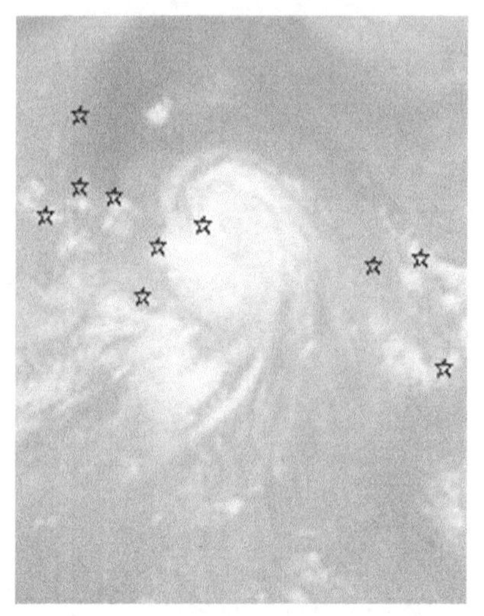

图 3-10　待配准图像特征角点图

图 3-11　参考图像特征角点图

本章所提供的图像配准算法和以往经典的图像配准算法相比，运算时间消耗少，匹配精度高，对于当前图像匹配具有实用意义[15]。特别是对于角点的匹配情况的要求，本章通过设定匹配图像的角度差、灰度差、相对距离及归一化相关系数作为限制条件，对匹配的角点有着非常严格的要求，这样得到最终精确匹配的角点对于匹配图像和参考图像配准中的参量求解有着重大意义。

本章算法和经典的基于互信息的图像配准算法相比，在对同一对图像配准时本章算法所消耗的时间明显减少，而且最重要的是在匹配精度上有很大的提高，图 3-12 给出了本章算法和基于互信息的图像配准算法在对 20 对图像做配准时的精度误差曲线图。其

中，这里的精度误差是通过下式得到的：

$$\text{Erro}=\sqrt{(X-a)^2+(Y-b)^2} \tag{3-16}$$

其中，（X,Y）是通过算法求得的精确匹配点对的参考点坐标，（a,b）是通过精确匹配点对的待配准点坐标代入式（3-13）求得的对应该待配准点的计算参考点坐标。通过对 20 对图像中的每一对图像取 10 个对应的参考点和待配准点分别求对应误差，然后再对这些误差求平均值，最终得到的误差值就规定为这对图像的匹配精度误差值。

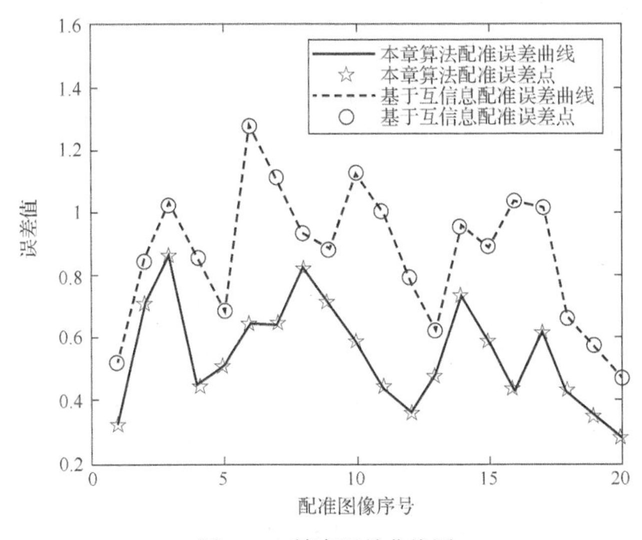

图 3-12　精度误差曲线图

3.1.6　结论

本章提出的图像配准算法在匹配时耗和匹配精度上有较高的实用意义，在角点提取上采用精度较高、运算准确的 CSS 角点检测方法，能较好地提取参考图像和待配准图像的主要角点和角点信息，对角点的匹配有着重要的意义，对角点的匹配采用多个限制条件直接提取匹配精度很高的角点对。最后，在得到匹配角点对后采用仿射距离不变的特性式子实现最终图像配准，其中在求取仿射变换参数的过程中采用运算精度高的粒子群算法实现，此方法对高精度的图像配准有十分重要的意义。但是，应用本章提出的配准算法去实现位置比例偏差较大的图像配准运算时，精度会有一定的下降，这一点有待于进一步改进和提高。

3.2 非下抽样 Contourlet 变换结合能量熵的多通道卫星图像融合

本章采用 FY-2C 卫星云图进行台风中心定位。FY-2C 有 5 个观测通道，各通道数据格式及其图像的成像原理不同，任何一个单一图像都不能全面反应观测目标的特性，因此某一通道的气象卫星图像具有一定的应用范围和局限性，在一定程度上限制了科研及业务预报的广泛应用。将多种不同特性的气象卫星图像结合起来取长补短，从而能够更加全面地反映目标特性，提供更强的信息解译能力和可靠的分析结果。这样不仅扩大了气象卫星图像的应用范围，而且提高了分析精度、应用效果和使用价值，从而更加准确、方便地应用于台风中心定位。

3.2.1 图像融合方法概述

图像融合是将两个或者两个以上的传感器在同一时间或不同时间获取的关于某个具体场景的图像或图像序列信息加以综合，以生成新的有关此场景解释的信息处理过程。常用的图像融合方法有亮度色度饱和度（intensity hue saturation，IHS）方法、高通滤波（high pass filtering，HPF）方法、主成分分析（principal component analysis，PCA）方法、金字塔方法和基于小波变换的图像融合方法等。

1）IHS 方法

其中，强度（I）是指总色彩亮度，色调（H）是指一种颜色的最大或平均波长分布，饱和度（S）是指一种颜色相对于灰度的纯度。IHS 方法首先将多光谱图像从 RGB 色彩空间变换到 IHS 色彩空间，然后利用高空间分辨率的灰度图像替换 IHS 变换中的强度分量 I，最后进行一次 IHS 反变换，从而得到具有高空间分辨率的多光谱图像。该方法已经成为图像处理与分析中的一种重要的基本工具，它可以用于强相关图像数据的彩色增强、图像的特征增强、图像空间分辨率的改善等[16]。

2）HPF 方法

HPF 方法主要用于提高多光谱图像的空间分辨率，其主要思想是先对图像数据进行高通滤波，获得点、线、脊、边缘等高频特征，然后再将这些特征数据以一定的取舍规则融合至低分辨率的图像。HPF 方法对原多光谱图像的光谱信息保留得很好，但如何选取滤波器是一个难题。若滤波器尺寸选取得过小，则融合后的结果图像将包含过多的纹

理特征，并难以将高分辨率图像中的空间细节融入结果中；若滤波器尺寸选取得过大，则融合后的结果图像中难以包含高分辨率图像所包含的纹理特征。实验结果表明，滤波器尺寸选取为高低分辨率图像分辨率比值的两倍时结果最好[17]。

3）PCA 方法

PCA 方法也称为赫特灵（Hotelling）变换、K-L 变换、特征向量变换，是通过将一个内部相关变量表示的数据集转化为一个由初始变量线性组合的非相关的数据集，然后对其主成分进行融合置换处理的方法。PCA 方法主要应用于图像融合、图像压缩、图像编码、图像增强、图像变化检测等。其优点是适用于多光谱图像的所有波段，缺点是融合后图像的光谱分辨率会受到较大影响。

4）金字塔方法

金字塔方法是基于多分辨率分析的图像融合方法之一，是目前较为常见的一种图像融合方法。其基本思想是对一幅原始图像进行金字塔分解，然后通过原始图像选择系数来构成融合金字塔，再进行反变换得到融合图像。经常使用的金字塔主要有拉普拉斯金字塔（Laplacian pyramid）[18]、形态学金字塔（morphological pyramid）[19]及梯度金字塔（gradient pyramid）[20]等。金字塔方法可以提供空间域和频率域的局部化信息，另外也可提供对比度突变信息。该方法的缺点在于金字塔分解后的塔形数据是原始图像的 4/3，增大了数据量（梯度金字塔分解增加的数据量更多）；另外，在金字塔重建时，有时会出现不稳定性，特别是当多幅原始图像存在明显差异时，融合图像会出现吉布斯现象。

5）基于小波变换的图像融合方法

小波多分辨率分析在时域和频域都具有良好的局部化特性。通常，首先采用小波多分辨分析和 Mallat 快速算法，将原始图像分解成低频近似图像和高频细节图像，然后通过在各层的特征域上进行有针对性的融合。小波变换是一种图像的多尺度、多分辨率分解，图像经正交小波分解后不会增大数据量，并且具有水平、垂直、对角 3 个方向高频特征值，所以融合效果较好。

小波包分析具有能使随着尺度的增大而变宽的频谱窗口进一步分割变细的优良性质，可以提高频率分辨率，即小波包分析是一种能够为信号提供更加精细分析的方法。它不仅将频带进行多层次划分，而且对多分辨分析没有细分的高频部分也进行进一步的分解。

由于小波变换方向性较差，只能得到图像的水平、垂直、对角 3 个方向的信息，不能充分利用图像本身的几何正则性；再者，小波变换不能最稀疏地表示函数，近年来出现了 Coutourlet、Curvelet 等多尺度分析方法应用于图像融合。基于多尺度几何分析的图像融合具有小波变换所没有的优点，是研究的热点之一。

3.2.2 图像融合评价

图像融合结果的评价具有相当的困难性和复杂性。同一融合算法，对不同类型的图像其融合效果可能是不一样的；即使同一融合算法应用于同一图像，也可能由于人们感兴趣的部分不同而认为融合效果不同。因此，图像融合很难用一个通用的评价标准来判定效果。一般来说，图像融合效果评价可分为主观评价和客观评价，主观评价是通过目视进行分析，客观评价则是利用图像的统计参数进行判定。

主观融合效果评定是人为观察者采用目视评估的方法直接评估图像信息，可以对明显的图像信息进行快捷、方便的评价，对一些暂无较好客观评价指标的现象可以进行定性说明。例如，主观评价可以用于判断图像是否配准，如果图像出现重影，则说明配准得不好；也可以快捷地判断是否存在色彩的畸变和光谱是否产生扭曲；还可以判断图像边缘信息是否丢失，是否产生吉布斯现象；融合图像纹理与色彩信息是否失真；融合图像的亮度、清晰度是否合适等。如果图像上有道路、房屋、田地、操场、机场跑道边界，通过目视评估可以直观得出图像在纹理细节方面的融合效果差异。人眼对色彩具有强烈的感知能力，其对光谱特征的评价是其他方法无法比拟的。尽管融合图像的质量评价离不开目视评估，但这种评估具有主观性、不全面性，因此需要与客观评价的定量评价标准相结合进行综合评价，即对图像融合质量在主观的目视评估基础上进行客观定量评价。

客观融合效果评定能克服人的视觉特性、心理状态、知识背景等因素的影响，可以对各种图像融合方法的性能做出较科学、客观的评价。目前，图像融合的目的是使融合后的图像可信度更高、模糊性较少、可理解性较好，更适于后续任务的完成，可以分别从信息量、统计特性、相关性及梯度信息方面给出客观定量评价标准。正确地选择这些评价参数和评价方法，能够有效地帮助我们对融合结果进行分析，从而对各种融合算法的性能好坏做出正确判断。

本章卫星云图融合处理的目的是后续处理能充分利用卫星各个通道的关于台风的有用信息，尤其是梯度信息，因此本章选择了信息熵、等效视数、相关系数和梯度信息保留程度 4 个评价参数分别从信息量、统计特性、相关性及梯度信息 4 个方面评价图像融合的效果。

1）信息熵

信息熵从信息量方面来评价融合效果，是衡量图像信息丰富程度的一个重要指标。融合图像的信息熵越大，说明融合图像所包含的信息量越多。信息熵的定义为

$$H = -\sum_{I=0}^{L-1} \mathrm{Pr}_I \times \log(\mathrm{Pr}_I) \tag{3-17}$$

式中，Pr_I 表示图像中像素灰度值为 I 的概率；L 为图像总的灰度级数。

2）等效视数

等效视数（equivalent number of looks，ENL）可以从统计特性方面来衡量融合效果。它可以用来衡量噪声的抑制效果、边缘的清晰度和图像的保持性，等效视数越大说明抑制噪声效果越好。其定义为

$$\mathrm{ENL}(F)=[\mathrm{ME}(F)]^2/\mathrm{Var}(F) \tag{3-18}$$

式中，$\mathrm{ME}(F)$ 为融合图像的均值；$\mathrm{Var}(F)$ 为融合图像的方差。

3）相关系数

相关系数用来衡量融合后图像与原始图像的相关程度，两幅图像的相关系数越接近于 1，说明接近度越好。相关系数的定义为

$$C(A,B)=\frac{\sum_{x,y}\left[\left(A(x,y)-\overline{A}\right)\times\left(B(x,y)-\overline{B}\right)\right]}{\sqrt{\sum_{x,y}\left[\left(A(x,y)-\overline{A}\right)^2\right]\sum_{x,y}\left[\left(B(x,y)-\overline{B}\right)^2\right]}} \tag{3-19}$$

式中，$A(x,y)$ 和 $B(x,y)$ 分别为两幅图像的灰度值；$\overline{A}$ 和 $\overline{B}$ 分别为其均值。

4）梯度信息保留程度

梯度信息保留程度[21]用来评价梯度场的相似性，是一种幅度/角度评估方法。这种方法将梯度场的幅度和方向分开考虑，与平均梯度相比能更好地反映梯度信息，衡量图像融合质量的好坏。该方法考虑图像的非平稳性，先将图像分块，计算对应图像块的梯度幅度分量相似度及角度相似度，然后加权求和，根据下式计算得到梯度信息保留程度：

$$Q_{AB|F}=\frac{\left|\sum_{ii=1}^{M}\omega^{(ii)}Q_{AF}^{(ii)}\right|+\left|\sum_{ii=1}^{M}\omega^{(ii)}Q_{BF}^{(ii)}\right|}{M} \tag{3-20}$$

式中，$Q_{AB|F}$ 为由 A、B 融合成 F 的梯度信息保留程度；M 是 A、B、F 3 幅图像分成的块数；$Q_{AF}^{(ii)}$、$Q_{BF}^{(ii)}$ 分别是综合考虑幅度和方向得到的 AF、BF 图像第 ii 块的相似性；$\omega^{(ii)}$ 是权系数。

3.2.3　NSCT 概述

非抽样 Contourlet 变换（nonsubsamlp contourlet transform, NSCT）是 Da-Cunha 等[22]提出的一种具有平移不变性的 Contourlet 变换。NSCT 在变换过程中将多尺度分析和方向分析分开进行，其首先采用非采样塔式滤波器组（nonsubsampled pyramid filter bank，NSPFB）对图像进行多尺度分解，然后用非采样方向滤波器组（nonsubsampled directional filter bank，NSDFB）对得到的各带通子带图像进行方向分解，最后得到不同

子带不同方向的图像系数。假设输入图像是$a_0[n]$，NSPFB 的输出为J个带通图像$b_j[n]$（$j=1,2,\cdots,J$）和一个低通图像$a_J[n]$，即 NSPFB 的第J级将图像$a_{J-1}[n]$分解成$a_J[n]$和一个高频图像$b_J[n]$。每一个带通图像$b_j[n]$进一步被l_j级 NSDFB 分解成2^{l_j}个方向带通图像$g_{j,k}^{l_j}[n]$（$k=0,1,\cdots,2^{l_j}-1$），因此图像经 NSCT 的N级分解后可以得到$1+\sum_{j=1}^{N}2^{l_j}$个与原始图像尺寸大小相等的子带图像。NSCT 变换分解结构如图 3-13 所示。

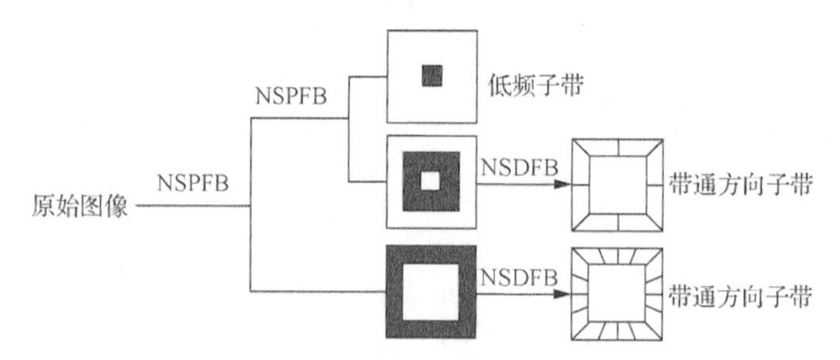

图 3-13　NSCT 变换分解结构

NSCT 中所用的 NSPFB 是一组双通道二维非采样滤波器组，如图 3-14 所示。其中，$H_0(Z)$与$H_1(Z)$分别为低通、高通分解滤波器，$G_0(Z)$和$G_1(Z)$分别为低通、高通重建滤波器，它们满足完全重构条件。原始图像首先与该双通道滤波器组做卷积，得到原始图像的一层分解，接着对该双通道滤波器组做插值，插值后的滤波器组继续和低频图像卷积。若要实现多级分解只需对低频子带继续迭代卷积，其中滤波器组则通过对上一级用过的滤波器组在行和列上同时插值得到。与 Contourlet 变换相比，NSCT 变换图像虽然增加了冗余度，但是能获得不混叠的频谱。

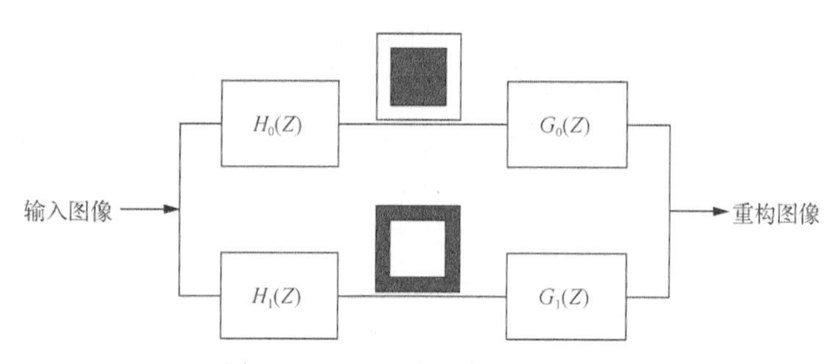

图 3-14　NSCT 分级滤波器示意图

NSCT 中采用的 NSDFB 也是一组双通道滤波器组，它是基于 Bamberger 和 Smith[23]所构造的扇形方向滤波器组而提出，通过消除方向滤波器组的上采样和下采样操作，只对滤波器插值得到的。NSDFB 将二维频域平面分解成方向性楔形块，每一块代表了这个方向的图像细节特征。四通道非采样方向滤波器组如图 3-15 所示。

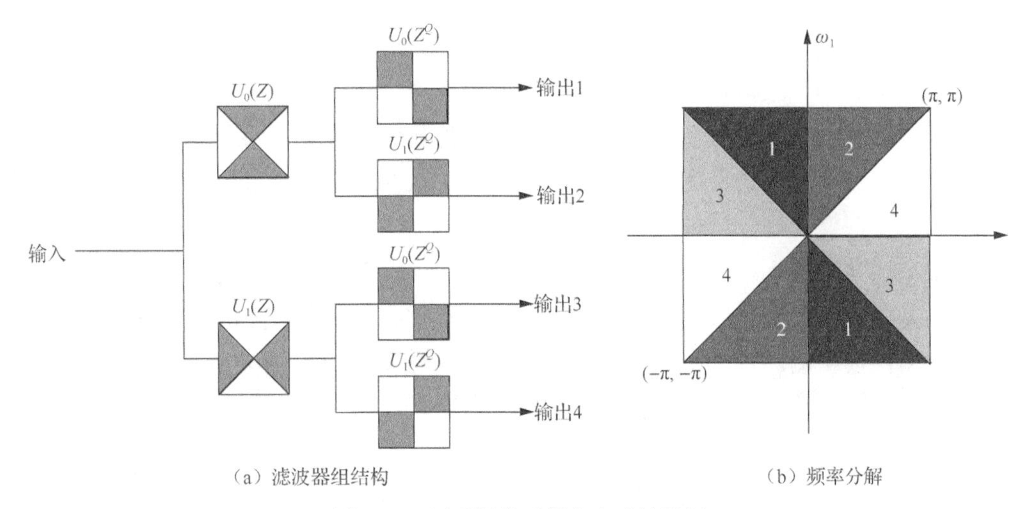

（a）滤波器组结构　　（b）频率分解

图 3-15　四通道非采样方向滤波器组

3.2.4　NSCT 结合能量融合算法

图像融合的关键在于对原始图像特征的精确定位和表达。小波变换融合法虽然取得了较好的融合效果，但是仍然存在问题。首先，普通小波的高频子带只具有 3 个方向的信息，不能有效表达二维图像具有的各个方向的纹理信息；其次，小波变换在分解和重构时容易因分解、重构滤波器的振荡使图像边缘产生伪轮廓，即存在伪吉布斯现象。相对于小波变换只能捕捉有限的方向信息，Contourlet 变换是一种多尺度多方向变换分析方法，能有效地表达图像各个方向的纹理信息。在 Contourlet 变换过程中，通过对图像进行下采样降低数据冗余度，采样操作使其不具有平移不变性，仍会导致伪吉布斯现象使图像失真。NSCT 很好地解决了小波变换存在的问题：首先，NSCT 也具有 Contourlet 变换一样的方向表达能力，能精确地定位和表达图像特征；其次，NSCT 和 Contourlet 变换的不同是 NSCT 不存在采样的过程，具有平移不变性。另外，图像中或多或少存在噪声，在图像融合过程中影响图像的效果，降低了融合图像的质量。根据噪声能量分布与图像有效信号能量特征区别，本章利用一种基于 NSCT 结合区域能量融合规则方法实现多通道卫星云图进行融合，实验结果表明该方法对随机噪声具有一定的抑制能力，能取得较好的融合效果。

1. NSCT 结合能量融合算法的原理

能量与图像特征密切相关，局部能量可以反映图像信号变化的绝对强度，而信号变换强度大的点则反映了图像的显著特征，因此局部能量可以被用来描述图像的特征。Owens 和 Venkatesh 定义的局部能量给出了描述图像特征的一般化模型[24-25]，其利用偶对称和奇对称的 Hilbert 变换对信号卷积滤波，响应的包络定义为局部能量。局部能量仅在特征点处具有局部极值，因此可以消除吉布斯现象。对于图像信号来说，二维函数不存在 Hilbert 变换对，图像信号的局部能量可定义为几个等间隔方向上的局部方向能量之和，由方向滤波器对的输出包络决定。基于局部能量的融合规则考虑了区域内各像素之间的相关性，图像的局部特征能得到更进一步的体现。本章基于 NSCT 能弥补小波变换和 Contourlet 变换的不足，定义了信号局部能量，考虑人类视觉系统对图像信号响应的特点，定义了局部带限对比度，又根据图像特征和噪声局部方向能量分布不同的特点定义了局部方向能量熵，用以进一步改善带限对比度，提高融合过程对噪声的抗干扰能力。

方向子带变换系数的幅值可以作为局部方向能量，因此局部能量可以定义为所有方向子带上系数幅值之和，其表达式为

$$E^m(x,y)=\sum_{i=1,\cdots,N}\left|f_i^m(x,y)\right| \tag{3-21}$$

式中，m 表示分解的尺度；N 表示 m 尺度下的方向子带数；$f(x,y)$ 则表示某个具体位置上的值。图像的边缘、线段等特征对应绝对值较大的方向子带变换系数。

NSCT 分解后子带上信号变化越剧烈，求得的局部能量越大，因此局部能量反映了信号变化的绝对强度。根据文献[5]可知，人类视觉只对信号强度的相对变化敏感，由此定义尺度 m 位置 (x,y) 处的局部带限对比度为

$$Z^m(x,y)=\frac{E^m(x,y)}{\dfrac{1}{W}\sum_{\beta\in\phi}E^m(x_\beta,y_\beta)} \tag{3-22}$$

式中，W 为邻域窗口大小；ϕ 为局部邻域。式（3-22）定义的局部带限对比度定位了图像特征，消除了小波或是 Contourlet 类融合算法存在的吉布斯现象，并且可以自己选择局部邻域，精确定位图像特征。

此外，噪声无处不在，在融合过程中噪声使图像融合质量变差，若先对图像进行滤波再进行融合，一方面极大地增加了运算量，另一方面则可能减少原始图像的信息量，影响图像的融合质量。局部区域上有意义的图像特征往往由一些基本的纹理、边缘、线条组成，这些信息表现出多尺度性和较强的方向性，而噪声点处虽然也有局部能量极大值，但缺少方向性，其局部能量平坦地分布在所有方向上。基于此可以用 Shannon 熵定义能量分布规则，其表达式如下：

$$\text{entropy}^m(x,y)=-\sum_{i=1,\cdots,N}p_i^m(x,y)\times\log_2 p_i^m(x,y) \tag{3-23}$$

式中，$p_i^m(x,y)=\left|f_i^m(x,y)\right|/E^m(x,y)$，$\left|f_i^m(x,y)\right|$ 为尺度 m 下第 i 个方向子带的系数幅值；N 为尺度 m 下总的方向子带数。

就图像特征来说，若只在某方向上局部能量显著，则由式（3-23）得出的 Shannon

熵比较小；在噪声点，方向能量密度分布较平坦，其 Shannon 熵比较大，接近 1。因此，该局部能量熵能区分有意义的图像特征与噪声，能在融合过程中自适应地抑制噪声对图像特征的干扰。本章结合局部能量对比度和能量熵来提高融合的质量，显著性公式如下：

$$K^m(x,y) = Z^m(x,y) \times \left[1 - \text{entropy}^m(x,y)\right] \tag{3-24}$$

2. NSCT 结合能量融合算法的实现

本章提出的融合算法具体步骤如下。

（1）对两幅已配准的卫星云图分别标注图 A 和图 B，若 A 和 B 大小不一样，则提醒需要大小一样的图像才能融合；A、B 的大小需要为 2 的 n 次方，如果不符合条件，为 A、B 图像边缘增加像素，扩为 2 的 n 次方格式，缺少的像素用 0 填充；分别进行 N 级 NSCT 分解（为减小运算量，取 $N=3$），得到 $1+\sum_{j=1}^{N} 2^{l_j}$ 个相同大小的子带系数。

（2）高频子带融合规则。首先根据式（3-21）计算某位置 (x,y) 在尺度 m（本章实验中 $m=1,2,3$）下的局部能量 $E^m{}_A(x,y)$，$E^m{}_B(x,y)$，然后由式（3-22）计算出尺度 m 位置 (x,y) 处的局部带限比 $Z^m{}_A(x,y)$，$Z^m{}_B(x,y)$（此处选 3×3 的区域，实际中可以根据具体图像选择，以便更精确地表达图像的特征），由式（3-23）可以算出尺度 m 下的能量熵 $\text{entropy}_A^m(x,y)$，$\text{entropy}_B^m(x,y)$，最后算出对应的显著性 $K_A^m(x,y)$ 和 $K_B^m(x,y)$，比较 $K_A^m(x,y)$ 和 $K_B^m(x,y)$ 的大小，选择显著性大的作为融合结果图像的高频子带系数 $F_i^m(x,y)$，表达式为

$$F_i^m(x,y) = \begin{cases} A_i^m(x,y), K^m{}_A(x,y) \geqslant K^m{}_B(x,y) \\ B_i^m(x,y), K^m{}_A(x,y) < K^m{}_B(x,y) \end{cases} \tag{3-25}$$

（3）低频子带融合规则：比较 A、B 图像低频子带各个位置上的能量大小，取能量大的作为融合结果图像的低频子带系数 $F^0(x,y)$，表达式为

$$F^0(x,y) = \begin{cases} A^0(x,y), |A^0(x,y)| \geqslant |B^0(x,y)| \\ B^0(x,y), |A^0(x,y)| < |B^0(x,y)| \end{cases} \tag{3-26}$$

（4）将融合系数 $F^0(x,y)$ 与 $F_i^m(x,y)$ 经过 NSCT 重构，得到融合后的图像 F，若之前扩充过边缘，则将边缘去掉，还原到原始大小。

3.2.5 实验结果与分析

为了验证本章方法的有效性，观察去除吉布斯现象的效果，除了应用 FY-2C 发回的 2007 年第 9 号台风“圣帕”的一组红外与可见光图像进行实验外，还选用 SPOT-PAN / LANDSAT-TM 的一组高分辨率全色图像与低分辨率多光谱图像进行融合测试。

图 3-16（a）～（f）分别表示 LANDSAT-TM 低分辨率多光谱图像、SPOT-PAN 高分辨率全色图像、基于离散小波变换融合（DWT）、基于 Contourlet 变换融合（CT）、基于非抽样 Contourlet 变换融合（NSCT）和本章方法融合的效果图。从图中可以看出：DWT 融合图中树木、房屋、公路轮廓线不如其他几种方法得出的结果图明显；CT 融合图中树木、房屋、公路的轮廓、细节总体上清晰，但是右上角区域道路轮廓有明显扭曲；本章方法融合得到的图与其他几种方法相比，道路、树木、房屋轮廓线清晰程度与基于 CT 融合的结果相当，并且整幅图像都比较清晰，亮度也较好。

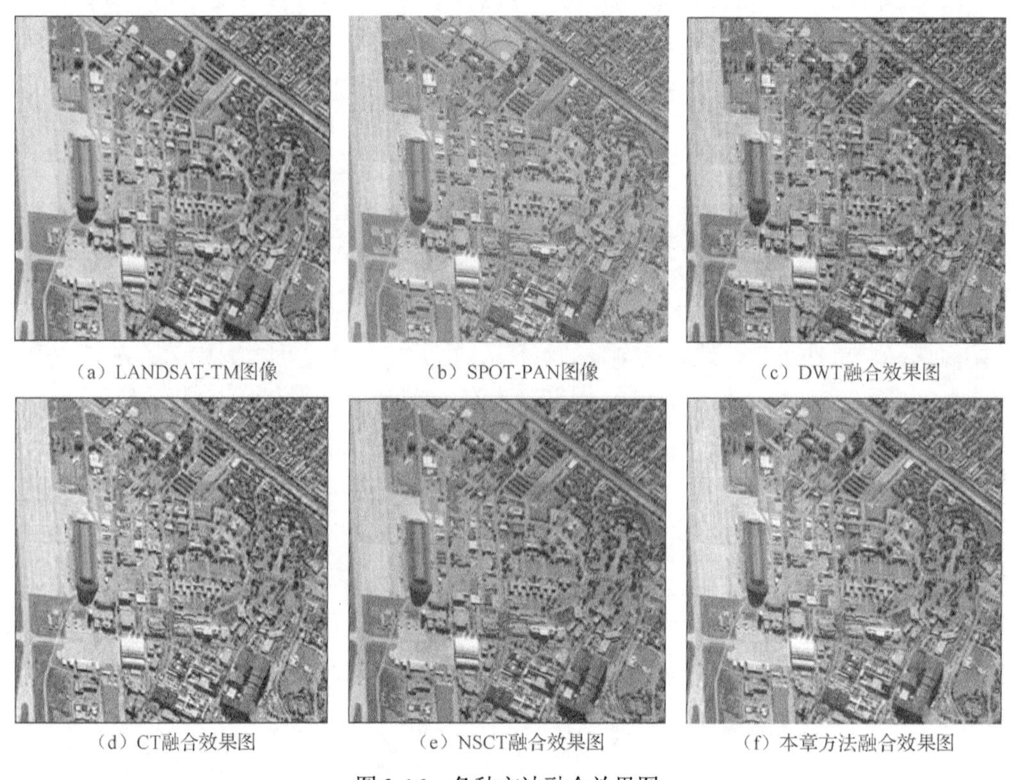

（a）LANDSAT-TM图像 （b）SPOT-PAN图像 （c）DWT融合效果图

（d）CT融合效果图 （e）NSCT融合效果图 （f）本章方法融合效果图

图 3-16　各种方法融合效果图

图 3-16 中各种融合方法的性能指标如表 3-2 所示。从表 3-2 中可以看出：本章方法获得的梯度信息与 CT 及 NSCT 方法相当，优于 DWT 方法；其视觉参数与 NSCT 方法相当，优于另外两种方法，但优势并不明显。主要原因是 LANDSAT-TM 和 SPOT-PAN 两幅遥感图像的边缘、轮廓比较清晰，并且边缘间距离比较小，整幅的细节信息都比较丰富，即能量分布比较平衡，因此本章方法融合结果与 NSCT 融合结果相比，抗噪声干扰优势并不明显。

表 3-2　各种方法对 LANDSAT-TM / SPOT-PAN 融合后的性能参数

方法	$H(A)$	$H(B)$	$H(F)$	ENL(F)	$C(A,F)$	$C(B,F)$	$Q_{AB\|F}$
DWT	7.6878	7.4137	7.5807	5.8139	0.9243	0.9024	0.5345
CT	7.6878	7.4137	7.7503	5.2509	0.9540	0.8936	0.6189
NSCT	7.6878	7.4137	7.5244	6.2745	0.9609	0.9384	0.6348
本章方法	7.6878	7.4137	7.6762	6.2558	0.9617	0.9166	0.6441

为了进一步说明本章方法的有效性，下面给出另外一组卫星云图融合效果图。图 3-17 是 2007 年第 9 号台风“圣帕”的一组红外与可见光图像融合实验的结果，图 3-17（a）～（f）分别表示红外二通道圣帕云系、可见光通道圣帕云系基于 DWT、CT、NSCT 及本章方法进行融合的结果图。图 3-17（c）中左上角和右下角的细节有些移位，中心不明显；图 3-17（d）中螺旋线细节信息明显，但是中心有些失真；图 3-17（e）较图 3-17（f）亮度信息上稍欠缺；可以看出图 3-17（f）中螺旋线很明显，中心明显，并且近似圆形，能为后续的台风螺旋线提取及中心定位等一系列工作打好基础。

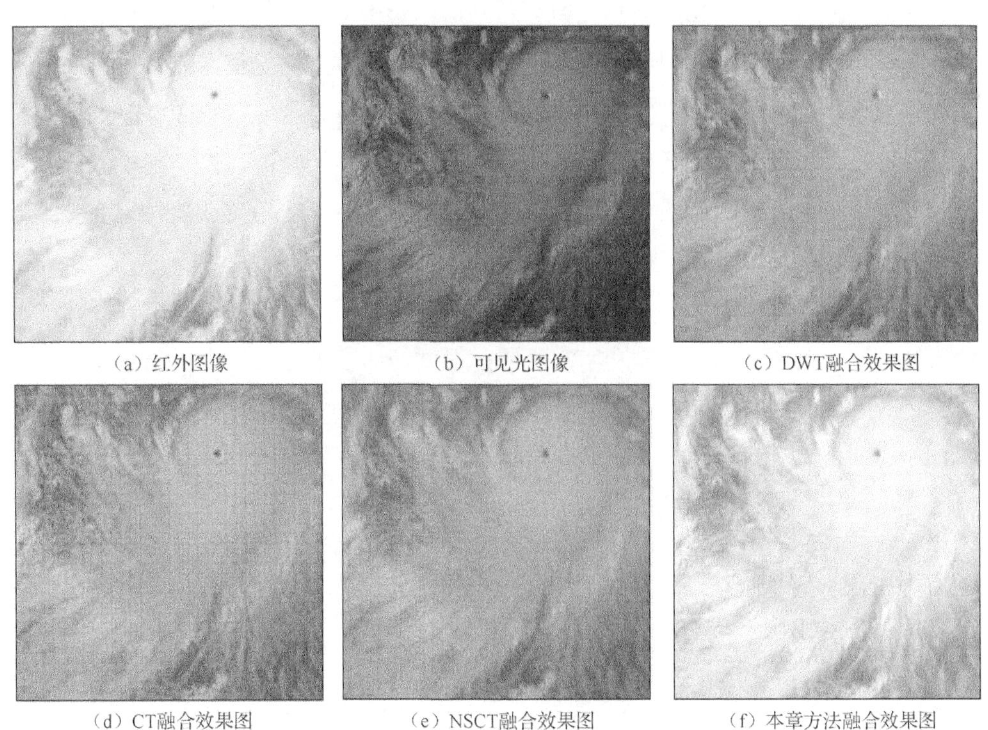

（a）红外图像　（b）可见光图像　（c）DWT融合效果图

（d）CT融合效果图　（e）NSCT融合效果图　（f）本章方法融合效果图

图 3-17　各种方法融合效果图

表 3-3 所示为图 3-17 中各种方法的性能指标。通过对比可知本章方法得到的融合图像信息熵稍次于 CT 方法，梯度信息保留程度与 NSCT 方法相当，视觉参数明显优于另外几种方法。

表 3-3　各种方法对台风“圣帕”红外与可见光通道云图融合后的性能参数

方法	$H(A)$	$H(B)$	$H(F)$	ENL(F)	$C(A,F)$	$C(B,F)$	$Q_{AB\|F}$
DWT	6.3964	6.6733	6.4844	31.0245	0.9213	0.9211	0.4089
CT	6.3964	6.6733	6.5644	28.9424	0.9108	0.9132	0.4146
NSCT	6.3964	6.6733	6.4527	31.7192	0.9316	0.9300	0.4827
本章方法	6.3964	6.6733	6.4955	56.8332	0.9802	0.7830	0.4831

综合以上两个试验，可以看出 SPOT-PAN / LANDSAT-TM 图像用本章方法进行融合，相对小波变换融合来说，梯度信息保留得较好，相对于 Contourlet 变换来说消除了吉布斯现象，图像的空间分辨率得到了显著提高，并且也能较多地保留多光谱信息；“圣帕”台风云图融合也证明了本章方法应用于红外与可见光图像融合能取得较好的效果，抗干扰性明显提高。本章中卫星云图的融合预处理主要目的是能全面、完整地提取出所需要的台风信息，从而能进行后续台风中心定位，因此不允许存在伪吉布斯现象，实验结果表明本章方法能很好地去除伪吉布斯现象。

针对台风中心定位的目的，只需将卫星云图上台风活动区域提取出来。影响我国台风的活动区域一般在西北太平洋和南海区域，根据经纬度信息可以先自动截取出该区域各个通道的卫星云图，然后进行融合。将本章方法用于卫星融合预处理的具体效果图如图 3-18 所示（仍以 FY-2C 发回的 2007 年第 9 号台风“圣帕”的卫星云图为例）。

（a）原始云图（20070816_2330IR1）

图 3-18　本章方法用于融合 FY-2C 五通道云图

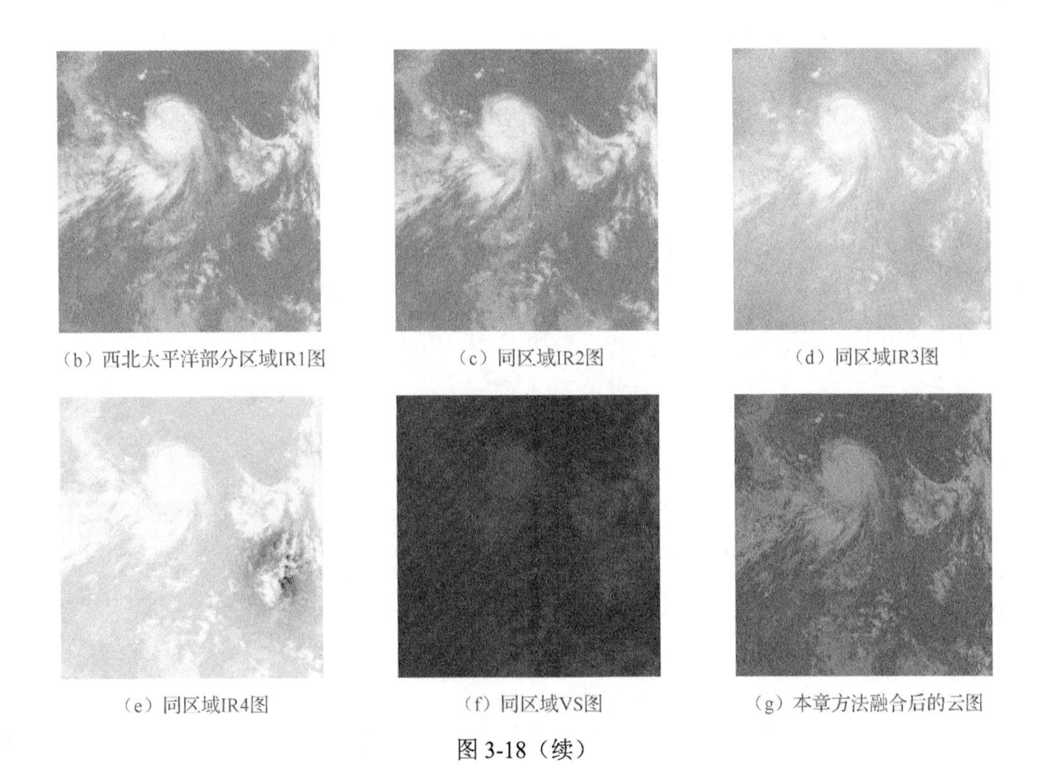

（b）西北太平洋部分区域IR1图　（c）同区域IR2图　（d）同区域IR3图

（e）同区域IR4图　（f）同区域VS图　（g）本章方法融合后的云图

图 3-18（续）

NSCT 变换相对于小波变换与 Contourlet 变换来说具有平移不变性，能去除伪吉布斯现象。另外，它具有比小波变换更好的方向性。本章提出用 NSCT 与能量规则结合的方法，在保证融合效果的同时提高抗噪声干扰性能。从实验结果来看，本章方法取得了不错的效果，能获取较好的方向信息，去除伪吉布斯现象，为后续台风中心定位处理打好基础，并且具有很好的抗干扰性。

3.2.6　结论

利用卫星云图进行台风中心定位必须要充分利用卫星各个通道的图像信息，必须先进行图像预处理，最重要的是进行图像融合，本章也对图像融合进行了深入研究。本章首先介绍了图像融合的现状及应用于本章的融合结果评价方法，然后提出了一种 NSCT 结合能量规则融合图像的方法，实验表明该方法既能获取较好的方向信息，去除伪吉布斯现象，又具有很好的抗干扰性。应用本章方法对卫星云图融合能为后续台风云系的自动识别及中心定位研究打下良好基础，将本章的方法进行适当修改即可适用于其他类型的图像融合。由于 NSCT 方法运算量比较大，未来的工作是改进算法或者实际应用时借助于硬件设备解决这个问题。

3.3 基于 Tetrolet 变换的多通道卫星图像融合

从单一通道的卫星云图中获取的信息有一定的局限性，不利于反映观测目标的特点。图像融合方法可以结合不同通道的卫星云图信息，使图像具有更多的云系纹理信息，为后续的台风中心定位提供更多的可靠数据，进一步提高预报和监测的精度。因此，对多通道卫星云图的融合技术进行研究具有重大的应用价值。

3.3.1 基于拉普拉斯金字塔分解的融合算法

拉普拉斯金字塔算法具有多尺度和多分辨率的特性，应用在图像融合方向，可以在不同尺度、不同分辨率上根据系数的特点分别采用最优的方法进行融合处理，使图像变得更清晰。研究发现，在融合不同原始图像各自信息方面，基于拉普拉斯金字塔分解的融合算法比较稳定可靠[26]，而且应用范围广泛。

在高斯金字塔分解的基础上得到基于拉普拉斯金字塔的图像分解算法，主要有 3 个关键算法：高斯金字塔分解原始图像、拉普拉斯金字塔分解高斯分解结果、拉普拉斯金字塔重建。其中，低通滤波和图像的降采样主要在图像的高斯金字塔分解步骤中进行。基于拉普拉斯金字塔的图像分解方法在不同的空间域上分解并融合原始图像，而且在不同的频域上，根据其特点的不同，对子带采用不同的融合方法进行融合。

记原始图像为 G，且高斯金字塔的底层是 G_0，若分解为 N 层，则第 l（$0<l\leqslant N$）层图像 G_l 的表达式为

$$G_l=\sum_{m=-2}^{2}\sum_{n=-2}^{2}w(m,n)G_{l-1}(2i-m,2j-n) \tag{3-27}$$

式中，$0<i\leqslant C_l$，$0<j\leqslant R_l$；C_l 是高斯金字塔第 l 层图像的列数；R_l 是高斯金字塔第 l 层图像的行数；$w(m,n)$ 是 5×5 的权函数。权函数 $w(m,n)$ 是可分离的：

$$w(m,n)=\tilde{w}(m)\tilde{w}(n) \tag{3-28}$$

式中，$m\in[-2,2]$，$n\in(-2,2)$。权函数还满足归一化、对称性、奇偶项等贡献性，得 $\tilde{w}(0)=3/8$，$\tilde{w}(1)=\tilde{w}(-1)=1/4$，$\tilde{w}(2)=\tilde{w}(-2)=1/16$。总之，$G_l$ 是将第 $l-1$ 层图像 G_{l-1} 和一个具有低通特性的权函数 $w(m,n)$ 进行卷积，再把卷积结果作隔行隔列的降 2 采样的结果，是一个图像缩小的过程。

然后对所得的高斯金字塔 G_l 进行图像的拉普拉斯金字塔分解。先对 G_l 内插放大得到 G_l^*，使两者大小相同，即

$$G_l^* = 4\sum_{m=-2}^{2}\sum_{n=-2}^{2} w(m,n)G_l'\left(\frac{i+m}{2},\frac{j+n}{2}\right) \tag{3-29}$$

其中，

$$G_l'\left(\frac{i+m}{2},\frac{j+n}{2}\right) = \begin{cases} G_l\left(\frac{i+m}{2},\frac{j+n}{2}\right), & \frac{i+m}{2},\frac{j+n}{2}\text{为整数} \\ 0, & \text{其他} \end{cases} \tag{3-30}$$

这里是一个图像放大的过程，G_l^* 与 G_{l-1} 的大小相同，但 G_l^* 并不与 G_{l-1} 相等。由式（3-29）可以看出，内插到原有像素间的新像素的灰度值是对原有像素灰度值的加权平均所得的。G_l 是 G_{l-1} 低通滤波的结果，即 G_l 是模糊化并降采样的 G_{l-1}，因此 G_l^* 比 G_{l-1} 中的细节信息少。G_l^* 与 G_{l-1} 之间的差别在于：

$$\begin{cases} LP_l = G_l - \exp(G_{l+1}), & 0 \leqslant l < N \\ LP_N = G_N, & l = N \end{cases} \tag{3-31}$$

式中，LP_l 是拉普拉斯金字塔分解第 l 层的图像。图像的拉普拉斯金字塔分解过程相当于是带通滤波。所以拉普拉斯金字塔的图像分解方法是通过低通滤波、降采样、内插和带通滤波完成的[27]。拉普拉斯金字塔的重构是逆变换操作，由式（3-31）可得

$$\begin{cases} G_N = LP_N, & l = N \\ G_l = LP_l + G_{l+1}^*, & 0 \leqslant l < N \end{cases} \tag{3-32}$$

从上至下逐层递推，恢复其对应的高斯金字塔，再得到恢复的拉普拉斯金字塔，经内插放大后，所有层相加即可以得到原始图像。

基于拉普拉斯金字塔分解的图像融合方法是先将原始图像分别分解到各个空间频带上，然后对不同的空间频带根据其特征进行不同的融合处理，以突显特定频带上的特征和细节，最后再重构出融合图像。其图像融合方法的步骤如下所示。

步骤 1：对配准后的原始图像 A 和 B 进行拉普拉斯金字塔分解，得到图像的分解结果 LA 和 LB。

步骤 2：对拉普拉斯金字塔各个层按照不同的融合规则进行融合处理，最终得到融合后的拉普拉斯金字塔 LF。

步骤 3：对融合后的拉普拉斯金字塔进行逆变换，即重构得到融合的图像 F。

基于拉普拉斯金字塔分解的图像融合方法示意图如图 3-19 所示。其中，LA_0、LB_0、LF_0 分别为拉普拉斯金字塔的最底层子图像，LA_N、LB_N、LF_N 分别为拉普拉斯金字塔的顶层子图像。

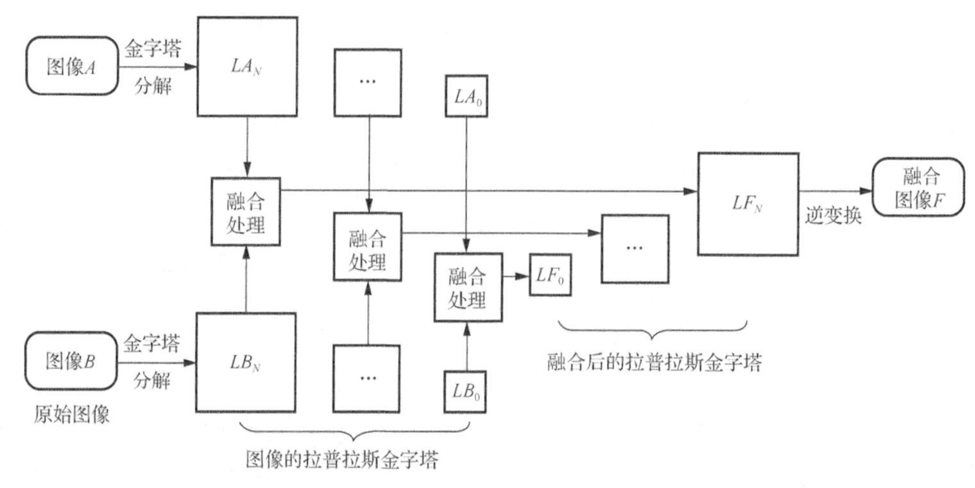

图 3-19　基于拉普拉斯金字塔分解的图像融合方法示意图

3.3.2　基于 Tetrolet 变换的多通道卫星云图融合算法

本章提出的图像融合算法是在 Tetrolet 变换域中进行的，在 Tetrolet 域低频部分采用基于拉普拉斯金字塔分解的图像融合方法进行融合。金字塔型融合算法可以充分利用组合图像的全局与局部信息、空间与灰度信息，拉普拉斯金字塔融合算法是塔形变换中最为成熟的。但是，图像在进行拉普拉斯金字塔分解的过程中会产生大量冗余信息，造成分解后数据量的增大，从而增加计算量，同时拉普拉斯金字塔融合算法对原始图像中方向信息的表现欠佳。Tetrolet 变换是一种很好的图像稀疏表示方法，能减少数据量，而且其高频系数具有较丰富的方向纹理信息。因此，两者结合能取长补短，有望达到较好的融合效果。

本章使用我国气象卫星 FY-2C 返回的卫星云图作为实验图像，由于 5 个通道卫星云图图像灰度分布差异较大，因此在图像 Tetrolet 变换之前先对图像分别进行直方图均衡化，缩小图像之间灰度范围的差异。

记配准后的原始图像为 A 和 B，本章图像融合算法的具体步骤如下。

步骤 1：对图像 A 和 B 分别进行直方图均衡化处理，得到图像 A' 和 B'。

步骤 2：对图像 A' 和 B' 分别进行 Tetrolet 变换，分解层数为 M，得到高频系数 TH_A 和 TH_B、低频系数 TL_A 和 TL_B 及相应的拼板覆盖值 TC_A 和 TC_B。

步骤 3：分别对低频系数 TL_A 和 TL_B 做拉普拉斯金字塔分解，分解层数为 N，得到

分解图像 LA 和 LB，第 n（$1 \leqslant n \leqslant N$）层子图分别为 LA_n 和 LB_n。

步骤 4：对拉普拉斯金字塔顶层子图 LA_N 和 LB_N 用均值法进行融合，得到融合结果 LF_N 为

$$LF_N(i,j) = \frac{LA_N(i,j) + LB_N(i,j)}{2} \tag{3-33}$$

式中，$0 < i \leqslant CL_N$，$0 < j \leqslant RL_N$；CL_N 是分解子图第 N 层图像的列数；RL_N 是分解子图第 N 层图像的行数。

步骤 5：对拉普拉斯金字塔其他层子图 LA_n 和 LB_n 用灰度绝对值取大的融合规则融合，则融合结果为

$$LF_n(i,j) = \begin{cases} LA_n(i,j), & |LA_n(i,j)| \geqslant |LB_n(i,j)| \\ LB_n(i,j), & |LA_n(i,j)| < |LB_n(i,j)| \end{cases} \tag{3-34}$$

步骤 6：对融合后得到的拉普拉斯金字塔 LF 进行重构，得到低频部分的融合结果 TL_F。

步骤 7：在 Tetrolet 变换域高频系数部分，对每个分解子块按照标准差取大的融合规则融合，记第 m（$1 \leqslant m \leqslant M$）层 p 行 q 列的高频系数分别为 $(TH_A)_m(p,q)$ 和 $(TH_B)_m(p,q)$，其大小为 12×1 的矩阵，其中 $0 < p \leqslant CH_m$，$0 < q \leqslant RH_m$，CH_m 是分解子图第 m 层高频系数的行数，RH_m 是分解子图第 m 层高频系数的列数，则

$$(TH_F)_m(p,q) = \begin{cases} (TH_A)_m(p,q), & \text{std}((TH_A)_m(p,q)) \geqslant \text{std}((TH_B)_m(p,q)) \\ (TH_B)_m(p,q), & \text{std}((TH_A)_m(p,q)) < \text{std}((TH_B)_m(p,q)) \end{cases} \tag{3-35}$$

式中，std 为标准差，表达式为

$$\text{std} = \sqrt{\frac{\sum_{i=1}^{K}\sum_{j=1}^{G}(x(i,j) - \bar{x})^2}{K \times G - 1}} \tag{3-36}$$

这里，$\bar{x}$ 是 x 的均值，$1 \leqslant i \leqslant K$，$1 \leqslant j \leqslant G$。在 Tetrolet 域的高频系数矩阵中 $K = 12$，$G = 1$。

步骤 8：Tetrolet 变换中的拼板覆盖值的选取视高频部分的选择而定，即

$$(TC_F)_m(p,q) = \begin{cases} (TC_A)_m(p,q), & TH_m(p,q) = (TH_A)_m(p,q) \\ (TC_B)_m(p,q), & TH_m(p,q) = (TH_B)_m(p,q) \end{cases} \tag{3-37}$$

式中，$(TC_A)_m(p,q)$ 和 $(TC_B)_m(p,q)$ 分别表示图像 A 和 B 经 Tetrolet 变换后第 m 层 p 行 q 列的拼板覆盖值。

步骤 9：对融合处理后的 Tetrolet 系数值进行 Tetrolet 逆变换，得到最终的融合图像 F。

本章图像融合算法的流程图如图 3-20 所示。

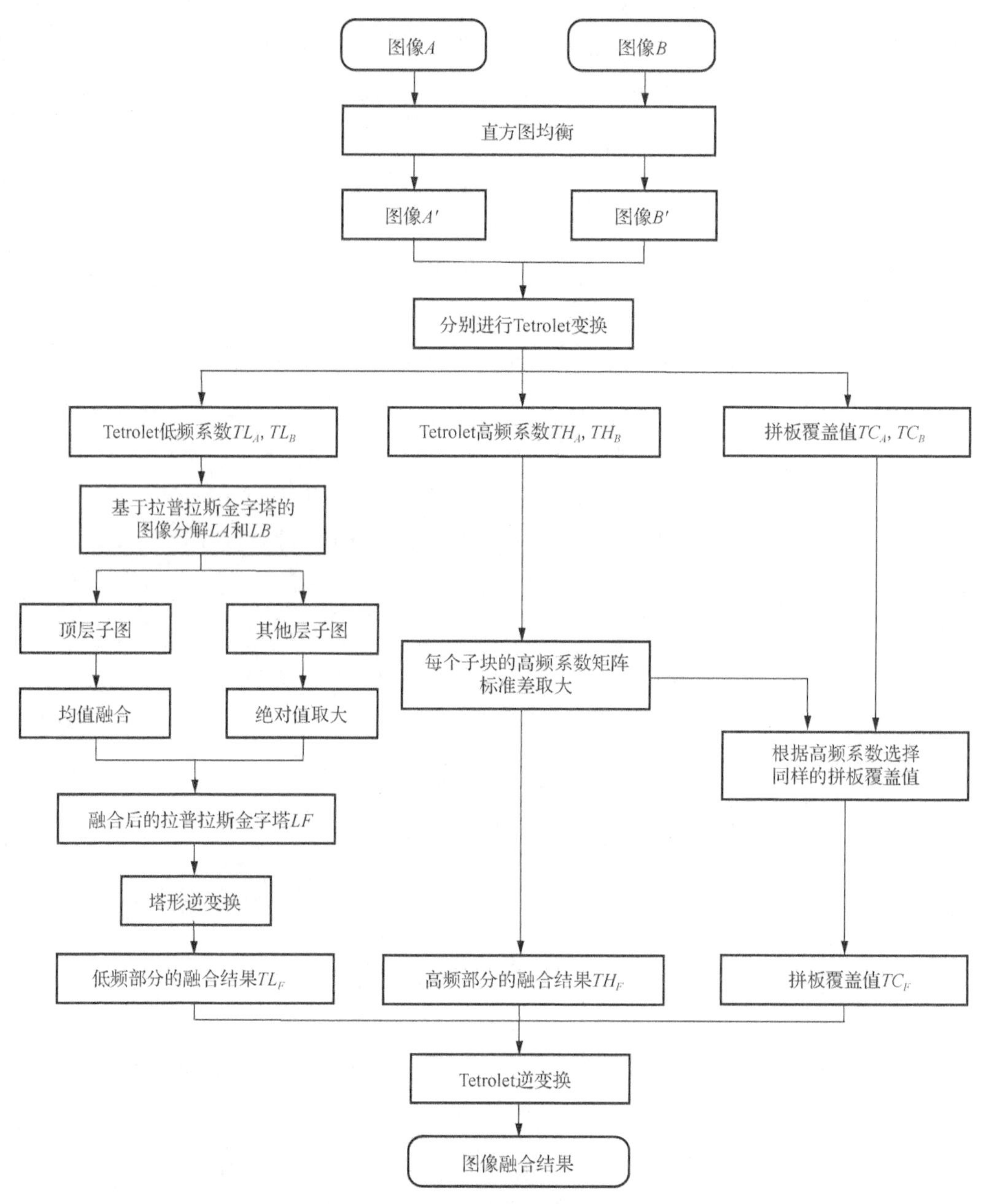

图 3-20　本章图像融合算法的流程图

3.3.3　卫星云图融合结果与分析

本章图像融合实验测试图像选取的都是我国气象卫星 FY-2C 返回的卫星云图，有红外 1 通道云图、红外 2 通道云图、水汽通道云图、红外 4 通道云图、可见光通道云图，

如图 3-21 所示。红外 1 通道云图的波长为 10.3～11.3μm，是长波红外通道云图；红外 2 通道云图的波长为 11.5～12.5μm，是红外分裂窗通道云图；水汽通道云图的波长为 6.3～7.6μm；红外 4 通道云图的波长为 3.5～4.0μm，是中波红外通道云图；可见光通道云图的波长为 0.55～0.90μm。红外 1 通道云图和红外 2 通道云图是通过传感器采集目标的红外辐射强度得到的图像，图上的色调反映了目标的温度，黑色表示温度高的目标，白色表示温度低的目标。高度越高、温度越低的云发射的红外辐射强度越低，在红外云图上表现为越白；反之则色调越暗。水汽通道云图是在非大气窗区的水汽波段上所获得的辐射强度图像，表现方式与红外通道云图相似，白色是湿度大的部分，黑色是湿度小的部分。红外 4 通道云图是太阳和地气系统重叠区所采集的辐射图像，受太阳辐射所限，白天和夜晚的图像有所不同。可见光通道云图表示在可见光波段受太阳光反射得到的图像，反映了目标的反射率，白色为反射率大的目标，黑色为反射率小的目标。对于云来说，越厚越平的云，反射率越大，在可见光通道中表现为越白；反之则越暗。

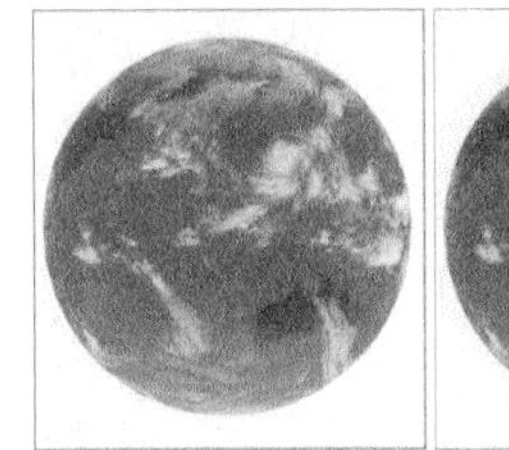
（a）红外1通道云图

（b）红外2通道云图

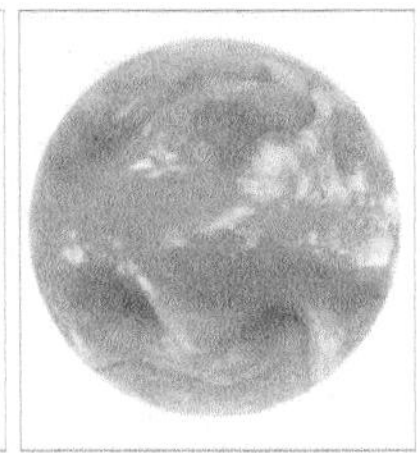
（c）水汽通道云图

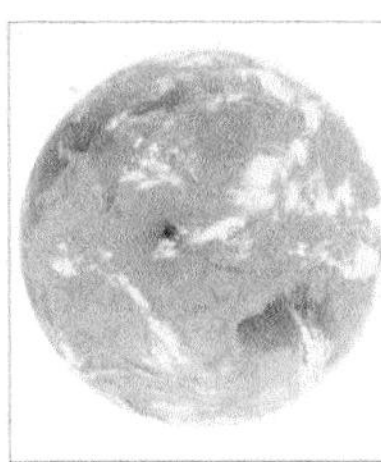
（d）红外4通道云图

（e）可见光通道云图

图 3-21　我国气象卫星 FY-2C 返回的 5 种卫星云图

从图 3-21 中可以看出，各幅云图的图像灰度分布各不相同，红外 1 通道和红外 2 通道的图像视觉效果比较好，灰度分布较为均匀；水汽通道由于水汽覆盖，图像整体灰度值偏大；红外 4 通道图像整体灰度也偏大，比红外 1 通道和红外 2 通道的图像效果稍差些；可见光通道偏灰黑，图像整体灰度偏小。

本章分别对 4 组图像进行多通道卫星云图融合实验：①2005 年 8 月 30 日 9 时 0 分 0513 号台风“泰利”的红外 2 通道和水汽通道云图；②2008 年 9 月 23 日 12 时 0 分 0814 号台风“黑格比”的红外 1 通道和水汽通道云图；③2006 年 5 月 13 日 6 时 0 分 0601 号台风“珍珠”的红外 2 通道和水汽通道云图；④2007 年 9 月 17 日 0 时 0 分 0713 号台风“韦帕”的红外 1 通道和水汽通道云图。4 组融合云图中前两组为有眼台风，后两组为无眼台风。由于原始图像是 2288×2288 大小的云图，为了便于比较融合结果，实验中只截取有台风旋或台风眼的部分云图。

为了验证本章提出的融合算法的有效性，将本章算法的融合结果与拉普拉斯金字塔图像融合方法、经典离散正交小波图像融合方法、Contourlet 图像融合方法（融合规则参见文献[28]，分解方向设定为[0,2]）、Curvelet 图像融合方法（单独的 Curvelet 图像融合方法，融合规则参见文献[29]，其中窗口大小为 3×3）、NSCT 图像融合方法（融合规则参见文献[30]，分解方向设定为[3,3]）和 Shearlet 图像融合方法（融合规则参见文献[31]，其中窗口大小为 3×3）的融合结果进行对比。其中，拉普拉斯金字塔图像融合方法和经典离散正交小波图像融合方法的融合规则相同，均采用低频部分取均值、高频部分取灰度绝对值较大的部分的方法。所有融合方法分解层数为 2 层。

第一组是 2005 年 8 月 30 日 9 时 00 分台风“泰利”的红外 2 通道和水汽通道云图，截取 512×512 大小的包含台风眼的云图，如图 3-22（a）和图 3-22（b）所示。对图 3-22（a）和图 3-22（b）分别进行直方图均衡化处理，得到图 3-22（c）和图 3-22（d）。图 3-22（e）是拉普拉斯金字塔融合方法的融合结果，图 3-22（f）是经典离散正交小波融合方法的融合结果，图 3-22（g）是 Contourlet 图像融合方法的融合结果，图 3-22（h）是 Curvelet 图像融合方法的融合结果，图 3-22（i）是 NSCT 图像融合方法的融合结果，图 3-22（j）是 Shearlet 图像融合方法的融合结果，图 3-22（k）是本章算法的融合结果。

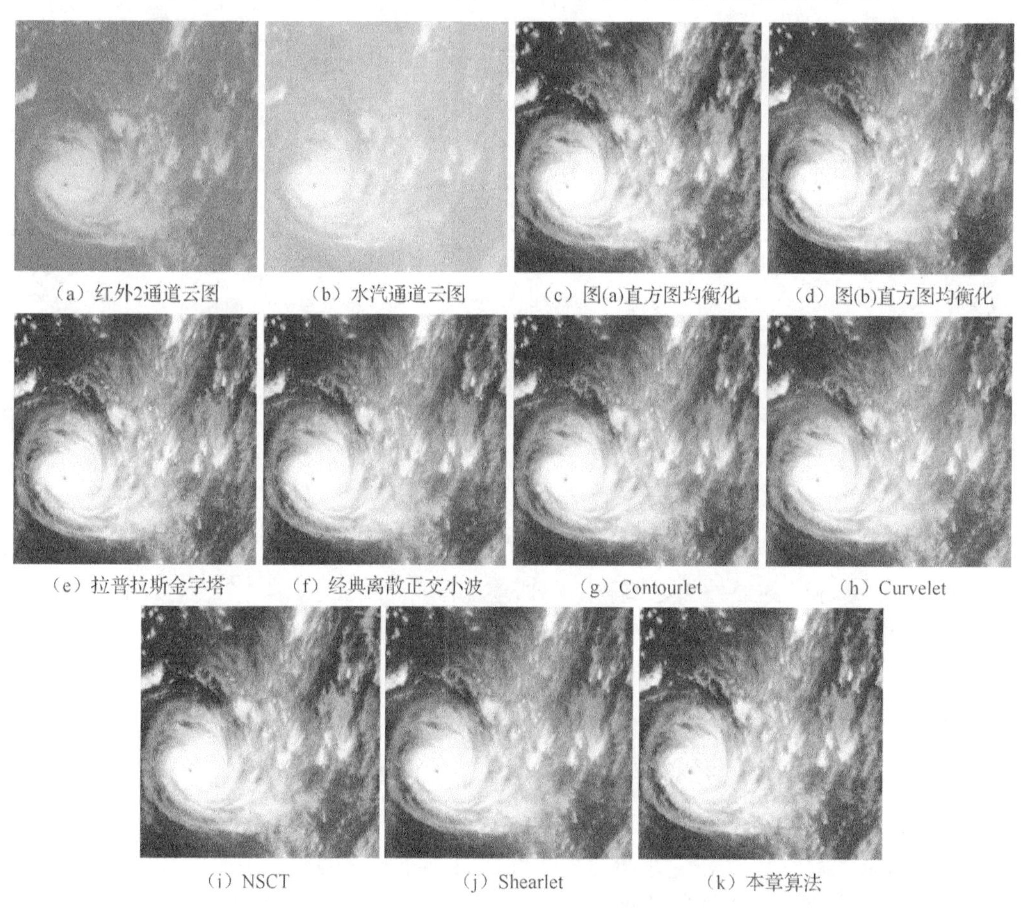
（a）红外2通道云图　（b）水汽通道云图　（c）图(a)直方图均衡化　（d）图(b)直方图均衡化

（e）拉普拉斯金字塔　（f）经典离散正交小波　（g）Contourlet　（h）Curvelet

（i）NSCT　（j）Shearlet　（k）本章算法

图 3-22　台风“泰利”（2005 年 8 月 30 日 9 时 0 分）红外 2 通道和水汽通道云图的融合结果

从图 3-22 中可以看到，拉普拉斯金字塔融合算法的融合图像和经典离散正交小波融合算法的融合图像比较相近，Contourlet 图像融合算法的融合图像有细小的网格现象，Curvelet 图像融合算法的融合图像比较接近于水汽通道的融合原图，图像灰度值稍偏大，台风眼和周围的云区别较小。Shearlet 图像融合算法的融合图像比 NSCT 图像融合算法的融合图像模糊，细节不够突出。本章算法的融合图像在风眼外围的云细节上稍弱于 NSCT 图像融合算法的融合图像，部分信息轮廓较粗，但主要的信息特点有所突出。为了更清晰地对比细节部分，截取上述融合结果的部分图像，如图 3-23 所示。从图 3-23 中可以看到，Curvelet 图像融合算法的融合结果和 NSCT 图像融合算法的融合结果中台风旋过亮，边缘信息有所丢失，其他几组融合结果中台风旋的图像效果比较相近。本章算法的融合结果能有效地突出台风眼信息，台风主体云系整体比较平滑，有利于提高基于卫星云图的台风中心定位的精度。

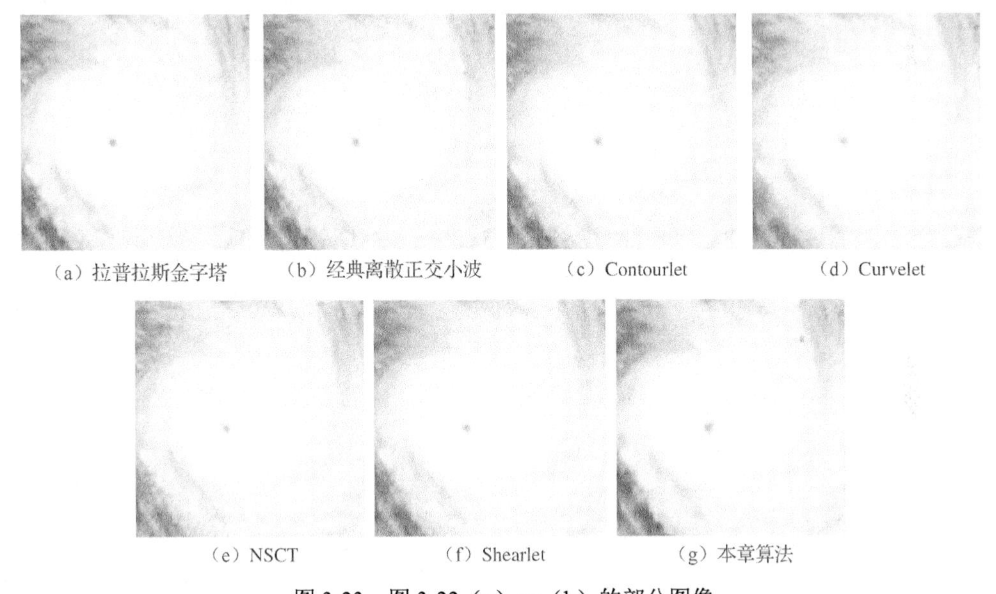
（a）拉普拉斯金字塔 （b）经典离散正交小波 （c）Contourlet （d）Curvelet
（e）NSCT （f）Shearlet （g）本章算法

图 3-23 图 3-22（e）～（k）的部分图像

第二组是 2008 年 9 月 23 日 12 时 00 分台风“黑格比”的红外 1 通道和水汽通道云图，截取 512×512 大小的包含台风眼的云图，如图 3-24（a）和图 3-24（b）所示。对图 3-24（a）和图 3-24（b）分别进行直方图均衡化处理，得到图 3-24（c）和图 3-24（d）。图 3-24（e）是拉普拉斯金字塔融合方法的融合结果，图 3-24（f）是经典离散正交小波融合方法的融合结果，图 3-24（g）是 Contourlet 图像融合方法的融合结果，图 3-24（h）是 Curvelet 图像融合方法的融合结果，图 3-24（i）是 NSCT 图像融合方法的融合结果，图 3-24（j）是 Shearlet 图像融合方法的融合结果，图 3-24（k）是本章算法的融合结果。

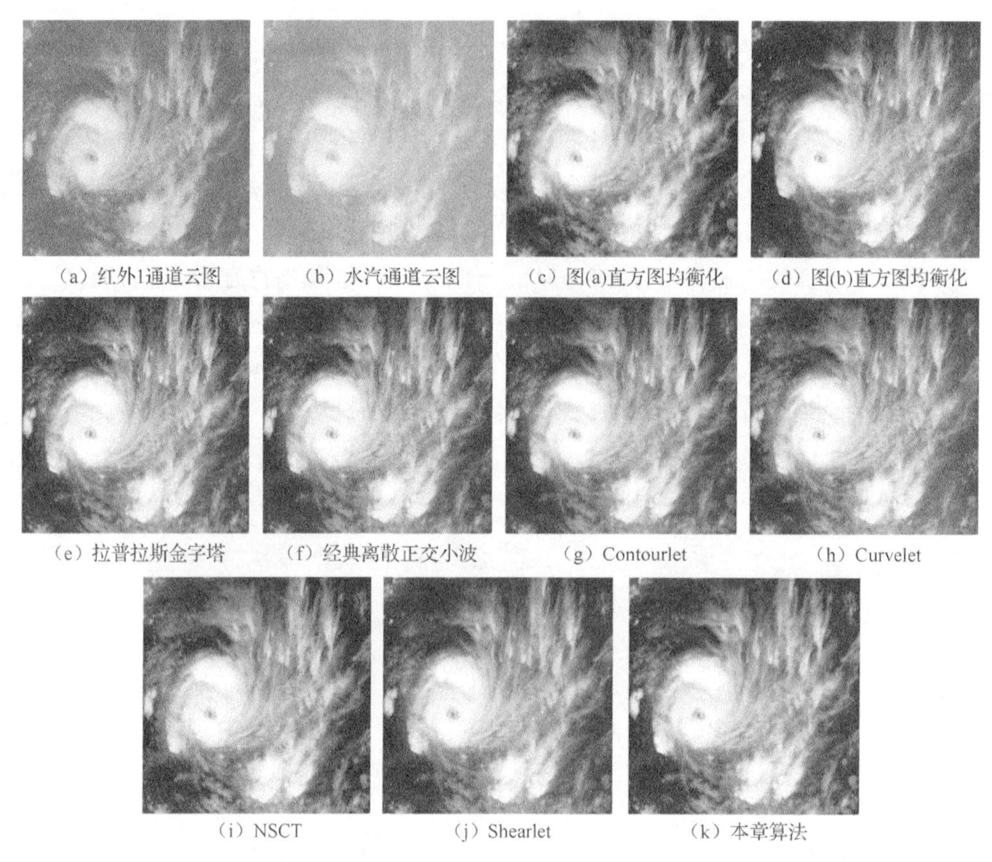

（a）红外1通道云图　（b）水汽通道云图　（c）图(a)直方图均衡化　（d）图(b)直方图均衡化

（e）拉普拉斯金字塔　（f）经典离散正交小波　（g）Contourlet　（h）Curvelet

（i）NSCT　（j）Shearlet　（k）本章算法

图 3-24　台风“黑格比”（2008 年 9 月 23 日 12 时 0 分）红外 1 通道和水汽通道云图融合结果

从图 3-24 中可以看到，图 3-24（c）和图 3-24（d）稍有区别，图 3-24（c）的细节较多，云图纹理较清晰，图 3-24（d）云图亮色块和暗色块区分不是很清晰，风眼部分的灰度值较图 3-24（c）中风眼部分的灰度值偏大。Curvelet 图像融合算法的融合结果和 Shearlet 图像融合算法的融合结果中台风风眼部分图像灰度值相较于其他方法融合结果的灰度值稍大，而且图 3-24（h）较接近于图 3-24（c）水汽通道云图。NSCT 图像融合算法的融合图像和本章算法的融合图像的台风眼比较清晰，其他几组融合图像台风眼效果良好。

为了更好地对细节进行区分对比，我们截取上述融合结果的部分图像，如图 3-25 所示。在图 3-25 中，NSCT 融合结果中台风眼附近图像有部分信息缺失，其他几组融合结果图像效果基本相当，区别不大。

第三组是 2006 年 5 月 13 日 6 时 0 分台风“珍珠”的红外 2 通道和水汽通道云图，截取 512×512 大小的包含台风眼的云图，如图 3-26（a）和图 3-26（b）所示。对图 3-26（a）和图 3-26（b）分别进行直方图均衡化处理，得到图 3-26（c）和图 3-26（d）。

图 3-26（e）是拉普拉斯金字塔融合方法的融合结果，图 3-26（f）是经典离散正交小波融合方法的融合结果，图 3-26（g）是 Contourlet 图像融合方法的融合结果，图 3-26（h）是 Curvelet 图像融合方法的融合结果，图 3-26（i）是 NSCT 图像融合方法的融合结果，图 3-26（j）是 Shearlet 图像融合方法的融合结果，图 3-26（k）是本章算法的融合结果。

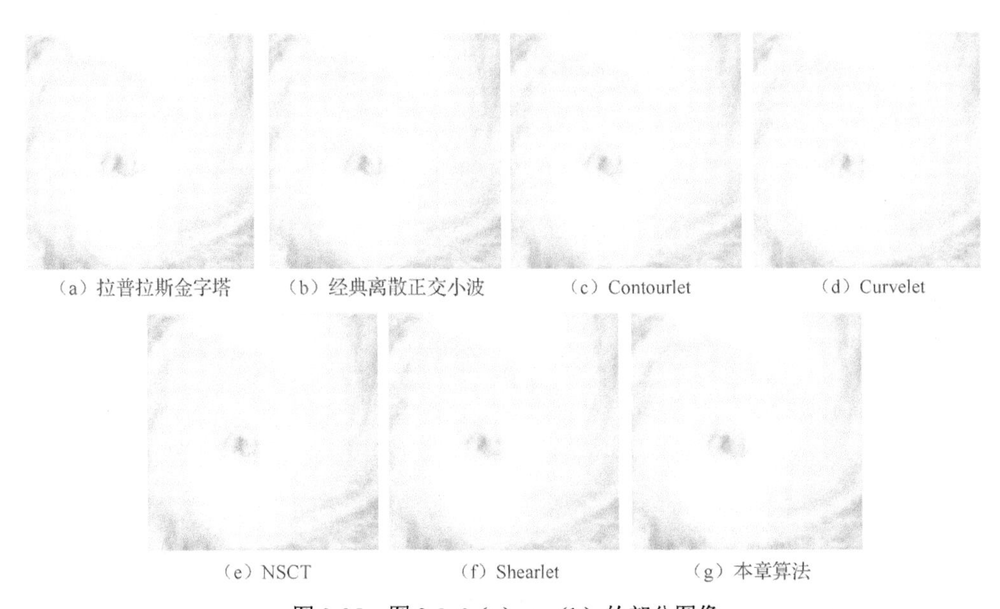

图 3-25　图 3-3-6（e）～（k）的部分图像

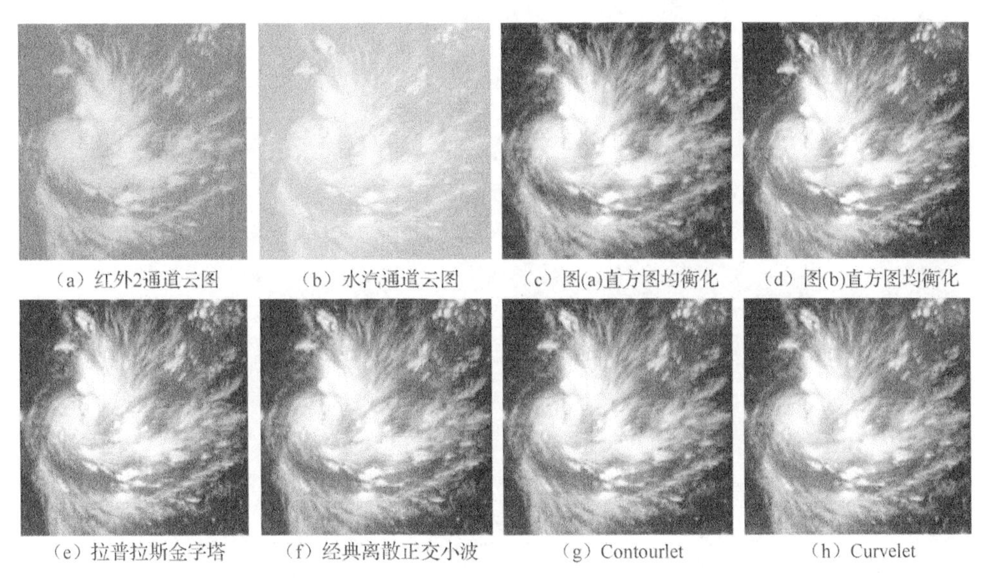

图 3-26　台风“珍珠”（2006 年 5 月 13 日 6 时 0 分）红外 2 通道和水汽通道云图的融合结果

（i）NSCT　（j）Shearlet　（k）本章算法

图 3-26（续）

整体来看，图 3-26 的几组融合结果效果比较接近。其中，拉普拉斯金字塔融合结果和经典离散正交小波融合结果相差不大；Contourlet 融合结果相较于拉普拉斯金字塔融合结果稍模糊些；Curvelet 融合结果灰度值较大的部分比拉普拉斯金字塔融合结果更多些，细节部分模糊；NSCT 融合结果、Shearlet 融合结果和本章算法融合结果图像效果良好。

为了更清晰地对比细节部分，我们截取上述融合结果的部分图像，如图 3-27 所示。由于本组台风是无眼台风，台风中心附近图像灰度值较大，图像较亮。从图 3-27 中可以看到，几组融合结果比较接近，但 NSCT 融合图像的台风旋外侧云图细节较模糊，稍劣于其他的融合结果。

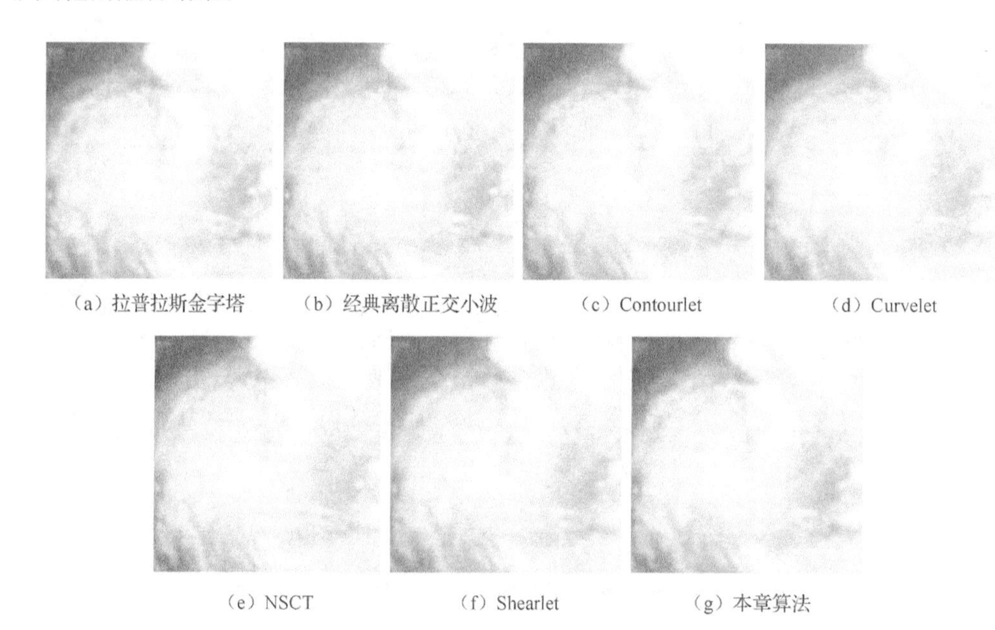

（a）拉普拉斯金字塔　（b）经典离散正交小波　（c）Contourlet　（d）Curvelet

（e）NSCT　（f）Shearlet　（g）本章算法

图 3-27　图 3-26（e）～（k）的部分图像

第四组是 2007 年 9 月 17 日 0 时 0 分台风“韦帕”的红外 1 通道和水汽通道云图，截取 512×512 大小的包含台风眼的云图，如图 3-28（a）和图 3-28（b）所示。对图 3-28（a）和图 3-28（b）分别进行直方图均衡化处理，得到图 3-28（c）和图 3-28（d）。图 3-28（e）是拉普拉斯金字塔融合方法的融合结果，图 3-28（f）是经典离散正交小波融合方法的融合结果，图 3-28（g）是 Contourlet 图像融合方法的融合结果，图 3-28（h）是 Curvelet 图像融合方法的融合结果，图 3-28（i）是 NSCT 图像融合方法的融合结果，图 3-28（j）是 Shearlet 图像融合方法的融合结果，图 3-28（k）是本章算法的融合结果。

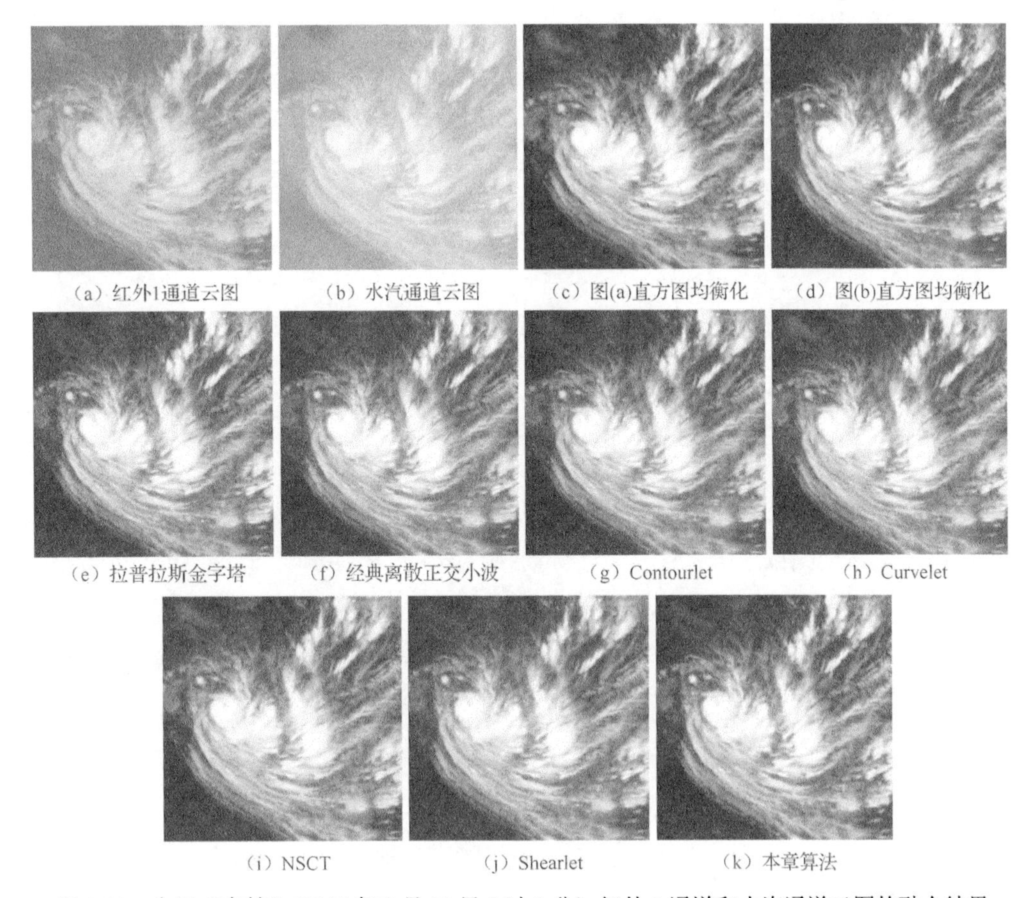

图 3-28　台风“韦帕”（2007 年 9 月 17 日 0 时 0 分）红外 1 通道和水汽通道云图的融合结果

由于图 3-28 中的云图是无眼台风，几组融合效果基本相似。从风旋周围的细节来看，Curvelet 图像融合算法和 NSCT 图像融合算法的融合结果与融合原始图像比较接近，灰度值较大的成分比较多；其他几组融合结果的灰度值稍小些，但不是非常明显。

为了更清晰地对比细节部分，我们截取上述融合结果的部分图像，如图 3-29 所示。从图 3-29 来看，这组云图的风旋周围图像偏亮，以上几种融合结果的差异不是很明显。

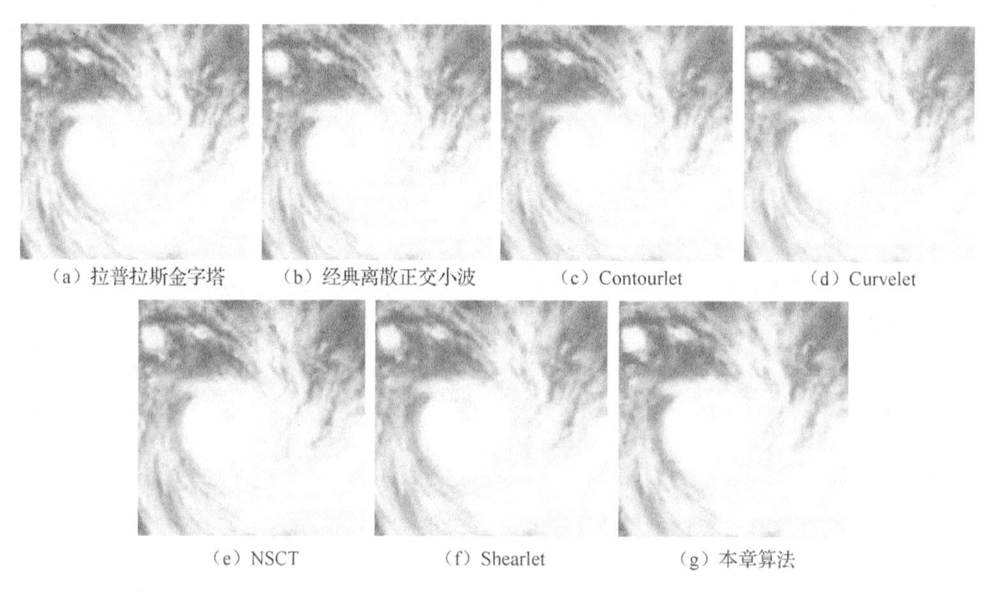

图 3-29　图 3-28（e）～（k）的部分图像

因为在主观评价中部分融合图像结果比较接近，所以本章通过计算融合图像的客观评价指标，对比图像的细节差异。考虑到多通道卫星云图融合的目的是增加图像的信息量，增强云图的细节信息，进一步提高台风中心定位的精度，在选择客观评价指标时，特别选择了能体现图像的信息量、空间分辨率、清晰度的评价参数。例如，信息熵能评价云图信息量的多少；联合熵、相关系数可以表示融合前后两幅图的相关程度；标准差的大小可以表示云图内信息之间的反差比，即对比度越大，图像细节越明显。可以选用相关系数和标准差评价融合图像的空间分辨率，信息熵和标准差评价融合图像中信息量的改变。综上所述，本章采用信息熵E、平均相关系数、标准差σ、联合熵对融合图像进行客观评价。如果融合图像的这些评价参数都较优，表示图像的细节质量、纹理信息等都较优，那么该图像对台风中心定位精度的提高有利。

第一组融合实验是利用各种融合算法对图 3-22 中台风“泰利”的红外 2 通道和水汽通道云图进行融合，其融合结果的性能指标如表 3-4 所示。从表 3-4 中可知，本章算法的信息熵、标准差和联合熵都是最优的，其中标准差和联合熵的优势比较明显。虽然平均相关系数不是最优，但与其他方法比较接近，最大相差为 0.005，所以效果几乎相当。

表 3-4　图 3-22 中台风"泰利"的红外 2 通道和水汽通道云图的各种融合结果的性能参数比较

融合算法	信息熵	平均相关系数	标准差	联合熵
拉普拉斯金字塔	7.980	0.981	74.459	13.124
经典离散正交小波	7.977	0.981	73.849	13.006
Contourlet 融合算法	7.978	0.981	73.714	13.006
Curvelet 融合算法	7.936	0.974	69.909	12.825
NSCT 融合算法	7.976	0.966	74.993	12.970
Shearlet 融合算法	7.974	0.982	73.580	12.529
本章算法	7.983	0.977	75.645	13.557

第二组融合实验是利用各种融合算法对图 3-24 中台风"黑格比"的红外 1 通道和水汽通道云图进行融合，其融合结果的性能指标如表 3-5 所示。从表 3-5 中可知，本章算法的信息熵、标准差和联合熵相较于其他融合算法的结果较好，虽然平均相关系数不是最优，但与其他融合算法的结果相差不大，最大相差为 0.004，所以效果几乎相当。

表 3-5　图 3-24 中台风"黑格比"的红外 1 通道和水汽通道云图的各种融合结果的性能参数比较

融合算法	信息熵	平均相关系数	标准差	联合熵
拉普拉斯金字塔	7.917	0.978	74.093	13.050
经典离散正交小波	7.926	0.978	73.544	12.858
Contourlet 融合算法	7.935	0.978	73.474	12.929
Curvelet 融合算法	7.639	0.971	67.596	12.189
NSCT 融合算法	7.845	0.959	74.977	12.367
Shearlet 融合算法	7.896	0.979	73.364	11.683
本章算法	7.953	0.975	75.493	13.763

第三组融合实验是利用各种融合算法对图 3-26 中台风"珍珠"的红外 2 通道和水汽通道云图进行融合，其融合结果的性能指标如表 3-6 所示。从表 3-6 中可知，本章算法的标准差和联合熵都是最优的，信息熵仅比 Contourlet 融合算法的结果小 0.006，优于其他融合算法的结果。本章算法的平均相关系数虽然不是最优，但与其他融合算法的结果相差不大，最大相差为 0.003，所以效果几乎相当。

表 3-6　图 3-26 中台风“珍珠”的红外 2 通道和水汽通道云图的各种融合结果的性能参数比较

融合算法	信息熵	平均相关系数	标准差	联合熵
拉普拉斯金字塔融合算法	7.969	0.992	74.941	12.563
经典离散正交小波融合算法	7.977	0.992	74.360	12.414
Contourlet 融合算法	7.985	0.992	74.261	12.465
Curvelet 融合算法	7.741	0.989	71.609	11.855
NSCT 融合算法	7.862	0.986	74.812	12.252
Shearlet 融合算法	7.960	0.992	74.193	11.286
本章算法	7.979	0.989	75.797	13.260

第四组融合实验是利用各种融合算法对图 3-28 中台风“韦帕”的红外 1 通道和水汽通道云图进行融合，其融合结果的性能指标如表 3-7 所示。从表 3-7 中可知，本章算法的信息熵、标准差和联合熵都是最优的，平均相关系数与其他融合算法的结果相差不大，最大相差为 0.004，所以效果几乎相当。

表 3-7　图 3-28 中台风“韦帕”的红外 1 通道和水汽通道云图的各种融合结果的性能参数比较

融合算法	信息熵	平均相关系数	标准差	联合熵
拉普拉斯金字塔融合算法	7.967	0.992	74.939	12.783
经典离散正交小波融合算法	7.971	0.993	74.495	12.683
Contourlet 融合算法	7.979	0.993	74.385	12.735
Curvelet 融合算法	7.784	0.990	72.353	12.162
NSCT 融合算法	7.869	0.987	74.896	12.433
Shearlet 融合算法	7.950	0.993	74.300	11.504
本章算法	7.983	0.989	75.424	13.572

为了说明本章算法的有效性，我们又做了另外两组卫星云图的融合实验，加上以上 4 组实验结果，把 6 组实验的 4 个评价参数用曲线图表示出来。各种融合算法的信息熵曲线图如图 3-30 所示。其中本章第一组实验对应图 3-30 中的第一组，第二组实验对应图中第三组，第三组实验对应图中第四组，第四组实验对应图中第五组，其他两组实验结果为后续加入的实验结果。

为了图示方便，用 Lap 表示基于拉普拉斯金字塔分解的图像融合算法，用 DWT 表示经典离散正交小波图像融合算法，用 Contourlet 表示 Contourlet 图像融合算法，用 Curvelet 表示 Curvelet 图像融合算法，用 NSCT 表示 NSCT 图像融合算法，用 Shearlet 表示 Shearlet 图像融合算法，用 TT_lap 表示本章提出的图像融合算法。由于图 3-30（a）中上半部分曲线比较密集，所以将图 3-30（a）曲线纵坐标的范围改变，便于曲线的对比，如图 3-30（b）所示。

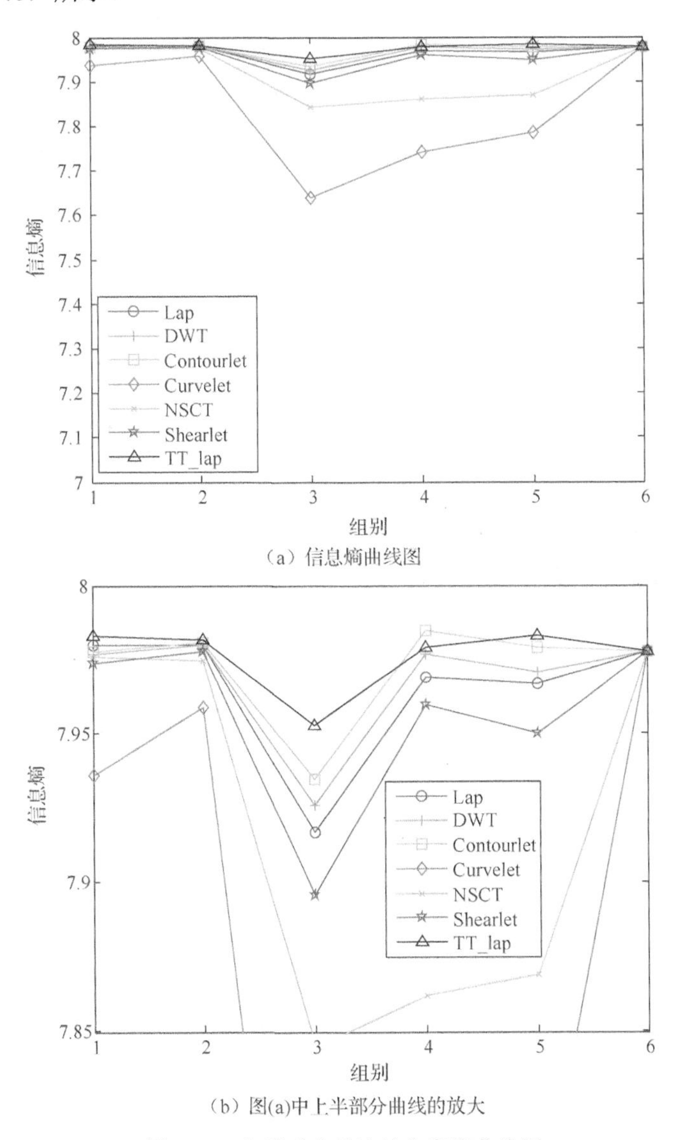

（a）信息熵曲线图

（b）图(a)中上半部分曲线的放大

图 3-30　各种融合算法的信息熵曲线图

从图 3-30 中可以看出，本章算法的信息熵除了第四组实验略小于 Contourlet 融合算法的结果，其他组实验结果都是最优的。实验中 Contourlet 融合算法的融合图像视觉效果并不占优。此外，NSCT 融合结果和 Curvelet 融合结果的信息熵波动范围很大。

同样地，6 组实验中各种融合算法的平均相关系数曲线图如图 3-31 所示。

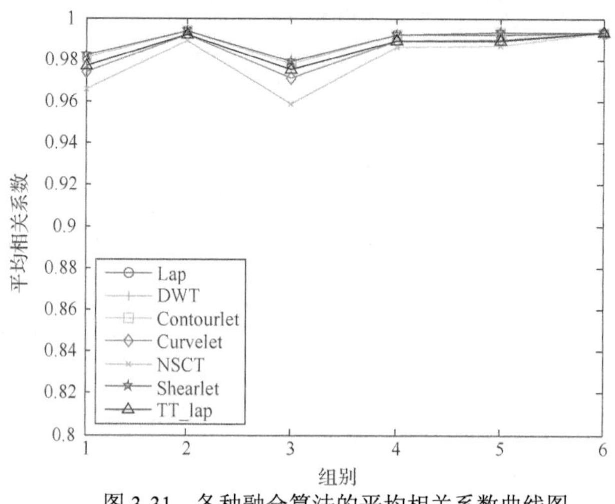

图 3-31　各种融合算法的平均相关系数曲线图

在图 3-31 中，本章算法融合结果的平均相关系数并不是最优的，但与最优值相差并不多，差值在 0.01 范围以内。NSCT 融合结果的平均相关系数波动范围相对较大。

6 组实验中，各种融合算法的标准差曲线图如图 3-32 所示。从图 3-32 可知，本章算法的标准差优于其他融合算法的结果，而且差距比较明显。Curvelet 融合结果的标准差波动范围很大。

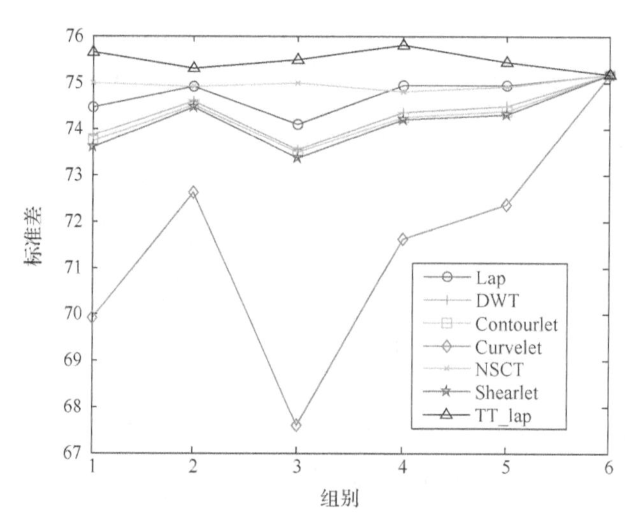

图 3-32　各种融合算法的标准差曲线图

6 组实验中，各种融合算法的联合熵曲线图如图 3-33 所示。

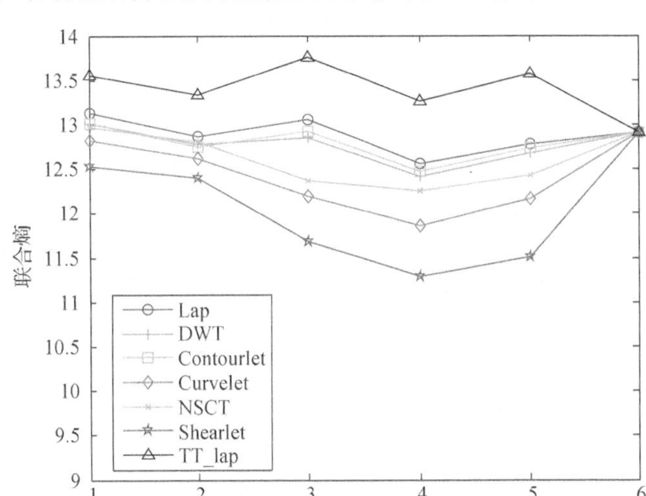

图 3-33　各种融合算法的联合熵曲线图

从图 3-33 中可以明显看出，本章算法的联合熵明显优于其他融合算法的结果。

通过以上实验可以看出，本章融合结果的标准差和联合熵都是最优的，信息熵仅一组不是最优值，但与最优结果相差不大。虽然本章算法的平均相关系数不能达到最优，但和其他融合算法的结果差异不大，差值仅在 0.01 范围内，可以认为与其他融合算法的效果几乎相当。所以综合考虑，本章算法的效果是最优的。

3.3.4　融合图像的台风中心定位结果

为了进一步说明本章提出融合算法的有效性，将用本章算法的融合云图进行台风中心定位，并与其他 6 种融合算法融合云图的台风中心定位结果进行对比。台风中心定位的算法参考文献[32]，该算法基于台风云图的分形特征和梯度信息找到台风的中心位置。对于云图，关键位置常常就是密闭云区。这是因为在台风的各个时期，台风中心位置一般都在密闭云区中。所以，首先需要找到云图中的密闭云区，对该区域进行图像处理，找到其显著的特点。针对图像灰度值较大、纹理规整的密闭云区，该算法采用图像的分形维数计算密闭云区的分形特点，并结合灰度-梯度共生矩阵提取云图的纹理特征。其中，分形维数用差分盒维数方法计算，灰度-梯度共生矩阵分别计算了图像的灰度和梯度值，并做归一化处理，进行综合统计。然后，根据算法提取的特征信息，找到符合台风中心的密闭云区，选用平均灰度、小梯度信息、梯度均匀性这 3 个特征向量和分形维数作为判断依据，不断缩小选中的台风中心范围。最后，根据梯度信息的大小在密闭云区内确定台风中心位置。一般来说，中心位置的梯度信息最丰富，特别是有眼台风。所以，如果密闭区域内有封闭曲线，那么该区域的中心为台风中心；如果密闭区域内没有封闭曲线，那么选取 9×9 大小的窗口对密闭云区分区计算，台风中心位置是纹理线交点最多的地方。经过实验测试和验证，该算法适用于对有眼台风和无眼台风进行台风中心的定位，并且都能有精度较高的定位结果。

本章用来测试台风中心定位的融合图像是已缩小范围的云系图像，首先截取 39×39 大小的包含台风中心信息的小区域融合云图，然后再用 9×9 大小的窗口遍历密闭云区，基于图像的梯度信息选出密闭云区中纹理线交点最多的窗口作为台风中心区域，再选取中心区域的几何中心作为台风中心。对第一组实验 2005 年 8 月 30 日 9 时 00 分台风“泰利”的红外 2 通道和水汽通道云图融合结果截取 39×39 大小的图像，如图 3-34 所示。

（a）Lap （b）DWT （c）Contourlet （d）Curvelet （e）NSCT （f）Shearlet （g）TT_lap

图 3-34 图 3-22 中台风“泰利”红外 2 通道和水汽通道云图融合结果的截取云图

这组台风云图是有眼台风，但从几幅融合结果的截图看来差异并不是很大。用文献[32]中的台风中心定位方法对图 3-34 中各种融合结果云图进行中心定位，然后用“*”号在 512×512 的融合结果图中标记中心定位的结果，用“+”号在 512×512 的融合结果图中标记参考值的位置，如图 3-35 所示。

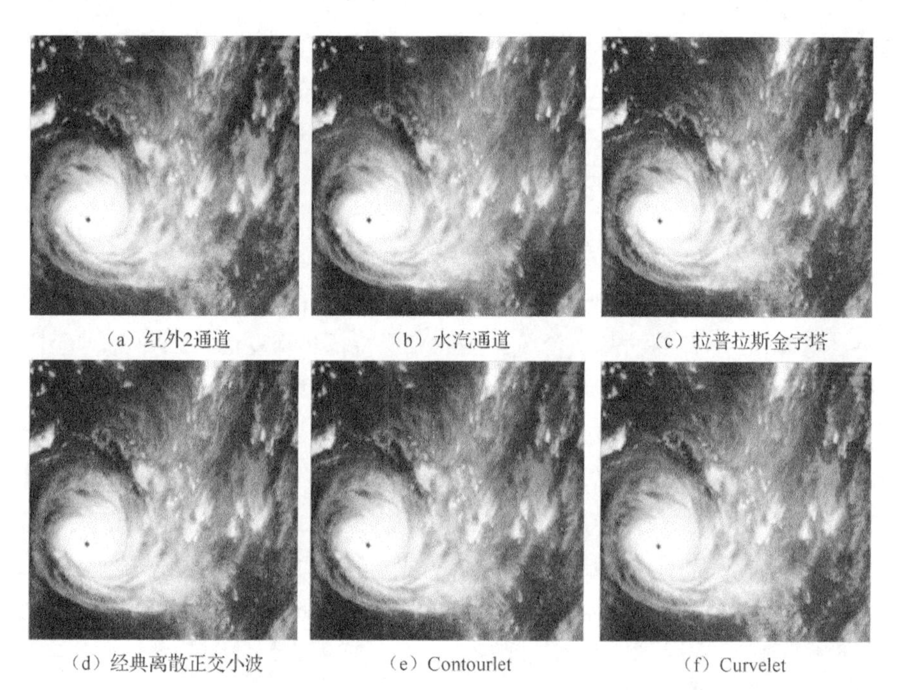

（a）红外2通道 （b）水汽通道 （c）拉普拉斯金字塔

（d）经典离散正交小波 （e）Contourlet （f）Curvelet

图 3-35 各种融合结果对台风“泰利”（2005 年 8 月 30 日 9 时 0 分）的中心定位结果

（g）NSCT

（h）Shearlet

（i）本章算法

图 3-35（续）

从图 3-35 中可以看出，各种融合算法的台风中心定位结果比较接近，肉眼无法判断最优的融合结果。考虑到全球各地每 1° 纬度的间隔长度大约为 111km，每 1° 经度的间隔长度也大约为 111km，我们根据台风中心定位的经纬度误差计算台风中心的距离误差。为了便于比较基于各类融合云图定位的精度，我们将中国气象局上海台风研究所编撰的《热带气旋年鉴》（最佳路径资料）中给出的台风中心位置作为参考台风中心位置。此外，现有的基于卫星云图的台风中心定位系统主要是使用单独红外通道的卫星云图或者是时间序列图像，因此我们把单独红外通道和水汽通道的台风中心定位结果作为对比。对 2005 年 8 月 30 日 9 时 0 分台风“泰利”红外 2 通道和水汽通道云图融合结果的台风中心定位误差比较如表 3-8 所示。

表 3-8　台风“泰利”红外 2 通道和水汽通道云图各种融合算法结果的中心定位误差比较

融合算法	北纬/（°）	东经/（°）	误差/km
红外 2 通道	21.69	128.27	18.90
水汽通道	21.69	128.27	18.90
拉普拉斯金字塔融合算法	21.69	128.27	18.90
经典离散正交小波融合算法	21.69	128.27	18.90
Contourlet 融合算法	21.69	128.27	18.90
Curvelet 融合算法	21.69	128.27	18.90
NSCT 融合算法	21.69	128.27	18.90
Shearlet 融合算法	21.69	128.27	18.90
本章算法	21.65	128.21	13.41
参考值	21.70	128.10	

从表 3-8 中可以看到，由于本组实验原图为有眼台风，台风中心附近图像比较清晰，特征明显，几组融合结果的台风中心定位值都相同。仅本章算法台风中心定位误差最小，为 13.41km，优于单独红外 2 通道、水汽通道及其他融合算法的中心定位结果。

对第二组实验 2008 年 9 月 23 日 12 时 0 分台风“黑格比”红外 1 通道和水汽通道云图的融合结果截取 39×39 大小的图像，如图 3-36 所示。

（a）Lap （b）DWT （c）Contourlet （d）Curvelet （e）NSCT （f）Shearlet （g）本章方法

图 3-36 图 3-24 中台风“黑格比”红外 1 通道和水汽通道云图融合结果的截取云图

在图 3-36 中，几幅融合结果的截图差异不大。用文献[8]中的台风中心定位方法对图 3-36 中各种融合结果云图进行中心定位，然后用“*”号在 512×512 的融合结果图中标记中心定位的结果，用“+”号在 512×512 的融合结果图中标记参考值的位置，如图 3-37 所示。

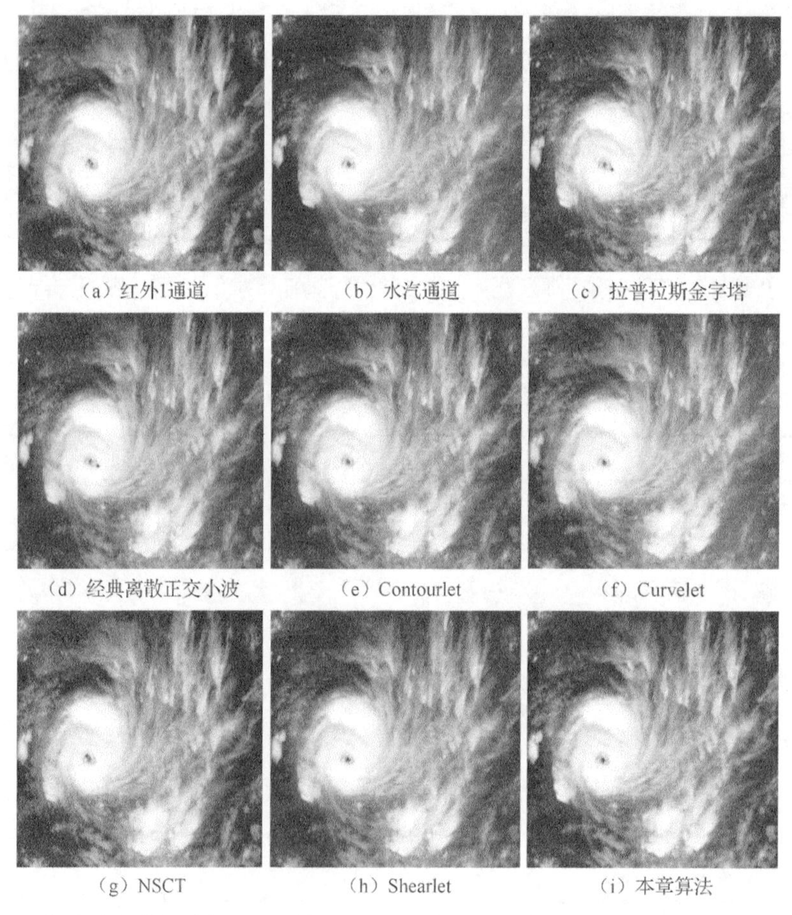

（a）红外1通道 （b）水汽通道 （c）拉普拉斯金字塔

（d）经典离散正交小波 （e）Contourlet （f）Curvelet

（g）NSCT （h）Shearlet （i）本章算法

图 3-37 各种融合结果对台风“黑格比”（2008 年 9 月 23 日 12 时 0 分）的中心定位结果

图 3-37 中各种融合算法的台风中心定位结果差异比较明显，单独红外 1 通道的台风中心定位有些偏，水汽通道的台风中心定位稍好些，拉普拉斯金字塔融合算法的台风中

心定位和经典离散正交小波融合算法的台风中心定位离台风眼比较远，NSCT 融合算法的台风中心定位和 Shearlet 融合算法的台风中心定位与台风眼还是有些误差，其他几组融合算法的定位结果较好。根据台风中心定位的经纬度误差计算台风中心的距离误差，2008 年 9 月 23 日 12 时 0 分 0814 号台风“黑格比”红外 1 通道和水汽通道云图融合结果的台风中心定位误差比较如表 3-9 所示。

表 3-9　台风“黑格比”红外 1 通道和水汽通道云图各种融合方法结果的中心定位误差比较

融合算法	北纬/（°）	东经/（°）	误差/km
红外 1 通道	20.89	113.63	43.98
水汽通道	20.53	114.05	18.37
拉普拉斯金字塔融合算法	19.89	114.35	93.31
经典离散正交小波融合算法	19.89	114.35	93.31
Contourlet 融合算法	20.49	113.99	15.78
Curvelet 融合算法	20.53	114.05	18.37
NSCT 融合算法	20.89	113.63	43.98
Shearlet 融合算法	20.49	113.99	15.78
本章算法	20.49	113.99	15.78
标准值	20.60	113.90	

从表 3-9 中可以看出，本章算法的台风中心定位误差为 15.78km，与 Shearlet 融合算法的台风中心定位误差相同，且明显优于单独红外 1 通道、水汽通道及其他融合算法的中心定位结果。

对第三组实验 2006 年 5 月 13 日 6 时 0 分台风“珍珠”红外 2 通道和水汽通道云图的融合结果截取 39×39 大小的图像，如图 3-38 所示。

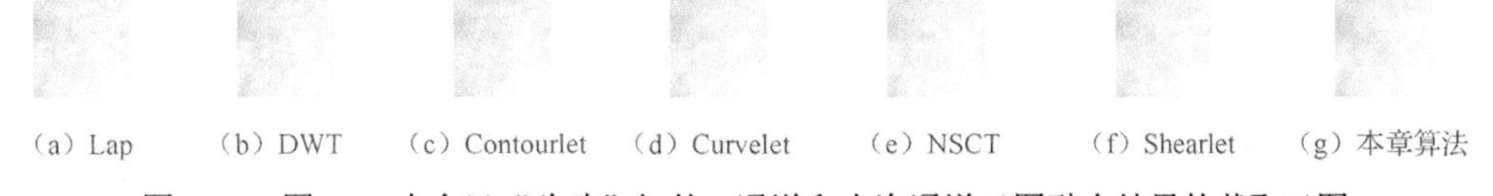

（a）Lap　（b）DWT　（c）Contourlet　（d）Curvelet　（e）NSCT　（f）Shearlet　（g）本章算法

图 3-38　图 3-26 中台风“珍珠”红外 2 通道和水汽通道云图融合结果的截取云图

从图 3-38 中可以看出，几幅融合结果的截图差异不大。用文献[32]中的台风中心定位方法对图 3-38 中各种融合结果云图进行中心定位，然后用“*”号在 512×512 大小的融合结果图中标记中心定位的结果，用“+”号在 512×512 大小的融合结果图中标记参考值的位置，如图 3-39 所示。

图 3-39 中各种融合算法的台风中心定位结果有所区别，融合原图中红外 2 通道的台风中心定位稍偏，水汽通道的台风中心定位比较靠近中心。拉普拉斯金字塔融合算法的台风中心定位和 Contourlet 融合算法的台风中心定位稍偏上方，Curvelet 融合算法的台风中心定位稍偏下方，经典离散正交小波融合算法的台风中心定位和 NSCT 融合算法的台

风中心定位稍偏左，Shearlet 融合算法的台风中心定位和本章算法的台风中心定位比较靠近中心。根据台风中心定位的经纬度误差计算台风中心的距离误差，2006 年 5 月 13 日 6 时 0 分 0814 号台风“珍珠”红外 2 通道和水汽通道云图融合结果的台风中心定位误差比较如表 3-10 所示。

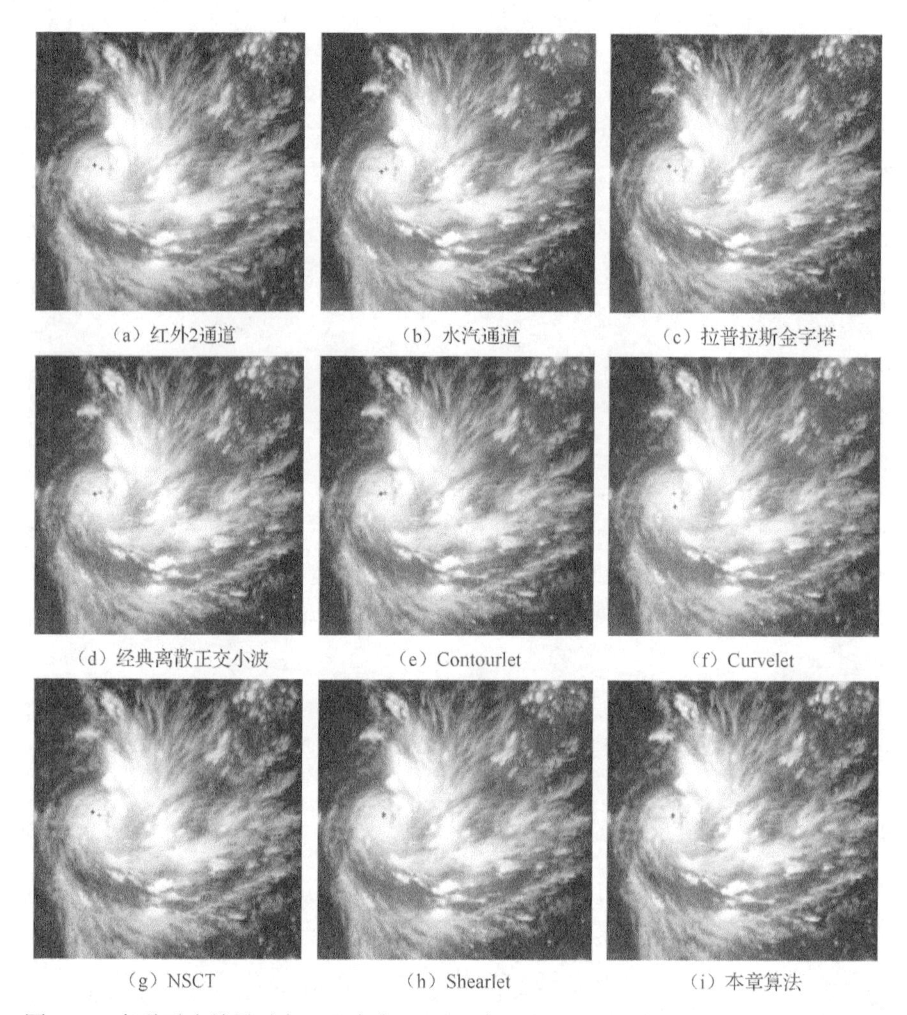

（a）红外2通道　（b）水汽通道　（c）拉普拉斯金字塔

（d）经典离散正交小波　（e）Contourlet　（f）Curvelet

（g）NSCT　（h）Shearlet　（i）本章算法

图 3-39　各种融合结果对台风“珍珠”（2006 年 5 月 13 日 6 时 0 分）的中心定位结果

表 3-10　台风“珍珠”红外 2 通道和水汽通道云图各种融合方法结果的中心定位误差比较

融合算法	北纬/（°）	东经/（°）	误差/km
红外 2 通道	14.51	119.25	73.18
水汽通道	14.33	119.77	56.36
拉普拉斯金字塔融合算法	14.47	119.15	74.25

续表

融合算法	北纬/（°）	东经/（°）	误差/km
经典离散正交小波融合算法	14.43	119.69	62.50
Contourlet 融合算法	14.29	119.63	45.63
Curvelet 融合算法	13.83	120.67	130.10
NSCT 融合算法	14.51	119.25	73.18
Shearlet 融合算法	13.85	119.29	23.96
本章算法	13.85	119.29	23.96
标准值	13.90	119.50	

在表 3-10 中，本章算法的台风中心定位误差为 23.96km，和 Shearlet 融合算法的台风中心定位误差相同，且明显优于红外 2 通道、水汽通道及其他融合算法的中心定位结果，效果最优。

对第四组实验 2007 年 9 月 17 日 0 时 0 分台风“韦帕”红外 1 通道和水汽通道云图的融合结果截取 39×39 大小的图像如图 3-40 所示。

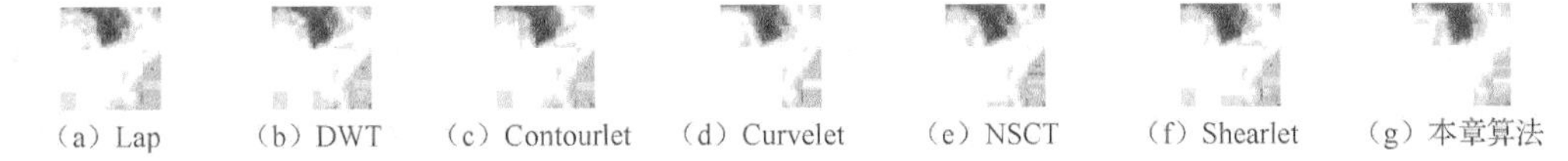
（a）Lap　（b）DWT　（c）Contourlet　（d）Curvelet　（e）NSCT　（f）Shearlet　（g）本章算法

图 3-40　图 3-28 中台风“韦帕”红外 1 通道和水汽通道云图融合结果的截取云图

这组台风云图是无眼的，图像灰度值比较大，但几幅融合结果的截图差异并不是很大。用文献[32]中的台风中心定位方法对图 3-40 中各种融合云图进行中心定位，然后用“*”号在 512×512 的融合结果图中标记中心定位的结果，用“+”号在 512×512 的融合结果图中标记参考值的位置，如图 3-41 所示。

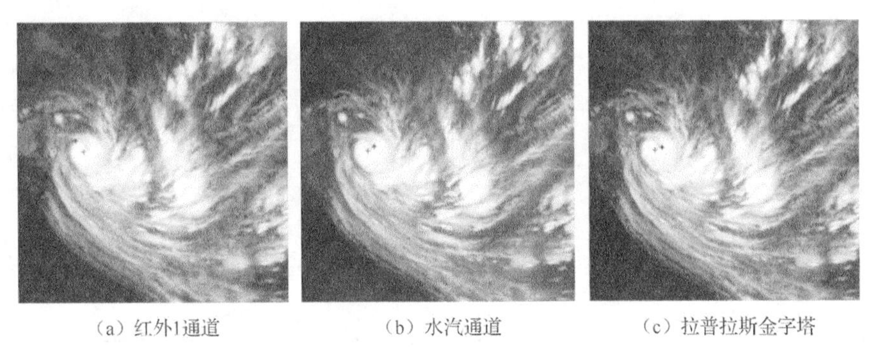
（a）红外1通道　（b）水汽通道　（c）拉普拉斯金字塔

图 3-41　各种融合结果对台风“韦帕”（2007 年 9 月 17 日 0 时 0 分）的中心定位结果

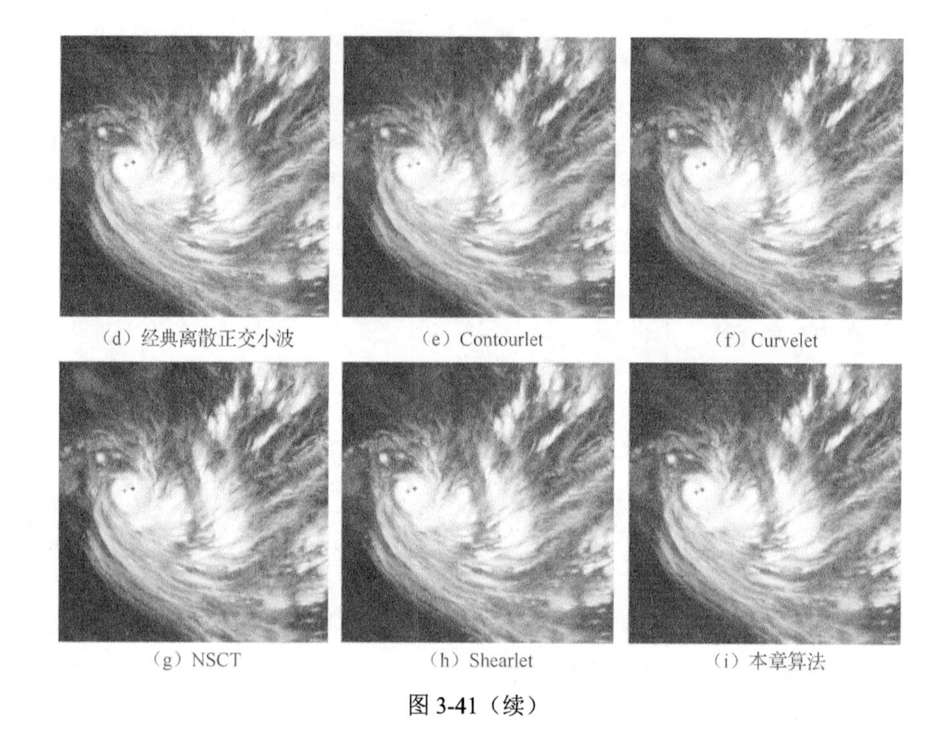

(d) 经典离散正交小波　(e) Contourlet　(f) Curvelet

(g) NSCT　(h) Shearlet　(i) 本章算法

图 3-41（续）

根据台风中心定位的经纬度误差计算台风中心的距离误差，2007 年 9 月 17 日 0 时 0 分台风“韦帕”红外 1 通道和水汽通道云图融合结果的台风中心定位误差比较如表 3-11 所示。

表 3-11　台风“韦帕”的红外 1 通道和水汽通道云图各种融合方法结果的中心定位误差比较

融合算法	北纬/（°）	东经/（°）	误差/km
红外 1 通道	23.15	126.73	136.10
水汽通道	21.77	127.11	95.81
拉普拉斯金字塔融合算法	21.73	127.27	88.37
经典离散正交小波融合算法	21.67	127.27	94.04
Contourlet 融合算法	21.57	127.31	101.79
Curvelet 融合算法	21.73	127.27	88.37
NSCT 融合算法	21.57	127.31	101.79
Shearlet 融合算法	21.77	127.29	83.43
本章算法	21.83	127.35	74.25
标准值	22.40	127.70	

图 3-41 中各种融合算法的台风中心定位结果有所不同，融合原图中红外 2 通道的台风中心定位离中心比较远，水汽通道的台风中心定位稍好些，但还是略偏离中心。拉普

拉斯金字塔融合算法的台风中心定位和水汽通道的台风中心定位位置相似，都稍偏上。Curvelet 融合算法的台风中心定位稍偏下方，NSCT 融合算法的台风中心定位明显偏上。其余融合算法的台风中心定位都稍偏右方。根据表 3-11 中的数据可以看出，本章算法的台风中心误差为 74.25km，明显优于红外 1 通道、水汽通道及其他融合方法的中心定位结果，效果最优。

综上所述，本章算法的中心定位误差较小，对有眼和无眼台风都适用，误差范围在 100km 以下，特别是有眼台风的中心定位误差在 20km 以下，有较高的定位精度。

为了进一步说明本章算法的有效性，下面分析本章算法的计算复杂度。本章图像融合算法是在 MATLAB R2009a 软件中运行的，软件运行在处理器为英特尔酷睿 2 四核 Q9400 @ 2.66GHz，内存为 2GB（金士顿 DDR3 1333MHz），操作系统为 Windows XP 专业版 32 位 SP3（DirectX 9.0c）的戴尔 OptiPlex 780 台式计算机上。此处对各种融合算法的运行时间进行度量，用第二组实验图像做测试，各种融合算法的运行时间如表 3-12 所示。

表 3-12　各种融合算法的运行时间

融合算法	Lap	DWT	Contourlet	Curvelet	NSCT	Shearlet	本章算法
运行时间/s	0.1733	0.5535	38.5393	15.5433	251.3623	41.9460	17.6950

从表 3-12 中可以看出，除了基于拉普拉斯金字塔的图像融合算法和经典离散正交小波的图像融合算法运行时间比较短外，本章提出的图像融合算法和 Curvelet 图像融合算法的运行时间相当，比 Contourlet 图像融合算法、NSCT 图像融合算法和 Shearlet 图像融合算法所用的时间都少。因此，本章提出的融合算法的计算复杂度低，且能得到较好的融合效果。

3.3.5　结论

本章将 Tetrolet 变换引入图像融合领域，针对卫星云图多通道云图融合提出一种有效的图像融合算法。由于 Tetrolet 变换根据子块图像的几何特征选择最优的拼板覆盖方案，Tetrolet 变换的结果具有较优的图像边缘和方向纹理等特征。本章算法通过与拉普拉斯金字塔图像融合算法、经典离散正交小波图像融合算法、Contourlet 图像融合算法、Curvelet 图像融合算法、NSCT 图像融合算法和 Shearlet 图像融合算法的融合结果进行对比，证明本章算法具有较优的信息熵、标准差及联合熵，融合图像视觉效果好，能清晰地保留台风眼和云系细节信息，且利用融合结果进行台风中心定位的精度较高，适用于有眼和无眼台风，所以本章提出的基于 Tetrolet 变换的多通道卫星云图融合结果的综合效果是最好的。

Tetrolet 变换的块区域使用 Haar 小波作为功能函数，由于 Haar 小波基是非连续函数，会造成不平滑，因此 Tetrolet 变换后的图像结果还是有一些方块效应。基于 Tetrolet 变换的图像融合方法还有一定的改进空间，使用适当的算法消除由 Tetrolet 变换产生的方块效应，便于得到更好的融合结果，以进一步提高台风中心定位的精度。

参 考 文 献

[1] 王鲲鹏，徐一丹，于起峰. 红外与可见光图像配准方法分类及现状[J]. 红外技术，2009，31（5）：270-274.

[2] PLUIM J B, MAINTZ J, VIERGEVER M A. Mutual-Information-Based Registration of Medical Images[J]. IEEE Transactions on Medical Imaging, 2003, 22(8): 986-1004.

[3] 董卫军，樊养余，刘晓宁，等. 基于小波不变矩的医学图像配准技术研究[J]. 计算机科学，2008，35（7）：234-236.

[4] 曹闻，李弼程，邓子建. 一种基于小波变换的图像配准方法[J]. 测绘通报，2004（2）：16-19.

[5] AWRANGJEB M, LU G J. An improved curvature scale-space corner detector and a robust corner matching approach for transformed image identification[J]. IEEE Transactions on Image Processing, 2008, 17(12): 2425-2441.

[6] TUO H Y, JING Z L, LIU Y C. Remote sensing image matching based on corner structures[C]//Proceeding of the Fourth International Conference on Image and Graphics, 2007: 758-763.

[7] LKAABI E. Iterative corner extraction and matching for mosaic construction[C]//Proceeding of the Second Canadian Conference on Computer and Robot ViSion, Canadian, 2009: 48-56.

[8] MOKHTARIAN F, SUOMELA I. Robust image corner detection through curvature scale space[J]. IEEE Transactions on Pattern Analysis and Machine Intelligence, 1998, 20(12): 1376-1381.

[9] BELONGIE S, MALIK J, PUZICHA J. Shape matching and object recognition using shape contexts[J]. IEEE Transactions on Pattern Analysis and Machine Intelligence, 2002, 24(4): 509-522.

[10] 朱松立，戴礼荣，宋彦，等. 基于角点特征值和视差梯度约束的角点匹配[J]. 计算机工程与应用，2005，41（34）：62-64.

[11] SEO J S, YOO C D. Image watermarking based on invariant regions of scale-space representation[J]. IEEE Transactions on Signal Processing, 2006, 54(4): 1537-1549.

[12] 冯晓伟，田裕鹏. 基于形状内容描述子的点特征匹配[J]. 光电工程，2007，35（3）：109-116.

[13] 张建科，王晓智，刘三阳，等. 求解非线性方程及方程组的粒子群算法[J]. 计算机工程与应用，2006，42（7）：56-58.

[14] 张红颖，孙毅刚. 基于改进微粒群优化算法的互信息医学图像配准[J]. 中国民航大学学报，2009，27（1）：4-7.

[15] 龙祖利，宋京燕. 基于角点检测法的图像配准[J]. 网络与信息技术，2007，26（5）：57-59.

[16] HARRIS, HURRAY J R, HIROSE T. HIS transformation for the integration of radar imagery with other remotely sensed data[J]. Photogrammetry Engineering and Remote Sensing, 1990, 56（12）: 87-93.

[17] CHAVEZ P S, SIDES S C, ANDERSON J A. Comparison of there different methods to merge multi-resolution and multi-spectral data: Landsat TM and SPOT panchromatic[J]. Photogrammetry Engineering and Remote Sensing, 1991, 57(3): 295-303.

[18] BONMASSAR G, SCHWARTZ E L. Improved cross-correlation for template matching on the laplacian pyramid[J]. Pattern Recognition Letters, 1998(19): 765-770.

[19] FLOUZAT G, AMRAM O, LAPORTERIE F, et al. Multi-resolution analysis and reconstruction by a morphological pyramid in the remote sensing of terrestrial surfaces[J]. Signal Processing, 2001(81): 2171-2185.

[20] TOET A, VAN-RUYVEN L J, VALETON J M. Merging thermal and visual images by a contrast pyramid[J]. Optical Engineering, 1989, 28(7): 789-792.

[21] 郭雷，李辉辉，鲍永生. 图像融合[M]. 北京：电子工业出版社，2008.

[22] DA-CUNHA A L, ZHOU J P, DO M N. The nonsubsampled contourlet transform: theory, design, and applications[J]. IEEE Transactions on Image Processing, 2006, 15(10): 3089-3101.

[23] BAMBERGER R H, SMITH M J T. A filter bank for the directional decomposition of images: theory and design[J]. IEEE Transactions on Signal Processing, 1992, 40(4): 882-893.

[24] OWENS R. Feature detection via phase congruency[D]. Perth: The University of Western Australia, 1996.

[25] VENKATESH S, OWENS R. An energy feature detection scheme[C]. The International Conference on Image Processing, Singapore, 1989: 553-557.

[26] 黄光华，倪国强，张彬. 一种基于视觉阈值特性的图像融合方法[J]. 北京理工大学学报，2006，26（10）：907-911.

[27] 徐进伟. 基于小波变换的数字图像融合研究[D]. 成都：成都理工大学，2012.

[28] MIAO Q G, WANG B S. A novel image fusion method using contourlet transform[C]//Proceeding of International Conference on Communications, Circuits and Systems Proceedings, 2006: 548-552.

[29] LI S T, YANG B. Multifocus image fusion by combining curvelet and wavelet transform[J]. Pattern Recognition Letters, 2008, 29(9): 1295-1301.

[30] LU J, ZHANG C J, HU M, et al. NonSubsampled contourlet transform combined with energy entropy for remote sensing image fusion[C]//Proceeding of International Conference on Artificial Intelligence and Computation Intelligence, 2009: 530-534.

[31] MIAO Q G, SHI C, XU P F, et al. A novel algorithm of image fusion using shearlets[J]. Optics Communications, 2011, 284(6): 1540-1547.

[32] 鲁娟. 基于多通道卫星云图的台风中心定位方法研究[D]. 杭州：浙江师范大学，2010.

第 4 章　热带气旋主体云系提取

4.1　基于边界特征的热带气旋云系自动识别

卫星云图中台风云系的识别具有一定的难度，而台风云系正确识别是准确预报台风的前提。本章综合运用分形几何、灰度共生矩阵、计算机图形学及台风主体云系的旋转特性自动识别卫星云图中的台风主体云系。

4.1.1　台风云系识别分割现状

对于台风云系的识别主要集中于利用台风云图的灰度、纹理和统计特征，借助神经网络、模糊技术和分形几何等数学工具。目前，国内外对台风图像进行识别分割一般采用如下 4 种方法。

（1）利用数学形态学的识别分割[1-3]。利用数学形态学的膨胀和腐蚀、开操作和闭操作、区域填充、骨架化等基本运算把台风的结构从卫星云图中识别分割出来。例如，于波等[1]利用数学形态学方法对台风云系进行区域分割，统计台风云系纹理特征的概率密度，结合模糊判别技术，用 BP 神经网络对 GMS 云图的台风云系进行识别；刘正光等[2]运用数学形态学处理云系边缘与骨架，勾画出云系的形态、拓扑形状，处理与识别涡旋云系。

（2）利用台风云系本身特征来进行识别分割[4-7]。目前，主要利用台风云系的面积、类圆度、纹理特征等特征从卫星云图中识别分割出台风的密闭云区。例如，刘凯等[4]基于卫星云图一般具有较复杂的背景，采用迭代模型并结合台风云系面积较大的特征把台风云系从复杂背景中提取出来；利用分形维数和 3 个灰度-梯度共生矩阵的二次统计特征参数，提取气象卫星云图中台风密闭云区等目标的纹理特征，研究台风自动识别[5]。

（3）基于多阈值与神经网络、模糊聚类等方法的台风识别分割。多阈值即考虑卫星云图上可能存在的各种云系不同的灰度值，用各个阈值分割卫星云图，确定台风云系的灰度值范围，从而确定台风云系的分割阈值，通过神经网络或者 SVM 等训练方法，识别分割出台风云系；也可根据台风本身特征，通过模糊聚类方法，进而识别出台风。师春香等[8]采用多阈值和人工神经网络相结合的方法，自动分割出包括台风在内的热带气旋、积云、低云等 16 类云区的边界链码、周长、起始点、面积、云类型等；李俊等[9]将模糊聚类方法等用于台风云图的自动识别。

（4）其他方法。李艳兵等[10]用阈值分割云图，分开各个主要云块后用圆形可变形模型作用于这些云块，根据云块形状参数确定云块类型；薛俊韬等[11]采用 Mallat 快速小波变换算法，平滑和增强处理红外通道的气象卫星云图，将卫星云图中感兴趣的云系边缘提取出来，保留云系边缘的细节，得到了能够较好描述台风云系的形态特征和细节信息的云系边缘，为进一步的台风云系分割研究开辟了新的途径。

4.1.2　台风云系特征

从卫星云图来看，台风云系对应的图像相较于非台风云系、地面和海平面对应的子图像，常常具有较大的面积、较高的灰度均值、分布集中的像素、较好的类圆性、光滑的纹理等主要特点，并且台风活动范围有限，只在特定几个区域出现。根据上述台风云系特点，可以区别台风云系与一些非台风云系，进而实现台风云系的自动识别。

1）面积

面积特征是所有云系大小和变化的直观描述，台风云系更是具有相对较大的面积特征。在云系图像中，设 $f(x,y)$ 为坐标点 (x,y) 的灰度值，v 为预分割阈值，则云系的面积大小定义为

$$S=\sum_{x}\sum_{y}f(x,y) \tag{4-1}$$

其中，当 $f(x,y)\geqslant v$ 时，$f(x,y)=1$；当 $f(x,y)<v$ 时，$f(x,y)=0$。

计算台风云系的面积，实际上是统计台风云系对应的子图像中灰度值大于分割阈值的像素点个数。台风是一种较大的天气系统，台风云系在气象卫星云图中的面积一般都比较大，有的台风发展到最强盛时，直径可达 2000km，而弱小的台风直径也有几百千米。

2）灰度均值

直观上，灰度均值反映了图像中整体的像素点的明暗程度。实际上，在卫星红外通道图像上，其体现的是云图中的温度高低；只有在可见光通道上，灰度均值体现的才是亮度情况。地表、海表、各云系垂直方向的高度不同，因此吸收光线也不同。另外，不同物体对光线辐射系数也不同，各云系中气团内部空气垂直运动也不尽相同，在卫星云图中，地表、海表、各云系就表现为不同的灰度等级（温度范围）。子图像的平均灰度

值特征 G 定义为

$$G=\frac{\sum_{i'=1}^{n} g_{i'}}{S} \tag{4-2}$$

式中，$g_{i'}(1\leqslant i'\leqslant n)$ 为子图像像素点 i' 的灰度值；S 为子图像的面积。

在卫星云图中，台风云系对应子图像的灰度均值往往较高。例如，在 FY-2C 气象卫星云图中的红外 1 通道兰勃托原始投影云图中，台风云系的灰度均值一般大于 200。

3）像素分布

台风是由热带洋面上气旋性扰动发展而成的，是一个“有组织”的整体。这种气旋性扰动是冷性的，扰动中心比四周冷，整个系统不容易发展，需要消耗能量维持系统。产生在热带洋面上的热带扰动只有不足 10%能继续发展成台风。热带扰动能发展成台风需要低空有强的辐射，高空有明显的辐射，对流层风速的垂直切变小。在这些复杂因素的共同作用下，台风云系在气象卫星云图中的像素分布也就很集中。台风中的密闭云区像素分布更是体现了台风像素分布集中的特点。

4）类圆度

在热带洋面上的气旋性扰动发展成台风的过程中，云区内出现涡旋结构，并且越来越明显，云系色调变白，云区内卷云面积扩大，气旋性扰动四周的卷云边界越来越光滑。反映在卫星云图上，也表现为台风云系的类圆度（圆形度）越来越好。类圆度公式可定义为

$$Y=\frac{4\pi S}{L^2} \tag{4-3}$$

式中，S 为云系面积；L 为云系的周长。

5）纹理

纹理是物体表面颜色或者灰度信息的相对变化，这种变化一般都是重复的，体现物体自身的某种特征，根据纹理特征能识别许多物体。卫星云图中的云类一般都具有丰富的纹理信息。由于生成云的大气环流、云内气流、水汽含量等的差异，导致云的形态、密度、云顶高度的不同，在云图上反映出色调、分布及纹理的多样性。台风云系本身是一个结构十分特殊的、运动异常强烈、“组织性强”的旋转体，我们可以在卫星云图上观察到台风具有较光滑的纹理。

6）活动范围

根据引言的叙述可知，放眼全球，海水温度比较高，具备产生台风所需条件的海域主要是菲律宾以东的海洋、我国南海、西印度群岛及澳大利亚东海岸等，并且影响我国的台风主要产生于西北太平洋广阔的热带洋面上。西北太平洋上热带扰动加强发展为台风的初始位置，通常集中在菲律宾群岛以东和琉球群岛附近海面、南海中北部海面、马

里亚纳群岛附近海面、马绍尔群岛附近海面。这些区域的经度和纬度都相对集中：经度跨度主要在东经 100°～170°，纬度跨度主要在 0°～35°。台风一旦离开海洋进入内陆，就缺少海水潜热能量的供给，维持不了多久，很快会消散。相对于整个地球来说，台风活动范围相当有限。

FY-2C 气象卫星所提供的 5 个通道的云图，不仅包括上述 4 个区域的主体部分，还包括中国大陆主体、中亚大陆、俄罗斯远东区域及印度洋区域。这些区域大部分是陆地区域，少部分为海洋区域。若利用卫星云图对台风进行处理，可以根据台风有限的活动范围大大减小处理计算量。

4.1.3　基于纹理与旋转特征的台风云系识别

台风云系在不同阶段表现出不同的纹理、形状等特征，因此基于某一特定特征的识别方法在识别不同阶段的台风上表现出较大的局限性。本章基于台风无论是在生成期、成熟期还是消亡期都具有螺旋性的特征，挖掘台风云系边界信息，统计单幅云图中云系的旋转程度，将旋转程度作为台风的特征值之一，又用分形维数及灰度-梯度共生矩阵提取台风密闭云区纹理信息。运用 Bezier 直方图曲率曲线两次确定分割阈值，迭代分割卫星云图，结合台风的旋转、纹理、面积和形状等几何特性，识别卫星云图中的台风云系，实验表明该方法对台风云系有较高的识别率。

1. Bezier 直方图与 Bezier 直方图曲率

1962 年，法国雷诺汽车公司的贝塞尔（P.E. Bezier）构造了一种以逼近为基础的参数曲线，即 Bezier 曲线。它具有良好的几何性质，能很好地描述自由曲线。本章利用 Bezier 曲线趋于特征多边形的形状整体逼近特性实现对图像直方图平滑的目的，然后基于 Bezier 曲线求出曲率曲线[12]，根据曲率曲线的峰谷点对应于直方图曲线上的不同位置，确定图像的分割阈值。

若图像被量化成 L 个灰度级，在灰度直方图中各个控制点的位置表示为 $\boldsymbol{p}_k=(x_k,y_k)$，$k=0,1,2,\cdots,L-1$。位置矢量 $\boldsymbol{P}(t)$ 可以用这 L 个控制点确定：

$$\boldsymbol{P}(t)=\sum_{k=0}^{L-1}\boldsymbol{p}_k B_{k,L-1}(t) \tag{4-4}$$

式中，$0\leqslant t\leqslant 1$，$\boldsymbol{P}(t)$ 就是 $L-1$ 次的 Bezier 曲线，$B_{k,L-1}(t)$ 是 Bezier 曲线上各点位置矢量的调和函数，是 Bernstein 基函数，即

$$B_{k,L-1}(t)=C(L-1,k)t^k(1-t)^{L-k-1} \tag{4-5}$$

其中，

$$C(L-1,k)=\frac{(L-1)!}{k!(L-k-1)!} \tag{4-6}$$

Bezier 曲线具有凸包性、几何不变性、变差缩减性等重要的特性，曲线上各点均落在 Bezier 特征多边形所构成的凸包中，而且 Bezier 曲线比特征多边形的波动还小，用 Bezier 曲线平滑图像直方图曲线能较好地逼近特征曲线，并且 Bezier 曲线的特性也确保了直方图平滑后不会产生不稳定的振荡，能去掉直方图中一些因为噪声污染而产生的毛刺。综观上述特点，用 Bezier 曲线平滑图像直方图能真实地反映原始图像的灰度分布情况。

Bezier 曲线的两个位置坐标的参数方程可以用式（4-7）和式（4-8）表示：

$$x(t)=\sum_{k=0}^{L-1}x_k B_{k,L-1}(t) \tag{4-7}$$

$$y(t)=\sum_{k=0}^{L-1}y_k B_{k,L-1}(t) \tag{4-8}$$

则由参数方程表示的 Bezier 直方图在每一个控制点处的曲率 $\mathrm{Cur}(t)$ 可利用下式求解：

$$\mathrm{Cur}(t)=\frac{x'(t)y''(t)-y'(t)x''(t)}{(x'(t)^2+y'(t)^2)^{3/2}} \tag{4-9}$$

式中用到的一阶导数 $x'(t)$，$y'(t)$ 和二阶导数 $x''(t)$，$y''(t)$ 可以利用以下的差分方程来求解：

$$\begin{cases} x'(t)=1/2[x(t+1)-x(t-1)] \\ y'(t)=1/2[y(t+1)-y(t-1)] \end{cases} \tag{4-10}$$

$$\begin{cases} x''(t)=x(t+1)-2x(t)+x(t-1) \\ y''(t)=y(t+1)-2y(t)+y(t-1) \end{cases} \tag{4-11}$$

Bezier 直方图曲率曲线的峰点对应着直方图曲线转折剧烈处，实验证明以其中的某个峰点对应的灰度值为阈值能分开不同区域，因此可以用 Bezier 直方图曲率来确定分割阈值。

2. 旋转特征的提取

台风云系从热带扰动发展而来，无论是形状还是纹理，都一直在发展变化着，不能仅仅以某一个或几个纹理、形状特征来识别台风云系；另外，台风云系无论是在发展期、成熟期还是消亡期都具有涡旋和旋转特性。因此，旋转特性是区别台风与非台风云系的重要特征之一。云导风能描述台风的旋转特性，但是直接将其用于从卫星云图中识别台风有如下问题：连续时段的多幅云图才能描绘出云导风，在单幅云图台风云系的识别上不适用；即使云导风图描绘出来了，如何自动判断旋转仍然是个大问题。本章试图从单幅云图上提取出台风的旋转特征。

单幅云图中旋转信息体现在台风云系边缘上，如图 4-1（a）所示，这是一幅 2007 年 8 月 16 日 8 时台风“圣帕”的主体云系截取图。从单幅图像中可以看出台风边缘云系也绕着中心转，这些边缘云系与密闭云区之间的夹角沿逆时针计算的话绝大多数都是锐角，综观发生在各个时期的台风，结合台风云图的涡旋性，可知统计出台风云系边缘的凸点与主体的夹角就能大致表示出台风的旋转程度。普通云系涡旋性很差，因此这一准则可以区分台风云系和其他大部分的非台风云系。其具体计算方法如下。

（1）对云系二值化，去掉断开的散云，填充密闭区域的空洞，避免检测出云系内部边缘角点。

（2）用 Harris 算法检测云系边缘上的角点，即在每个像素点计算 2×2 自相关矩阵：

$$\boldsymbol{A}_1 = w * \left|(\nabla \boldsymbol{I})(\nabla \boldsymbol{I})^{\mathrm{T}}\right| \tag{4-12}$$

$$H_1 = \det(\boldsymbol{A}_1) - 0.04 \times (\mathrm{tr}(\boldsymbol{A}_1))^2 \tag{4-13}$$

式中，w 为高斯平滑模板，若 H_1 足够大，就把该像素检测为角点。

（3）求出云系边缘的凹点与凸点。方法如下：计算出云系质心 a，将上步中得到的角点按逆时针顺序排列，得到逆时针角点序列 J_i（$i=1,2,\cdots,n'$，n' 为角点的个数）。计算出各个角点与质心的距离 d_i，由式（4-14）得到相邻距离间的差值 Δd_i：

$$\Delta d_i = \begin{cases} d_i - d_{i-1}, & 2 \leqslant i \leqslant n' \\ d_i - d_{n'}, & i = 1 \end{cases} \tag{4-14}$$

检测出 Δd_i（$i=1,2,\cdots,n'$）的跳变点。若 Δd_i 从正跳变到负，则将点 i 存为凹点；若 Δd_i 从负跳变到正，则将点 i 存为凸点。上述过程可以用图 4-1（b）、（c）进行说明。仍以图 4-1（a）中的台风云系为例，图 4-1（b）中红点是用 Harris 算法检测出的边缘角点，蓝色的*点是该云系的质心，结合云系质心点与边缘角点及区域的连通性可以大致确定图像边缘凹凸点，如图 4-1（c）所示。

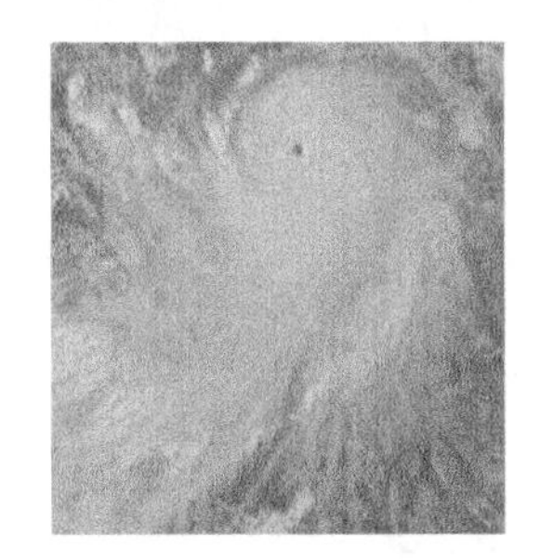

（a）截取的台风云图

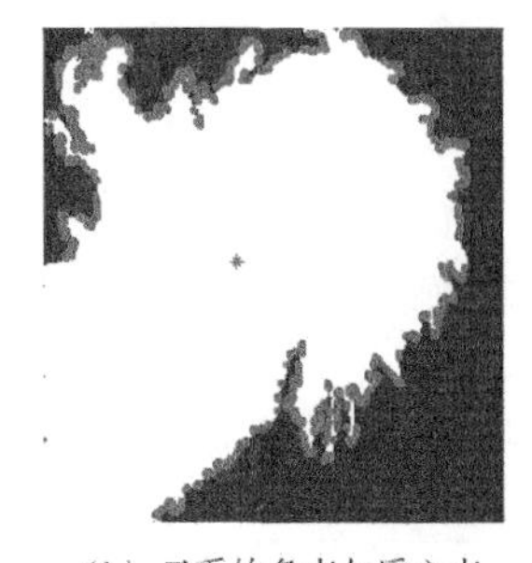

（b）云系的角点与质心点

（c）云系的凹凸点

图 4-1　单幅云图上的旋转信息彩

图 4-1

（4）计算凸点与主体云系的夹角。以相邻两凹点为端点画有向线段 $\overrightarrow{AB}$（A、B 按逆时针顺序排列），求出 $\overrightarrow{AB}$ 的中点 C 的坐标，连接夹在 A、B 两凹点间的凸点 D 与中点 C，

做直线 DC，计算 DC 与 $\overrightarrow{AB}$ 的夹角 θ_i。

（5）统计所有的夹角中锐角所占的比例，称该比例为旋转程度 Z_z，若旋转程度超过80%就可以将该云系判断成具有旋转特性的云系，北半球的台风识别以锐角来计算旋转程度，南半球的台风识别则以钝角来计算旋转程度（卫星云图中包含纬度信息，所以根据云图能够自动识别出南北半球）。

理论上是全为锐角或全为钝角才能判断成具有旋转特性的云系，但由于云图的二值化处理会造成部分边缘缺失或不完整，判断凹凸点时也有部分误差，所以本章以80%作为判断的界限。

3. 台风主体云系自动识别过程

本章基于台风旋转特性及类圆度、面积等特征自动识别分割台风主体云系。由于云系为一极度不规则的几何体，其边缘细节可能过多，这时会使边缘周长 L 过大，从而导致类圆度较高但边缘细节过多的云系 Y 值过小。本章利用台风云系面积较大的特征，将判定准则改进为类圆度与面积的乘积：

$$K_k = Y \times S^{1.8} \tag{4-15}$$

综合上述台风面积、类圆度、旋转特性等特征量，构造式（4-16）用于识别台风云系。利用式（4-17）计算二值化后的台风云图中各个区域的 TP 值，TP 值最大的区域即台风云系所在的区域。

$$R = \begin{cases} Z_z, & Z_z > 80\% \\ 0, & Z_z \leqslant 80\% \end{cases} \tag{4-16}$$

$$\mathrm{TP} = K_k \times R \tag{4-17}$$

本章算法流程如图 4-2 所示。

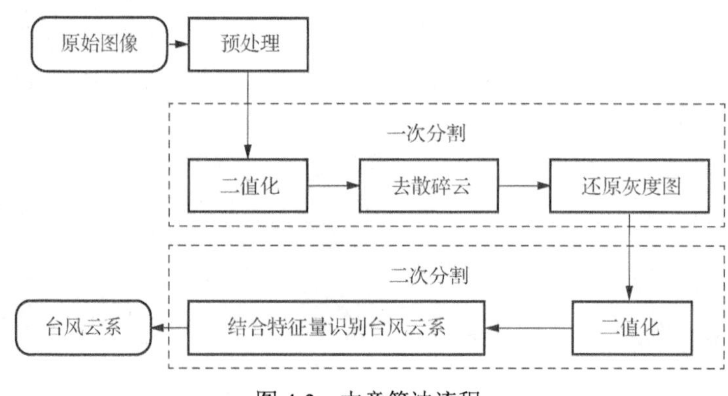

图 4-2　本章算法流程

1）云图预处理

预处理包括以下 3 个步骤。

（1）截取特定区域卫星云图。FY-2C 得到的是全球范围的云图，如果直接用于本章的处理，计算量会很大。基于台风活动区域较小，本次试验从原始图像中截取西北太平洋台风活动区域（大小为 800×800）进行处理。

（2）融合多通道的卫星云图。为了充分利用多通道卫星云图的有用信息，综合各个通道云图的优势，进而得到台风云系的完整信息，我们在卫星云图融合方面已经做了大量的前期工作。本章用第 2 章提出的方法得到融合后的云图。

（3）增强云图。为提高后续处理中二值化阈值选取的自适应性，需要对融合后的云图进行增强处理[13]。考虑到 Symmlet 系列小波具有近似对称性，取 Sym4 进行二层分解，增强各个方向的高频细节。对细节增强后的云图进行分段线性拉伸。

2）云图二次分割

FY-2C 图像经预处理后需要分割得到各个独立云系，一次分割往往不能很好地分开各个云系，本章中采用二次分割法来分离各云系。根据前述内容，第一次分割阈值按下式得到：

$$T_1 = (P_1(\mathrm{int}(0.6 \times k_1)) + P_1(\mathrm{int}(0.7 \times k_1)))/2 \tag{4-18}$$

式中，k_1 是一次分割前 Bezier 直方图曲率曲线的峰值点个数；int 表示取整数；$P_1(k_1)$ 是此时 Bezier 直方图曲率曲线上第 k_1 点的峰值对应的灰度值。一次分割选取一个粗糙的阈值，仅用面积特征判断，去除部分背景及面积较小的独立云系，而后恢复成灰度图像，进行二次分割。重新计算一次分割后图像的 Bezier 直方图曲率曲线。综合考虑阈值能否较好地区分云系与背景，断开云系之间的连接及云系信息保留的完整度，最终选定第二次分割阈值，如式（4-19）所示：

$$T_2 = (2 \times P_2(\mathrm{int}(0.6 \times k_2)) + P_2(\mathrm{int}(0.7 \times k_2)))/3 \tag{4-19}$$

式中，k_2 是二次分割前 Bezier 直方图曲率曲线的峰值点个数，$P_2(k_2)$ 是此时 Bezier 直方图曲率曲线上第 k_2 点的峰值对应的灰度值。根据上式进行云系分割，得到各个独立云系。

3）识别台风云系

用伪彩色标记不同云系，分别计算这些云系的面积、周长、类圆度及旋转程度，根据式（4-17）计算出 TP_i（i 表示第 i 个云系）。将 TP_i 按从大到小顺序排列，取出 TP 值最大云系，识别为台风云系。

下面以 FY-2C 发回的台风“圣帕”的卫星云图为例来验证本章算法，具体过程和效果图如图 4-3 所示。

图 4-3（a）所示为预处理部分的图像，其中图 4-3（a1）是 2007 年 8 月 12 日 23 时 30 分“圣帕”形成阶段 FY-2C 发回的红外 1 通道的原始云图，图 4-3（a2）～（a6）是分别截出该时间段的西北太平洋部分区域的 5 个通道云图，图 4-3（a7）是 FY-2C 5 个通道融合后的图像，图 4-3（a8）是用小波变化和线性拉伸增强处理后的图像，图 4-3（a9）是增强处理前图像的直方图，图 4-3（a10）是增强处理后图像的直方图。从图中可以看出该时刻台风云系周边杂乱云系比较多，并且云图中也有类圆度比较好的非台风云系，识别台风有一定困难。图 4-3（b）为一次分割前的 Bezier 直方图，图 4-3（c）是一次分

割前的Bezier直方图曲率曲线，图4-3（d）是一次分割后的灰度图，图4-3（e）是一次分割后，即二次分割前的灰度图像Bezier直方图曲线，图4-3（f）是一次分割后，即二

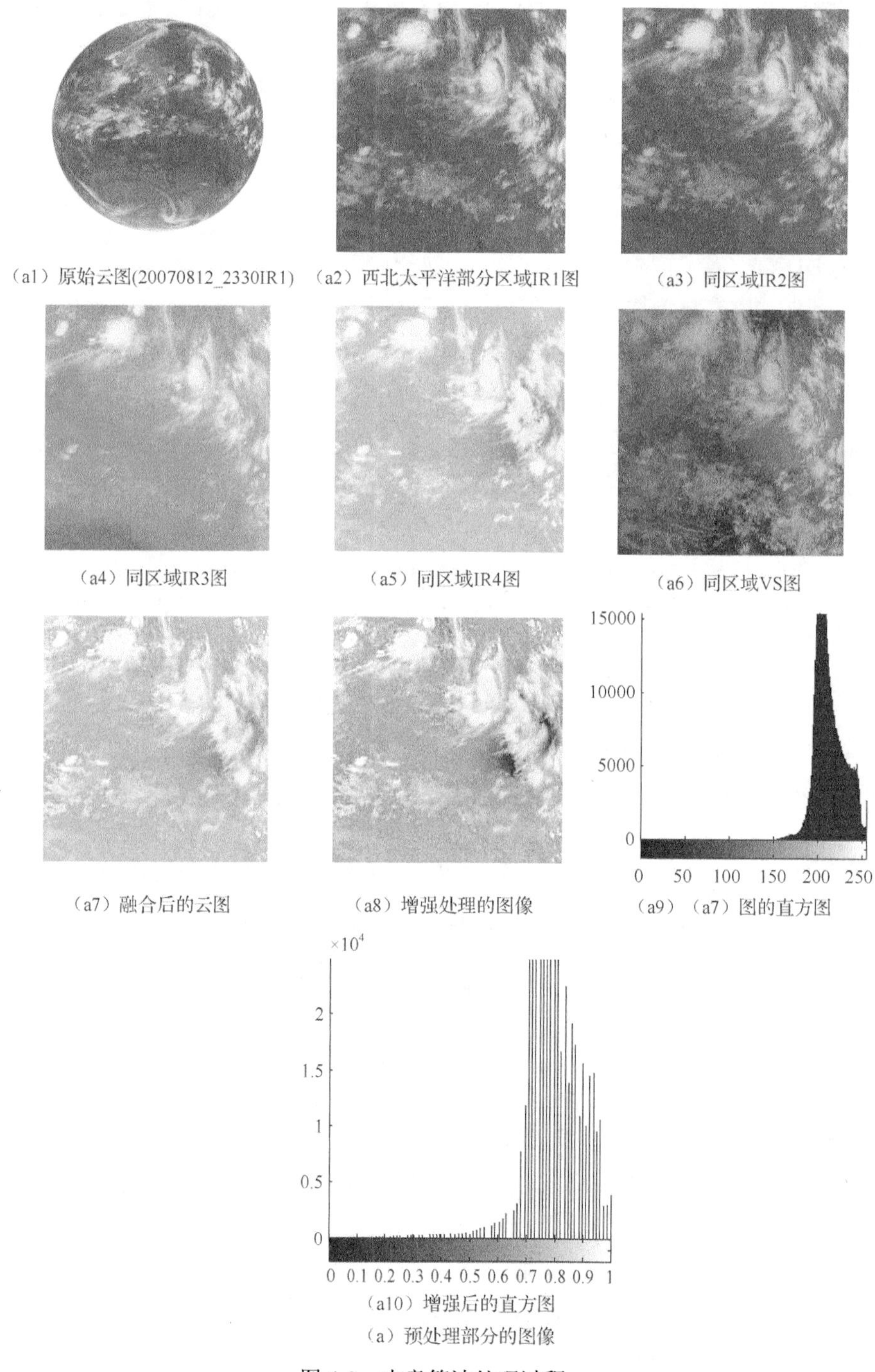

（a1）原始云图(20070812_2330IR1)（a2）西北太平洋部分区域IR1图（a3）同区域IR2图

（a4）同区域IR3图（a5）同区域IR4图（a6）同区域VS图

（a7）融合后的云图（a8）增强处理的图像（a9）（a7）图的直方图

（a10）增强后的直方图

（a）预处理部分的图像

图4-3　本章算法处理过程

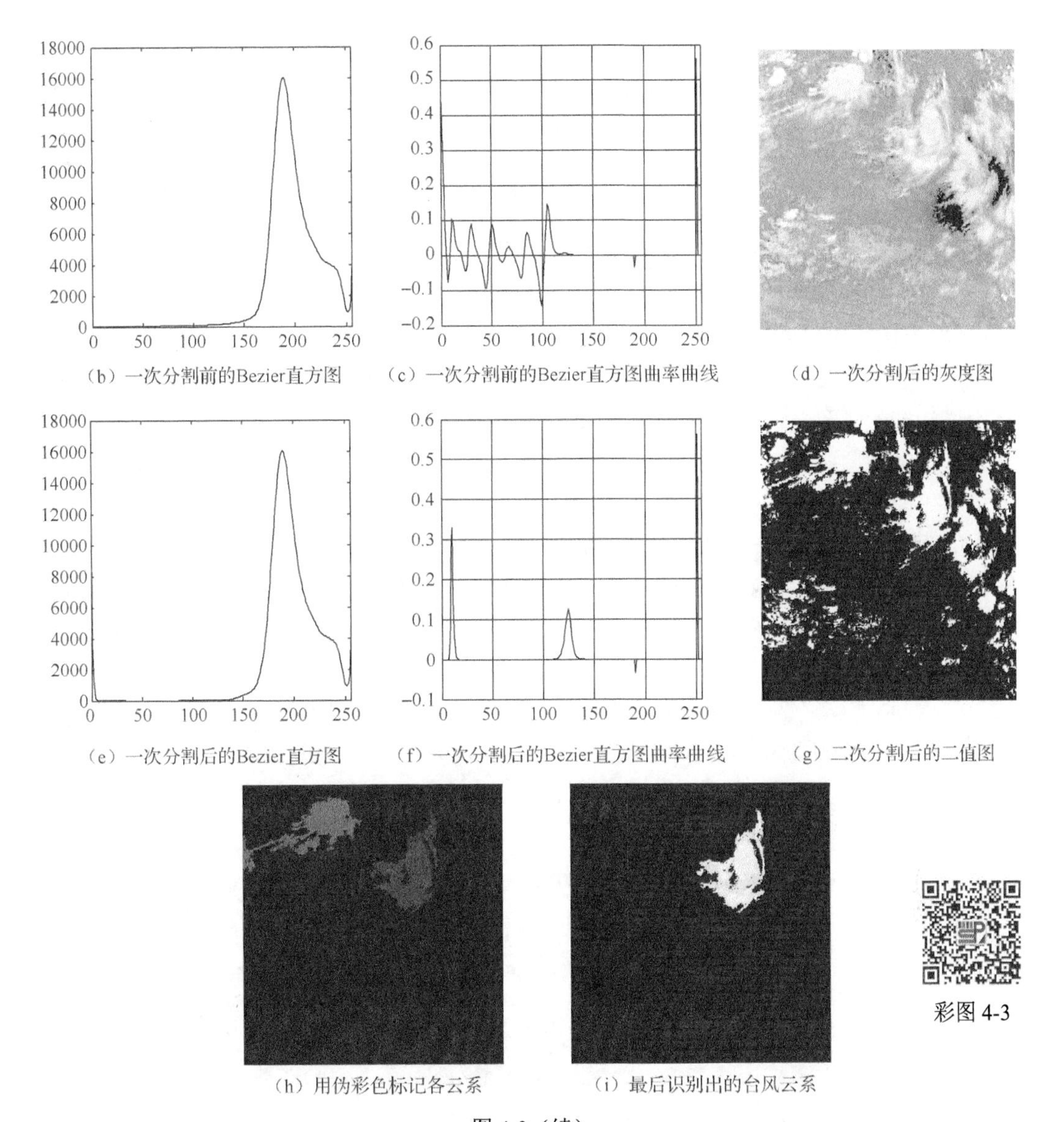

（b）一次分割前的Bezier直方图　（c）一次分割前的Bezier直方图曲率曲线　（d）一次分割后的灰度图

（e）一次分割后的Bezier直方图　（f）一次分割后的Bezier直方图曲率曲线　（g）二次分割后的二值图

（h）用伪彩色标记各云系　（i）最后识别出的台风云系

图 4-3（续）

次分割前的灰度图像Bezier 直方图曲率曲线，图 4-3（g）是二次分割后的二值图，图 4-3（h）是用伪彩色标记各个包含密闭云区云系，图 4-3（i）是最后识别出的台风云系。从图中可以看出本章算法能较好地保留台风相关信息。

4. 实验结果

对用 FY-2C 卫星获得的自 2007 年 8 月 12 日 23 时 30 分形成到 20 日 1 时消亡的完整台风“圣帕”的 340 幅云图进行实验，分别用基于刘凯等[4]迭代面积的改进方法与本章算法进行识别。由于迭代面积法只考虑面积特征，有的非台风云系面积也在台风云区面积范围之内，分割台风云系时往往也将非台风云系分割出来。现将迭代面积法改进如下：根据实验统计出台风面积范围[min,max]，使用类间方差与类内方差比值最大的灰度值作为门限，迭代分割卫星云图，每次迭代去部分背景，而后判断留下的云系。利用灰度-梯度共生矩阵[14]，统计小梯度优势、平均灰度、梯度不均匀性[15]3 个二次统计特征，提取各云系的纹理信息。结合类圆度与纹理信息判断，将面积在台风面积范围之内且类圆度高、纹理信息均匀的云系识别为台风云系。比较改进的迭代面积法与本章算法，结果如图 4-4 和表 4-1 所示。图 4-4 所示为分别用改进的迭代面积法、本章算法识别台风“圣帕”生成期、成熟期、消亡期各阶段部分云图结果。图 4-4（a）是 13 日 0 时 0 分台风生成期云图及识别结果。在图 4-4（a）组图中，图 4-4（a1）是原始云图，该图为台风生成初期的云图，杂乱云系较多；图 4-4（a2）是用改进的迭代面积法识别出的台风云系，该方法将类圆度高的非台风云系识别成台风云系；图 4-4（a3）为本章算法识别结果，排除了类圆度高、面积相近的非台风云系的干扰，正确地识别出台风云系。图 4-4（b）组图是 16 日 5 时 0 分台风“圣帕”成熟期的云图及识别结果。其中，图 4-4（b1）为原始云图，从图中可以看出成熟期的杂乱云系少，台风云系类圆度高，云系完整；图 4-4（b2）和图 4-4（b3）分别是用改进迭代面积法和本章算法识别出的结果，两种方法都能正确识别出台风云系，本章算法能更完整地保留台风云系信息。图 4-4（c）组图是 18 日 15 时 30 分台风“圣帕”消亡期的云图识别。其中，图 4-4（c1）是该时刻的原始云图，消亡期台风云系渐渐散开，图 4-4（c2）和图 4-4（c3）分别为改进迭代面积法和本章算法识别的结果，由图中可以看出，两种方法均能正确识别出该时刻的台风云系，本章算法得到的云系保留更完整。

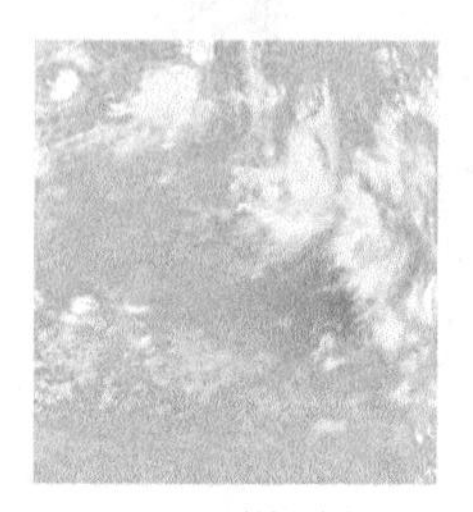
（a1）原始云图

（a2）改进的迭代面积法识别

（a3）本章算法识别

（a）台风云系识别（20070813_0000）

（b1）原始云图

（b2）改进的迭代面积法识别

（b3）本章算法识别

（b）台风云系识别（20070816_0500）

图 4-4　原始云图及其识别结果

（c1）原始云图

（c2）改进的迭代面积法识别

（c3）本章算法识别

（c）台风云系识别（20070818_1530）

图 4-4（续）

表 4-1　台风各阶段云系识别结果

发展阶段	样本数	改进的迭代面积法（识别正确数/识别率）	本章算法（识别正确数/识别率）
生成期（20070812_2330～20070814_2130）	93	63/67.74%	85/91.40%
成熟期（20070814_2200～20070818_0300）	155	150/96.77%	150/96.77%
消亡期（20070818_0330～20070820_0100）	92	64/69.57%	70/76.09%
合计	340	277/81.47%	305/89.71%

从表 4-1 中可以看出，本章算法对处在生成期及消亡期的台风识别率明显高于改进的迭代面积法，对旋转特性的提取起到一定的效果，但是对生成期或消亡期台风的识别率却也远没有成熟期台风的识别率高。从理论上来说，台风无论处在发展的哪个阶段，都具有旋转特性，实验中得出的识别结果却是生成期及消亡期台风的识别率远远低于成熟期的台风，其原因主要有以下两个。

（1）生成期的台风云系杂乱、云系较多，在台风云系与非台风云系连接紧密的情况下，二值化难以将其断开，从而导致台风云系旋转程度计算出错，部分非台风云系被误认成台风云系，最终导致生成期台风云系识别率不高。

（2）在台风的消亡期，台风云系渐渐散开，密闭云区域也逐渐散开，识别困难，很容易将台风云系漏识；另外，质心定位相当困难，云系边缘凹凸点往往判断出错，影响旋转程度的判断，并且该时期台风云系面积与类圆度的乘积过小，造成识别不出完整台风云系，出错率较高。

综上所述，从识别结果可以总结出本章算法简单，计算量小，Bezier 直方图曲率曲线二次分割保留较完整的台风云系信息，识别率较高，但在旋转中心的选定上仍需要改进，仅仅以云系的质心为相对中心提取凹凸点会造成台风消亡期识别率不高。

4.1.4　结论

本章首先简要介绍了台风云系识别的研究状况，分析了台风的特征。台风云系是不断发展变化的，不能仅以某一个或几个纹理、形状特征来识别台风云系；台风云系无论是在生成期、成熟期还是消亡期都具有涡旋和旋转特性。根据以上两点，本章提出在单幅图像中用边界云与中心主体云夹角来统计旋转程度，作为识别台风云系的主要特征之一。用Bezier直方图曲率曲线迭代分割出融合后云图的独立云系；最后结合台风云系面积较大、类圆度较好、旋转程度高的特点，识别台风云系。该算法计算量小，识别率高，具有一定的实用性。但是也存在以下问题：灰度阈值分割导致台风生成期仍有部分非台风云系与台风云系分不开；台风消亡期云系散开，台风云系分成各个独立的小云系，质心定位困难，此时仅用云系边界信息来描述旋转特性仍然不够，导致识别出的只是部分台风云系；只能识别出单个台风，假如存在双台风或者是多台风，本章算法会漏识。后续的研究工作主要是二值化自适应阈值的选择及单幅云图如何规定旋转中心，更确切地描述旋转特性。

4.2 基于小波变换的热带气旋云系分割

4.2.1 卫星图像分割概述

图像分割是计算机图像处理与分析中的一个经典问题。然而，目前还没有一种适用于所有应用的通用算法。通常，不同的分割方法用于分割不同类型的图像。在本章中，我们要从台风云图中分割出主体云系。

许多研究人员在这方面做了许多有益的工作。一些研究人员利用颜色、形状、纹理或区域信息对卫星图像进行分割。Chehdi 等[16]提出了一种主要均匀区域定位和识别的分割方法，该方法基于边缘与区域之间的关系，为了选择相关的边缘点，定义了一个基于动态阈值的准则。该方法在 SPOT 卫星图像上进行了测试，并通过多幅图像验证了该方法的有效性，它使精确定位纹理图像区域成为可能。Shan 等[17]提出了一种基于纹理和上下文信息的卫星图像分割技术。他们利用马尔可夫随机场作为卫星图像建模、纹理信息表示、上下文信息表示和场景标签表示的统一框架，采用一种基于博弈策略的新算法来解决标签问题。为了提高其有效性，利用地理地图中包含的信息来选择图像的最优纹理特征描述子，采用自适应估计技术获取上下文信息。实验结果表明，该方法是非常有效的。Waldemark 等[18]试图在卫星图像中区分陆地和水，特别是 FORTE 卫星拍摄的图像。首先，他们成功地逼近了图像中被静止伪影隐藏的区域；然后，把陆地和水域分开；最后，确定了周围地块的边界。Tateyama 等[19]提出了一种结合颜色、纹理和形状信息的高分辨率卫星图像分割新方法。该方法利用颜色和纹理信息的特征进行全局分割，利用形状信息进行局部分割。还提出了一种新的基于 PCA 模板匹配的纹理特征提取方法，该方法不受光照变化的影响，计算简单，误差小。此外，还提出一种基于形态学的平滑滤波器，作为提取形状信息的预处理算子。Tateyama 等[20]还提出了一种结合颜色、纹理信息和形状信息的高分辨率卫星图像分割方法。该方法利用颜色和纹理信息进行全局分割，利用形状信息进行局部分析，应用一种新的方向滤波器，提取道路特征的特定方向信息，应用一种新的形态学滤波器，作为长度滤波器有效地提取每个区域的长度。一些研究人员利用数学形态学对卫星图像进行分割。Wang 等[21]指出，由于云的形状复杂多样、边缘模糊，很难对云图像进行分割。为此，提出了一种利用数学形态学进行自适应分割的思想和一套可实现的设计方案。所建立的模型能准确地显示云的形状、尺度和温度等特征。实验表明，该分割模型具有自适应能力、通用性强，算法具有较高的并行运算效率。Lopez 等[22]提出了一种自适应的高分辨率卫星图像分割方法。该方法基于对图像的描述，利用邻接图和形态学处理，通过区域生长法获得合适的重要分割对象。Intajag 等[23]指出，最近发展起来的卫星图像分割技术不足以很好地保存图像小区域内包含的重要信息。为此提出利用模糊击中或击不中算子将图像分割成均匀区域，使小区域得以保留，并提出了一种迭代分割算法。在迭代过程中，每次使用假设检验来评价具有均匀性指数的分割区域的质量。该分割算法是无监督的，参数较少，大部分参数可以从输入数据中计算出来。对比研究表明，所提出的迭代分割算法具有较好的分割效果。Xue 等[24]指出，由于红外卫星云图中云的形状各异，很难对其进行分割和识别。为此他们利用数学形态学，采用预处理和多值自适应分割技术，可以从图像中分割出较大的低温云团，为识别奠定了基础。仿真结果表明，该分割方法具有自适应性和实用性。

许多研究人员使用聚类算法对卫星图像进行分割。如 Baraldi 等[25]提出了一种改进的 Pappas 算法对平滑无噪声的图像进行分割。结果表明，上下文算法可以应用于：在级联中对任何非上下文（像素）清晰的 c 均值聚类算法，增强对小图像特征的检测；作为任何迭代分割算法的初始化阶段，对较早的迭代进行分割。Thitimajahima 等[26]提出了一种方法，通过减少每次迭代中执行的数值操作的数量，同时保持原始算法的准确结果，从而加快模糊 c 均值聚类算法的速度。对该方法在多光谱卫星图像分割中的应用进行了评价，节省了约 40%的时间。Ooi 等[27]提出了一种利用模糊 c 均值聚类算法融合颜色和纹理特征的图像分割方法。结果表明，该方法能够提高分割结果的质量。Rekik 等[28]指出，卫星在不同区域定期获取的卫星图像的可用性越来越高，使对它们的分割在许多应用中至关重要。基于无监督统计分割原则，利用这些图像需要使用不同的方法。事实上，这些利用图像统计特性的方法在经过最优初始化步骤后应用，取得了一些令人信服的结果。他们提出了一种 k 均值聚类算法，并描述了它在无监督卫星图像分割初始化中的应用。Vannoorenberghe 等[29]提出了一种基于图像分割像素置信标记策略，利用 k 均值聚类算法的结果，首先量化图像中每个像素对一个区域的隶属度。然后利用置信函数对像素标记的不确定性进行量化。利用这种策略（分类+后标记），分割方案可以实现区域分割与边缘检测相结合。最后，将该方法应用于多光谱卫星图像分割。Ye 等[30]指出，对于航空和卫星图像来说，这些图像难免会受到各种不确定因素的影响，尤其是来自大气的不确定因素。为了减小这些因素对图像的影响，图像分割是图像增强的重要步骤，他们提出了一种无监督聚类技术，用于处理大规模卫星图像。

其他一些研究人员研究利用智能算法对卫星图像进行分割。例如，Neagoe 等[31]提出一种神经多光谱卫星图像分割模型，包括下列几个处理阶段：对每一帧的频谱序列使用二维离散余弦变换（二维变换）以当前像素点为中心进行特征提取；生成神经自组织地图，其输入是当前像素在所有图像波段投影的特征向量。该方法应用于多光谱卫星图像分割，取得了较好的结果。

本章的目的是利用台风云分割图像分析台风风场的结构。这在台风预报中非常重要，尤其是在强度预报中[32]。虽然上述研究人员提出了很多很好的分割卫星图像的算法，但大多数算法都没有考虑到卫星图像的降噪和对比度增强。如果不考虑降噪和对比度增强，这可能会影响卫星图像的精确分割。本章首先利用离散平稳小波变换（DSWT）对台风云图进行变换。采用维纳滤波器对小波系数进行修正，降低了噪声，并对去噪小波系数进行非线性增益运算，增强其细节。采用修改后的小波系数进行离散平稳小波逆变换（IDSWT）。因此，得到了细节增强和去噪图像（DENDI）。其次，采用直方图均衡化方法增强了 DENDI 的全局对比度，从而得到最终的去噪增强图像（FDNEI）。在 FDNEI 中，采用 Bezier 直方图方法消除了一些不需要的小云团。将 Bezier 直方图方法与连续小波变换（CWT）相结合，可以得到最终的分割图像。最后，与其他类似算法进行了比较。本章算法的流程图如图 4-5 所示。

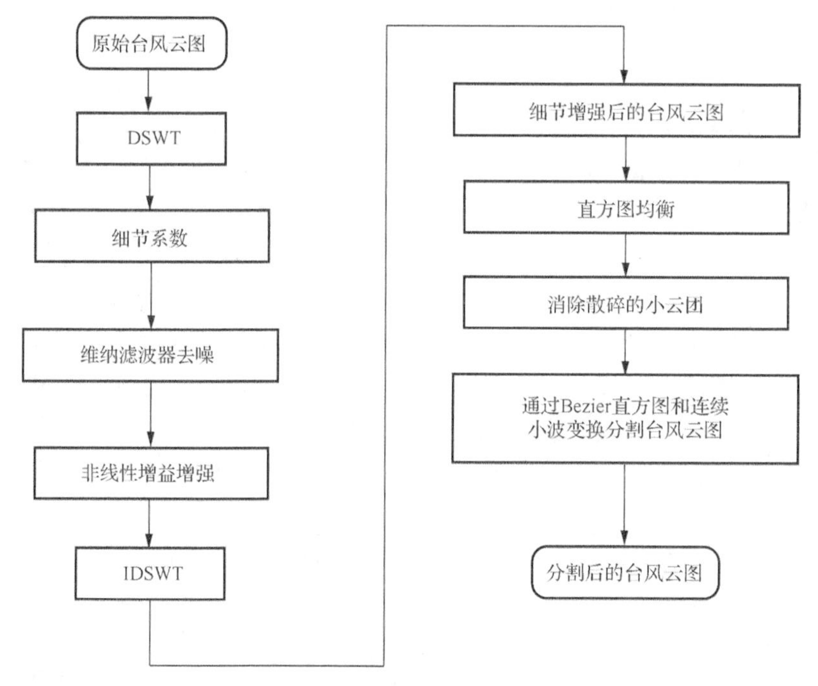

图 4-5　本章算法的流程图

4.2.2　台风云图预处理

1. 台风云图去噪和增强

1）空间域维纳滤波器

一幅图像 $f(i,j)$ 被高斯白噪声 $n(i,j)$ 污染，可用下式表示：

$$g(i,j)=f(i,j)+n(i,j) \tag{4-20}$$

式中，$f(i,j)$ 和 $g(i,j)$ 分别表示原始图像和噪声图像。此处假设噪声是平稳的，其是 0 均值，标准差为 σ_n^2，并且与原始图像无关。如果原始图像 $f(i,j)$ 被考虑成在局部小区域内是平稳的，则可以用下式表示：

$$f(i,j)=m_f+\sigma_f w(i,j) \tag{4-21}$$

式中，m_f 和 σ_f 分别表示局部均值和标准差，$w(i,j)$ 表示 0 均值方差为 1 的白噪声。在局部区域 SDWF，最小化原始图像 $f(i,j)$ 和增强后的图像 $\hat{f}(i,j)$ 间的均方误差的关系[33]：

$$\hat{f}(i,j)=m_f+\frac{\sigma_f^2}{\sigma_f^2+\sigma_n^2}\left[g(i,j)-m_f\right] \tag{4-22}$$

式中，$m_f(i,j)$ 和 $\sigma_f(i,j)$ 在每个像素点处进行更新。它们可以通过噪声图像分别被估计为 $\hat{m}_f(i,j)$ 和 $\hat{\sigma}_f(i,j)$：

$$\hat{m}_f(i,j)=\frac{1}{(2m+1)(2n+1)}\sum_{k=i-m}^{i+m}\sum_{l=j-n}^{j+n}g(k,l) \tag{4-23}$$

$$\hat{\sigma}_g^2(i,j)=\frac{1}{(2m+1)(2n+1)}\sum_{k=i-m}^{i+m}\sum_{l=j-n}^{j+n}\left[g(k,l)-\hat{m}_f(i,j)\right]^2 \tag{4-24}$$

$$\hat{\sigma}_f^2(i,j)=\max\left\{0,\hat{\sigma}_g^2(i,j)-\sigma_n^2\right\} \tag{4-25}$$

将更新后的 $m_f(i,j)$ 和 $\sigma_f(i,j)$ 代入式（4-22），则

$$\hat{f}(i,j)=\hat{m}_f(i,j)+\frac{\hat{\sigma}_f^2(i,j)}{\hat{\sigma}_f^2(i,j)+\sigma_n^2}\left[g(i,j)-\hat{m}_f(i,j)\right] \tag{4-26}$$

式中，滤波器的尺寸为 $(2m+1)\times(2n+1)$，是固定的，本章中设为 3×3。

2）平稳小波域的维纳滤波器

令 S 表示平稳小波变换（SBWT），将噪声图像变换到平稳小波域，获得子图 $g_A(i,j)$，$(g_1(i,j),g_2(i,j),g_3(i,j))$。此处，$g_A(i,j)$，$(g_d(i,j))(d=1,2,3)$ 分别表示近似系数和 3 个子带的高频系数。每个子带能被看作是一个带限空间信号，每个子带中的噪声可以看成是白噪声[34]。每个子带中应用维纳滤波器抑制白噪声。平稳小波域的维纳滤波器（SBWDWF）可以表示为

$$\hat{m}(g_d(i,j))=\frac{1}{(2m+1)(2n+1)}\sum_{k=i-m}^{i+m}\sum_{l=j-n}^{j+n}g_d(k,l) \tag{4-27}$$

$$\hat{\sigma}^2(g_d(i,j)) = \frac{1}{(2m+1)(2n+1)}\sum_{k=i-m}^{i+m}\sum_{l=j-n}^{j+n}[g_d(k,l) - \hat{m}(g_d(i,j))]^2 \tag{4-28}$$

$$\hat{\sigma}^2(f_d(i,j)) = \max\left\{0, \hat{\sigma}^2(g_d(i,j)) - \sigma_n^2\right\} \tag{4-29}$$

$$\hat{f}_d(i,j) = \hat{m}(g_d(i,j)) + \frac{\hat{\sigma}^2(f_d(i,j))}{\hat{\sigma}^2(f_d(i,j)) + \sigma_n^2} \times [g_d(i,j) - \hat{m}(g_d(i,j))] \tag{4-30}$$

式中，$\hat{m}(g_d(i,j))$ 和 $\hat{\sigma}^2(g_d(i,j))$ 是每个子带图像中的每个像素的局部统计参数，可由每个子带图像估计得到。

3）台风云图增强

接下来，基于 DSWT 采用 Andrew 等[35]在 1994 年提出的一种非线性增强算子来增强图像的局部对比度。我们抑制非常小灰度值的像素，只增强灰度值大于一定阈值 T 的像素，设计了以下函数来完成这个非线性操作：

$$f(y) = a[\mathrm{sigm}(c(y-b)) - \mathrm{sigm}(-c(y+b))] \tag{4-31}$$

其中，

$$a = \frac{1}{\mathrm{sigm}[c(1-b)] - \mathrm{sigm}[-c(1+b)]}, \qquad 0 < b < 1 \tag{4-32}$$

$$\mathrm{sigm}(y) = \frac{1}{1+\mathrm{e}^{-y}} \tag{4-33}$$

式中，b 和 c 分别用来控制增强的阈值和速率。很明显，总是存在某个阈值 T，凡是比该阈值大的像素点被增强，比该阈值小的像素点被抑制。准确的阈值 T 可以通过解非线性方程 $f(y) - y = 0$ 获得。但是，为了简化阈值计算，阈值 T 可以通过参数 b 控制。类似地，使用像素的标准偏差值通过下式自适应地选择阈值 T：

$$T = \frac{1}{2}\sqrt{\frac{1}{N^2}\sum_{n_1=1}^{N}\sum_{n_2=1}^{N}(y(n_1,n_2) - m_y)^2} \tag{4-34}$$

式中，m_y 为 y 的均值；$N \times N$ 表示图像的大小。因此，每个子带图像的阈值都与对应子带图像的能量直接相关。

将上述的非线性算子从空间域扩展到 DSWT 域，令 $f_s^r[i,j]$ 表示第 r 个子带第 s 个分阶层的灰度值，其中 $s = 1,2,\cdots,L$；$r = 1,2,3$。$\max(f_s^r)$ 表示在 $f_s^r[i,j]$ 中的所有像素点的最大灰度值，$f_s^r[i,j]$ 的取值范围可从 $[-\max(f_s^r), \max(f_s^r)]$ 映射到 $[-1,1]$。参数 a,b,c 的动态范围可以分别设置。因此，该对比度增强可通过下式描述：

$$g_s^r[i,j] = \begin{cases} f_s^r[i,j], & \left|f_s^r[i,j]\right| < T_s^r \\ a(\max(f_s^r)\{\mathrm{sigm}[c(y_s^r[i,j]-b)] - \mathrm{sigm}[-c(y_s^r[i,j]+b)]\}), & \left|f_s^r[i,j]\right| \geqslant T_s^r \end{cases} \tag{4-35}$$

其中，

$$y_s^r[i,j]=f_s^r[i,j]/\max(f_s^r) \tag{4-36}$$

T_s^r 可以通过 DSWT 域利用式（4-34）确定。然后利用直方图均衡法对去噪和细节增强后的图像（DADEI）进行全局对比度增强，得到最终的去噪增强后的图像（FDAEI）。

2. 去除台风云图中的散碎小云团

Bezier 直方图用于减少 FDNEI 中的小块云团。对 FDNEI 进行预分割，选择感兴趣的区域（ROI）进行进一步处理，以减少不需要的小块云团。采用多阈值方法来实现该任务。如果直接使用多阈值方法，FDNEI 可能包含一些不需要的噪声，会在 FDNEI 的直方图中存在许多小的假波峰和假波谷。因此，采用 Bezier 样条曲线平滑 FDNEI 的直方图。

该方法具有许多特性，使其在曲线和曲面设计中非常有用和方便。一般情况下，Bezier 曲线剖面可以拟合到多个控制点上，这些控制点限制了样条曲线的运动轨迹。在该方法中，Bezier 曲线可以表示为一个多项式，其次数比所使用的控制点少一个维度。

在我们的问题中，令 $L-1$ 为取整的亮度值，这些灰度级的直方图对应的亮度值被看作控制点，即 $\boldsymbol{p}_k=(x_k,y_k)$，其中 k 的取值为 0 到 $L-1$。这些控制点被用来产生位置矢量 $\boldsymbol{P}(t)$［式（4-37）］，这个位置矢量用来描述 $\boldsymbol{p}_0$ 和 $\boldsymbol{p}_{L-1}$ 之间的近似 Bezier 多项式函数。

$$\boldsymbol{P}(t)=\sum_{k=0}^{L-1}\boldsymbol{p}_k B_{k,L-1}(t),\quad 0\leqslant t\leqslant 1 \tag{4-37}$$

Bezier 调和函数 $B_{k,L-1}(t)$ 是 Bernstein 多项式：

$$B_{k,L-1}(t)=C(L-1,k)t^k(1-t)^{L-k-1} \tag{4-38}$$

其中，$C(L-1,k)$ 表示二项式系数：

$$C(L-1,k)=\frac{(L-1)!}{k!(L-1-k)!} \tag{4-39}$$

Bezier 曲线的一个重要特性是它位于控制点的凸包内。凸包特性保证了多项式平稳地跟随控制点，没有不稳定的振荡。为了准确地检测出 Bezier 直方图中的峰谷，必须使用 Bezier 直方图中每个控制点的曲率[36]。式（4-37）中的向量方程表示两个参数方程的集合，其坐标为

$$x(t)=\sum_{k=0}^{L-1}x_k B_{k,L-1}(t) \tag{4-40}$$

$$y(t)=\sum_{k=0}^{L-1}y_k B_{k,L-1}(t) \tag{4-41}$$

Bezier 直方图中的每个控制点可以通过下式表示：

$$\mathrm{Cur}(t)=\frac{x'(t)y''(t)-y'(t)x''(t)}{(x'(t)^2+y'(t)^2)^{3/2}} \tag{4-42}$$

式中，$\mathrm{Cur}(t)$ 表示 Bezier 直方图中每个控制点的曲率；$x'(t)$，$y'(t)$ 表示一阶导；$x''(t)$，$y''(t)$ 表示二阶导。它们可以由下式计算：

$$\begin{cases} x'(t)=1/2[x(t+1)-x(t-1)] \\ y'(t)=1/2[y(t+1)-y(t-1)] \end{cases} \tag{4-43}$$

$$\begin{cases} x''(t)=x(t+1)-2x(t)+x(t-1) \\ y''(t)=y(t+1)-2y(t)+y(t-1) \end{cases} \tag{4-44}$$

另外，我们只需要对台风云图像进行 Bezier 直方图的预分割。因此，从许多检测到的阈值中只选取一个阈值，以满足我们的目标。如果选择的阈值太小，将导致欠分割。如果选择的阈值太大，会导致过分割。图 4-6（a）～（c）分别为原始台风云图、欠分割结果和过分割结果。

从图 4-6（b）可以看出，台风云团中融合了一些小块的散碎云团，影响了中心位置的最终精度。从图 4-6（c）可以看出，云图丢失了一些重要的细节信息。例如，台风云团中大部分螺旋云带已经消失，这也将导致最终中心的定位失败。

（a）原始台风云图

（b）欠分割结果

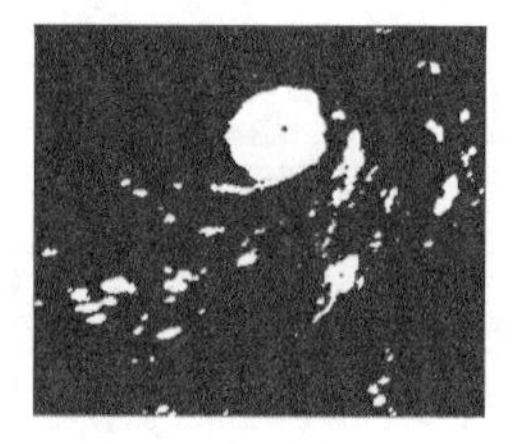

（c）过分割结果

图 4-6　台风云图的分割

为此，利用下式确定最优的分割阈值 T_{O}：

$$\begin{cases} T_{\mathrm{O}}=T_{\mathrm{S}}\left(\dfrac{n}{2}\right), & n=2k \\ T_{\mathrm{O}}=T_{\mathrm{S}}\left(\dfrac{n-1}{2}+1\right), & n=2k+1 \end{cases} \tag{4-45}$$

式中，$T_{\mathrm{S}}(\cdot)$ 表示通过 Bezier 直方图的曲率曲线获得的分割阈值，n 表示获得的分割阈值的数量。

在对 FDNEI 进行分割后，在分割后的 FDNEI 中可能仍然存在一些不需要的小块云团。为了去掉它们，可用不同的颜色来标记它们。首先，选择一个云块作为感兴趣的区域，它的区域面积在所有标记的云块中是最大的；然后，将 ROI 中的灰度值替换为 FDNEI 中的灰度值；最后，得到感兴趣的台风云图（TCIOI）。

4.2.3　基于连续小波变换的 TCIOI 分割

1. 连续小波变换

近年来，小波变换已成为信号处理领域的一种强有力的分析工具。小波变换可分为 CWT 和 DWT 两大类，其中小波变换由于可以由数字滤波器构造而经常被用到。特别是小波变换可以构造正交小波基函数，具有多种推广形式。因此，DWT 在编码和数据压缩中得到了广泛的应用。

CWT 基于群理论，比 DWT 更灵活。小波变换可以从信号中提取特定的有用信息。CWT 是一种信号的多尺度表示，没有正交基。任意函数可以在特殊的小波基函数上展开。这个展开函数称为 CWT，可以写成：

$$WT_{\mathrm{f}}(a,\tau)=\left\langle f(t),\psi_{a,\tau}(t)\right\rangle=\frac{1}{\sqrt{a}}\int_{R}f(t)\overline{\psi\left(\frac{t-\tau}{a}\right)}\mathrm{d}t \tag{4-46}$$

式中，a 和 τ 分别表示尺度和平移参数；$\psi(\cdot)$ 是“母小波”。根据傅里叶变换理论，它必须满足“可容许条件”：

$$C_{\psi}=\int_{R}\frac{\left|\hat{\psi}(w)\right|^{2}}{|w|}\mathrm{d}w<\infty \tag{4-47}$$

式中，$\hat{\psi}(w)=\int_{-\infty}^{+\infty}\psi(t)\,\mathrm{e}^{-\mathrm{j}wt}\mathrm{d}t$ 是 $\psi(t)$ 的傅里叶变换。很明显，CWT 与傅里叶变换类似，它们都是积分变换。当一个函数 $f(t)$ 利用小波基拓展到小波域后，一个时间函数被映射到一个二维平面。当 $f(t)$ 被映射到小波域后，有利于提取该函数的一些内在的本质特征。

目前基于小波变换的信号奇异性检测方法大多采用离散正交小波变换或样条小波。这些方法基于模极大值和零交叉点。虽然人们提出了许多检测信号奇异性的方法，但它们的共同缺点是检测微弱信号的能力较弱。这是由 DWT 的固有特性决定的。与 DWT 相比，CWT 在这方面更优。本章利用 CWT 检测预处理后的台风云图像的 Bezier 直方图峰值位置，从而较好地分割 TCIOI。利用 Symmlet 小波作为小波变换的小波基函数。如何选择最优的小波基函数并没有一个通用的准则。一般情况下，在选择合适的小波基函数时，要考虑小波基函数的性质、待分析信号的特征及实际问题。对形状与小波基函数相似的信号部分进行放大，对信号的其他部分进行抑制。此外，根据实际问题采用适当的尺度小波。如果要用小波变换来描述信号的总体性质和近似性质，必须使用大尺度小波基函数。如果要通过小波变换提取信号的细节，就必须使用小尺度小波基函数。由于小波基函数的性质反映了对信号的分析能力，因此小波基函数的选取应遵循以下准则。

（1）正交性：正交小波变换系数包含的冗余信息最少。

（2）正则性：用来描述函数的光滑程度。函数越光滑，正则性越高。良好的正则性意味着良好的重构效果。然而，如果小波基函数的正则性太大，信号的某些细节可能会丢失。

（3）紧支集：小波基函数具有良好的时频特性。小波的局部性质越好，紧支集越短。

（4）对称性：可以反映小波滤波特性是否具有线性相位，这与失真有关。采用对称或反对称小波基函数对信号进行重构。

（5）消失矩：消失矩的秩可以用来描述小波变换后的能量集中程度。小波域内信号的细节提取得越好，秩越大。

我们将利用小波变换来检测曲率曲线的奇异性，因此应该选择与待分析信号形状相似的小波作为小波基函数，小波基函数具有短的紧支集和大的消失力矩。一些代表性的小波基函数包括 Coiflet、Symlets、Daubechies、Morlet、Mexihat 和 Meyer。图 4-7（a）～（f）为它们在时域内的函数曲线。从图 4-7 中可以看到，Coiflet 和 Symlets 的形状与图 4-10（d）中待分析的曲率曲线分析最相似。与 Coiflet［图 4-7（e）］相比，Symlets 有较短的紧凑分支［图 4-7（f）］，所以我们选择 Symlets 作为小波分析。Symlets 小波包括 7 个小波基函数（sym2～sym8）。根据上述选择小波基函数的准则，采用消失矩较大的小波作为小波基函数，提取分析信号的细节。但是由于消失矩较大，计算时间较长，因此选择 sym6 作为最优小波基函数。

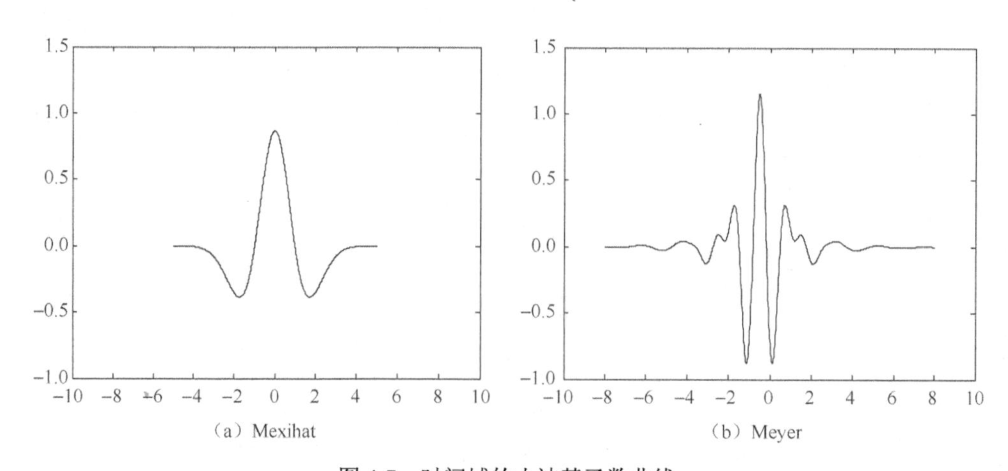

图 4-7　时间域的小波基函数曲线

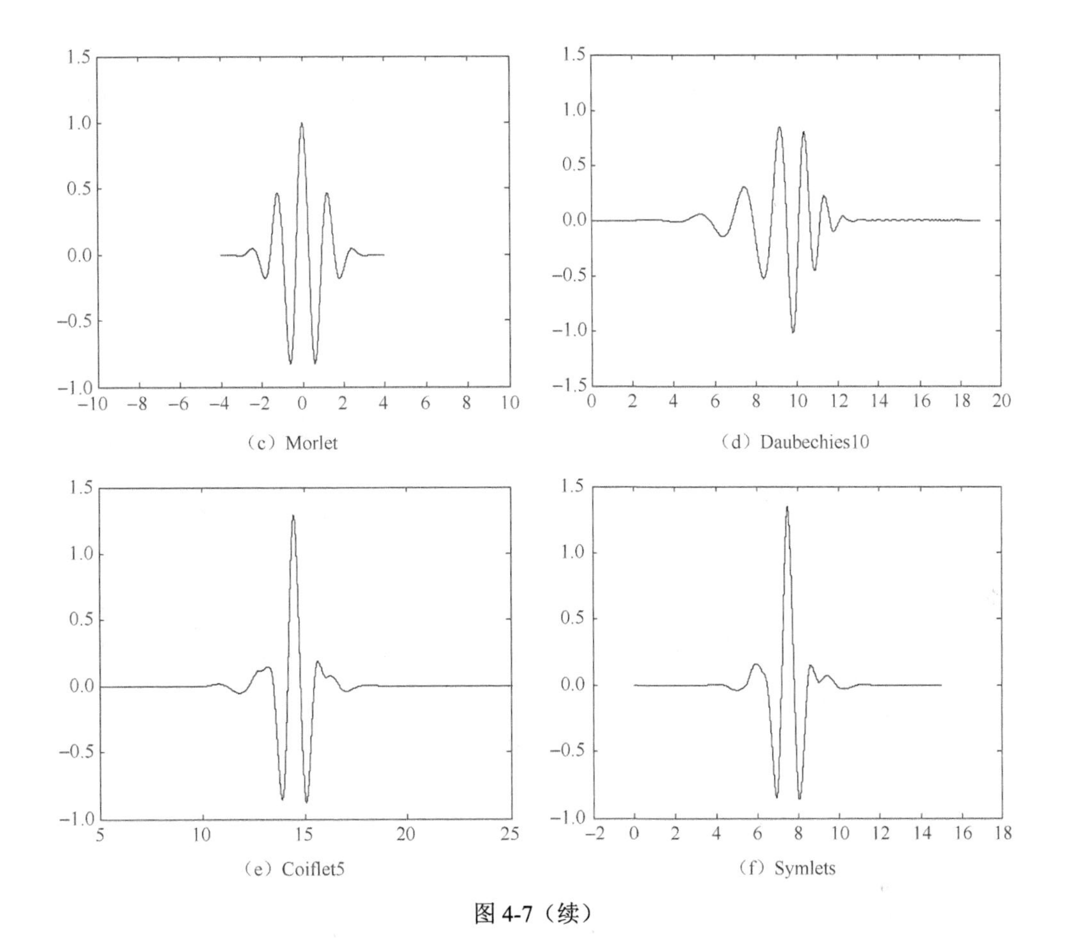

图 4-7（续）

2. TCIOI 分割

使用 Bezier 直方图方法和 CWT 来分割 TCIOI。利用 4.2.2 节中的方法可以得到直方图的曲率曲线，其峰值对应于 Bezier 直方图的波谷。如果直接用它来确定分割阈值，只能够在直方图中反映出每个控制点的近似变化，分割效果会更差。利用一维连续小波变换对直方图的曲率曲线进行分解，实现对 TCIOI 的精确分割。分解后得到近似信号和细节信号。我们将关注细节信号，因为它反映了直方图每个控制点的微小变化。一旦各个尺度的细节信号确定了对应于峰值的灰度值，就可以确定分割阈值。与相邻的两个波峰间的波谷对应的灰度值被确定为量化的灰度级。Bezier 直方图的波峰位置可以用“三点法”确定，如式（4-48）和图 4-8 所示。

$$\begin{cases} W_j(i+1)-W_j(i)>0 \\ W_j(i+1)-W_j(i+2)>0 \end{cases} \tag{4-48}$$

式中，$W_j(\cdot)$ 表示 Bezier 直方图的 CWT 系数，$j=1,2,\cdots,s$ 表示 CWT 分解的层数，$i=1,2,\cdots,L+1$ 表示 CWT 系数的标号。如果满足式（4-48），则探测到一个波峰。假设

第 $(i+1)$ 个点被认为是波峰位置，其对应的灰度值即为分割阈值。

在图 4-8 中，Q 表示波谷位置，波谷位置对应量化的灰度级。T 表示波峰位置，对应不同尺度的分割阈值。

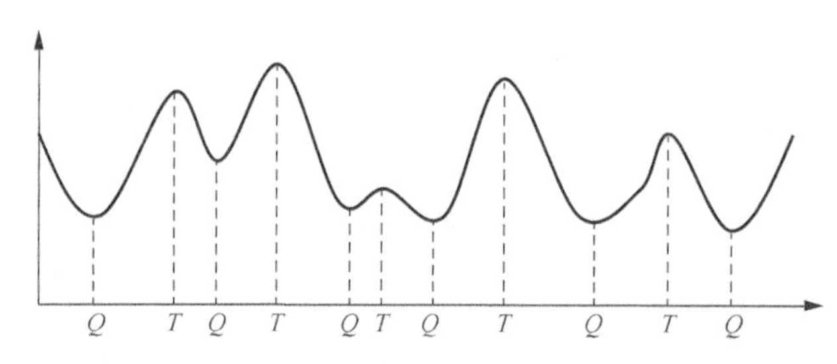

图 4-8　确定分割阈值的示意图

一般情况下，可以消除检测误差，并在较粗的尺度上检测到真实的微小变化。然而，在较粗的尺度下，定位精度较差[37]；反之，在较细尺度下，定位精度较高。因此，可以在较粗的尺度上检测出真实的峰值位置，并在较细的尺度上精确定位。将小波分解第一层的波峰位置作为标准位置，对各层的波峰位置进行调整。利用多尺度信息，提出了一种“由细到粗”的波峰位置调整方法。下一层的波峰位置由上一层调整好的波峰位置校对。由于通过增加分辨率，也增加了阈值的数量，在连续的两个尺度之间通常没有一对一的对应关系。但是，由于小波变换在尺度由细到粗的过程中不会产生虚假的细节，可以采用最小距离准则解决歧义：

$$d(T_j^{s+1},T_k^s)=\min\{d(T_j^{s+1},T_l^s),l=0,1,\cdots,N^s\} \tag{4-49}$$

式中，T_j^{s+1} 表示在第 $s+1$ 个尺度下的第 j 个分割阈值；T_k^s 表示在第 s 个尺度下的第 k 个分割阈值（对应波峰位置）；$d(\cdot)$ 表示距离；N^s 表示在第 s 个尺度下的波峰个数。如果式（4-49）被满足，那么可以说在第 $s+1$ 个尺度和第 s 个尺度下的两个阈值 T_j^{s+1} 和 T_k^s 是一一对应的。

在调整了波峰位置后，波谷位置可以由连续的两个波峰位置确定。因此，可以得到波谷位置对应的量化灰度。这样就得到一组分割阈值和量化灰度值对 (T_j^s,Q_j^s)，其中 Q_j^s 表示在的第 s 个尺度下第 j 个波峰对应的量化灰度值。令 $I_{\min}$ 和 $I_{\max}$ 分别表示原始图像的最小和最大灰度值，$I(i,j)$ 表示原始图像中 (i,j) 位置处的灰度值，$I^*(i,j)$ 表示分割后图像中 (i,j) 位置处的灰度值，可以通过下式分割一幅图像：

$$I^*(i,j)=\begin{cases} I_{\min}, I_{\min}\leqslant I(i,j)\leqslant T_0^s \\ Q_1,\ \ T_0^s<I(i,j)\leqslant T_1^s \\ \cdots \\ I_{\max}, T_{N^s}^s<I(i,j)\leqslant I_{\max} \end{cases} \tag{4-50}$$

一般情况下，当选取的阈值数目较大时，分割结果会更接近于原始图像。然而，这并不是我们所期望的，因为分割后的结果应该更紧凑，这样才能有效地执行后续的高级图像分析。另外，如果选择的阈值数量不足，则会导致欠分割，一些重要的特征或对象会与背景或其他不相关的对象合并。因此，解决上述两种极端情况需要折中考虑。这里，我们使用由 Chang 等提出的代价准则来选择最优分割尺度[38]：

$$\text{Cost} = \lambda\sqrt{e} + (1-\lambda)N_{\text{T}} \tag{4-51}$$

其中，

$$e = \frac{\sum_{i=1}^{W}\sum_{j=1}^{H}\left|I(i,j) - I^{*}(i,j)\right|}{WH} \tag{4-52}$$

式中，Cost 表示代价函数；e 表示分割误差；W 和 H 分别表示原始图像的宽和高；N_{T} 表示分割阈值的个数；λ 表示权值（$0<\lambda<1$），它被用来调整两个参数的重要性。基于上面的代价准则，最优的分割尺度应该是代价最低时对应的尺度。

卫星云图中成熟的台风包括如下部分。①外部螺旋云带。由积云组成，以较小的角度向台风内部区域旋转。②内螺旋云带。由多个积雨云组成，直接旋转进入台风的内部。③中心密集云区。由大量空中积雨云组成的一种同心圆云带。④台风眼。位于密闭云区中央的一个阳光充足小区域。台风眼呈圆形、椭圆形或不规则形状。眼周的圆形云区称为眼壁。我们的目的是利用分割后的台风图像分析风场结构。因此，为了准确地描述台风风场，分割后的台风云图应满足以下条件。

（1）分割后的云图除台风主体（螺旋云带、中心密闭云区、眼）外，不应包含其他细碎云团。

（2）中心密闭云区和螺旋云带的结构和形状应保持良好，因为它们包含台风的重要结构特征。它们的变化通常可以用来预测台风的移动和强度变化。台风强度越大，云带越宽，圈数越多，边界越光滑，形状越圆，中心密集云区尺度越大。

（3）台风眼的大小反映台风结构的重要信息，在原始台风云图的基础上，对台风眼进行较好地分割。例如，Kossin 等指出台风眼的大小与最大风的半径有关[32]。台风强度越大，台风眼尺寸越小，最大风速半径越小。

4.2.4　实验结果与分析

利用台风云图验证本章算法的有效性。本章选取了 5 幅台风云图对算法进行验证。本章使用的台风云图均由中国气象局国家卫星气象中心提供。图 4-9（a）和图 4-9（b）分别为台风“洛坦”（NOCK-tEN）云图（0425，2004 年 10 月 23 日 13 时 25 分，NOAA-16）和增强后云图（FDAEI），其中 0425 为 2004 年第 25 号台风，13 时 25 分是中国的北京时间；NOAA-16 是美国国家海洋和大气管理局（National Oceanic and Atmospheric，NOAA）运行的一颗气象预报卫星。台风“洛坦”云图被量化为 256 个灰度级（0～255）。

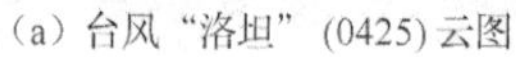
（a）台风“洛坦”(0425)云图

（b）FDAEI

图 4-9　基于 DSWT 和非线性增益算子的去噪增强图像

图 4-10 为 FDAEI 的直方图、Bezier 直方图及其曲率曲线。图 4-10（a）～（d）的横轴表示台风“洛坦”图像的灰度级。图 4-10（a）和图 4-10（b）的纵轴表示灰度级出现的频率。图 4-10（c）和图 4-10（d）的纵轴表示图 4-10（a）、（b）的曲率。由图 4-10（b）

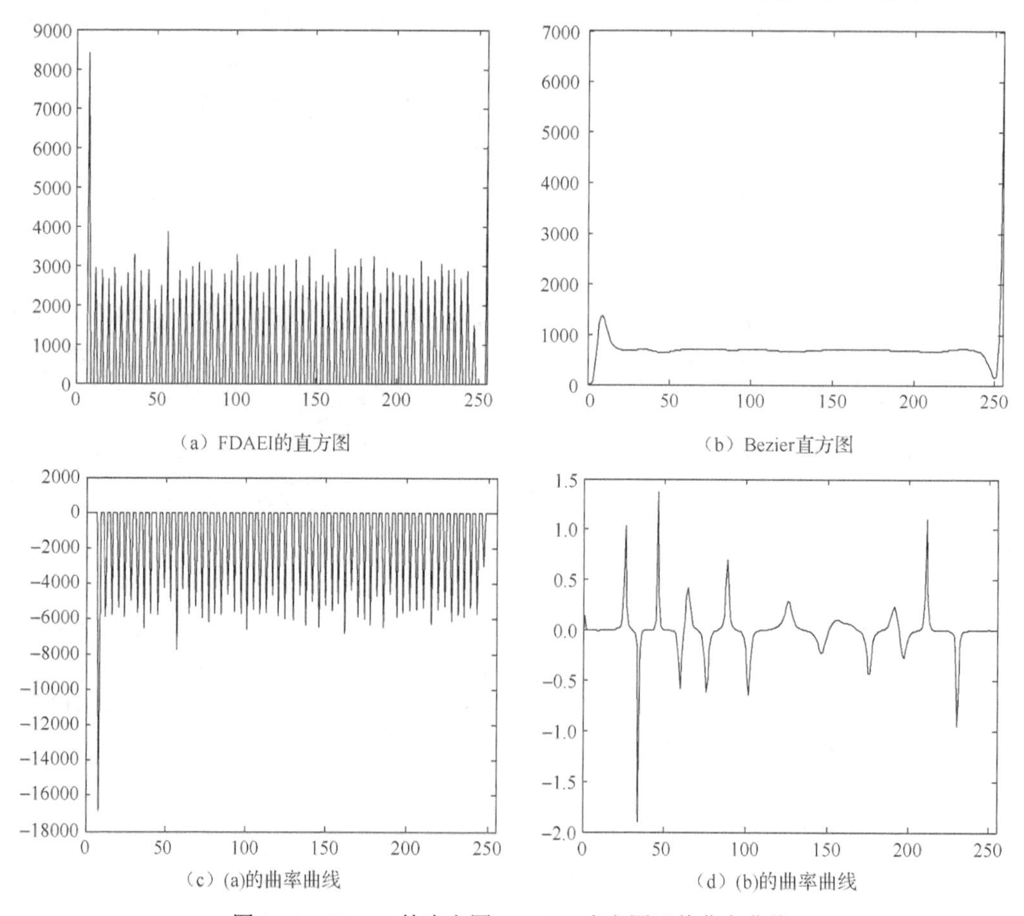

图 4-10　FDAEI 的直方图、Bezier 直方图及其曲率曲线

可以看出，FDAEI 直方图中大部分不需要的峰都被去除了。图 4-11 为 Bezier 直方图的分割过程。由图 4-11 可以看出，台风云系的主体得到了很好的保存，小云团得到了一定程度的减小。表 4-2 显示了图 4-10（d）中的分割阈值，其中加粗字体对应的阈值表示基于式（4-46）的“最优”阈值。使用“最优”阈值可以得到图 4-11（右下角）中的分割结果。图 4-12 分别显示了预分割图像的直方图和 Bezier 直方图。

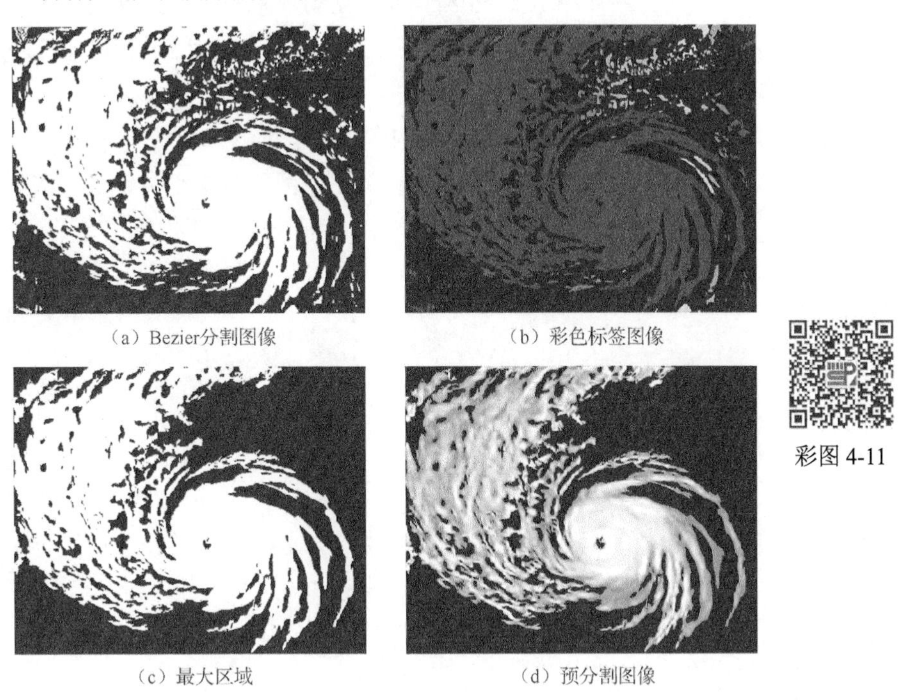

（a）Bezier分割图像　（b）彩色标签图像

（c）最大区域　（d）预分割图像

图 4-11　Bezier 直方图的分割过程

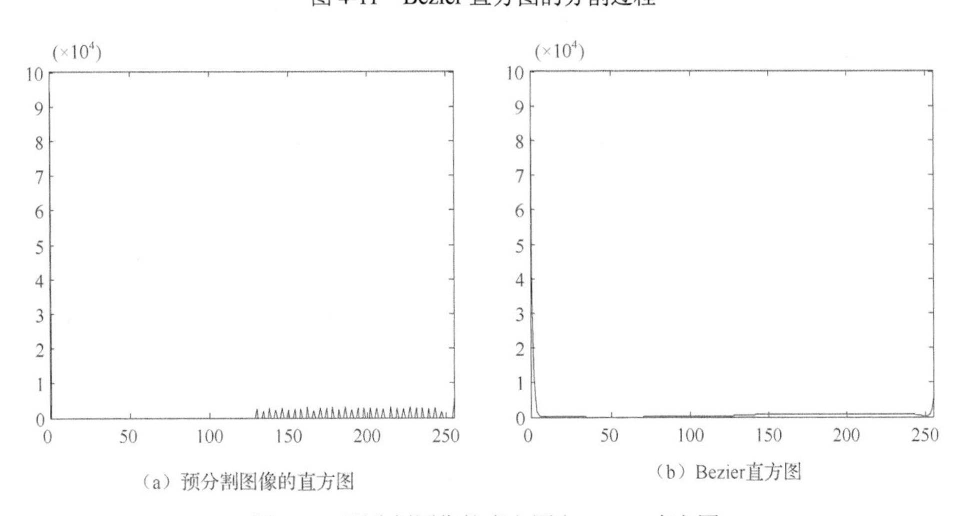

（a）预分割图像的直方图　（b）Bezier直方图

图 4-12　预分割图像的直方图和 Bezier 直方图

表 4-2　分割阈值

编号	1	2	3	4	5	**6**	7	8	9	10	11
阈值	2	27	47	66	90	**127**	157	192	212	223	251

图 4-13（a）为分割前图像的 Bezier 直方图的曲率曲线。图 4-13（b）～（h）分别表示图 4-13（a）在不同尺度下的 CWT 系数。从图 4-13 中可以看出，尺度越大，CWT 域中的波峰数越少。因此，可以使用波峰来确定 ROI 的分割阈值。

图 4-14 显示了在不同尺度下使用确定阈值的分割结果。图 4-14（a）～（g）为所提出的方法在 1～7 尺度下的分割结果和最优分割结果。从以上分割结果可以看出，分割效果越好，尺度越大。然而，当尺度过大时，分割效果会变差。

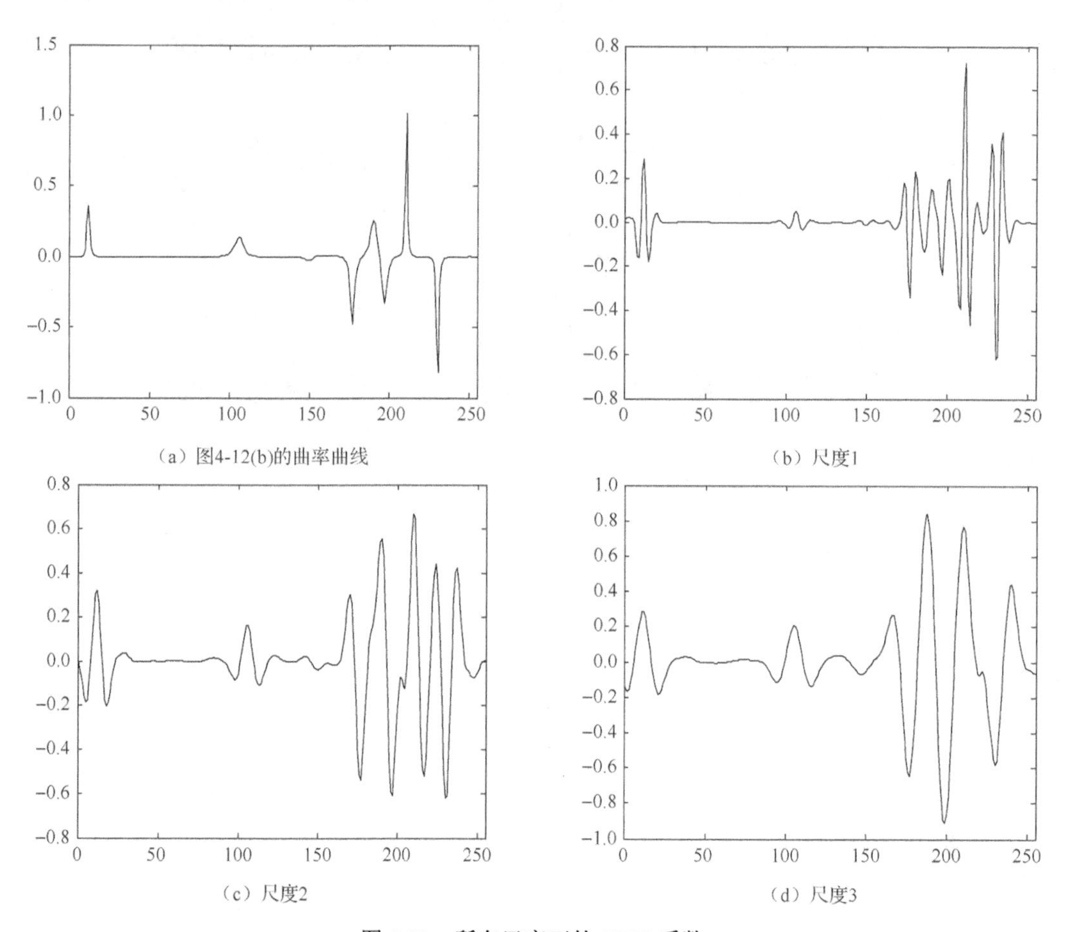

（a）图4-12(b)的曲率曲线　（b）尺度1

（c）尺度2　（d）尺度3

图 4-13　所有尺度下的 CWT 系数

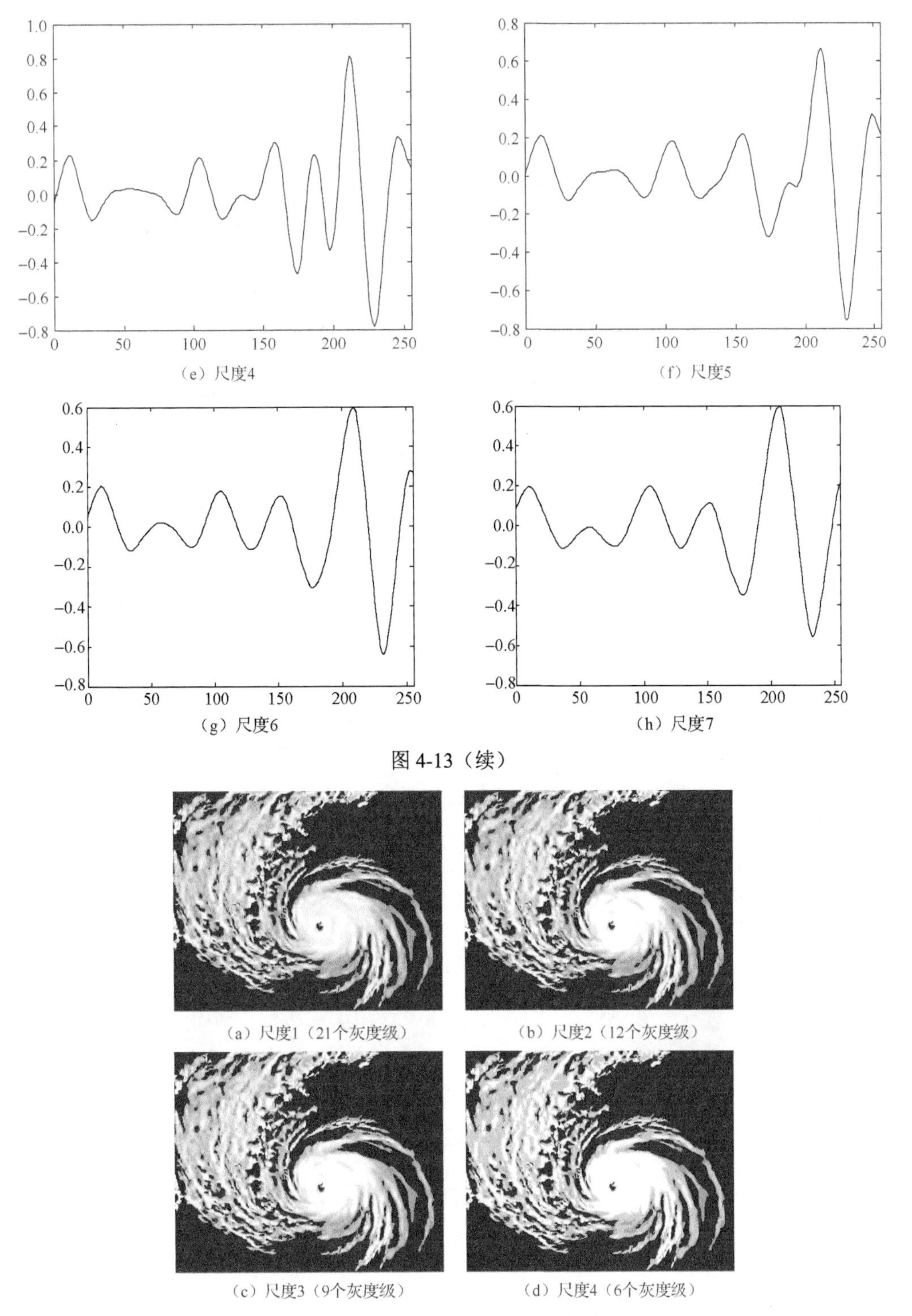

（e）尺度4　（f）尺度5

（g）尺度6　（h）尺度7

图 4-13（续）

（a）尺度1（21个灰度级）　（b）尺度2（12个灰度级）

（c）尺度3（9个灰度级）　（d）尺度4（6个灰度级）

图 4-14　不同尺度下的 ROI 分割结果

（e）尺度5（6个灰度级）　（f）尺度6（5个灰度级）

（g）尺度7（4个灰度级）　（h）最优尺度（尺度6）

图 4-14（续）

表 4-3 列出了调整前后各个尺度下的波峰位置，其中 A 列表示调整后的波峰位置，B 列表示各个尺度下调整前的波峰位置。

表 4-3　各个尺度下调整前后的波峰位置

尺度 7		尺度 6		尺度 5		尺度 4		尺度 3		尺度 2		尺度 1	
B	A	B	A	B	A	B	A	B	A	B	A	B	A
1	1	1	1	1	1	1	1	1	1	1	1	1	1
59	107	59	107	54	107	106	107	39	34	30	34	13	13
106	146	106	146	65	146	136	146	106	107	107	107	21	21
153	255	153	212	106	191	160	191	134	146	124	146	34	34
255		210	255	156	212	188	212	167	174	143	174	96	96
		255		189	255	213	255	189	191	157	191	107	107
				212		255		211	212	171	202	116	116
				255				223	228	191	212	134	134
								255	255	203	228	146	146
										211	255	155	155
										225		164	164
										255		174	174
												181	181
												191	191
												202	202
												212	212
												219	219
												228	228
												235	235
												244	244
												255	255

利用式（4-51）确定最优分割尺度，对分割结果进行评价。权重因子 λ 可以通过实验确定。表 4-4 给出了所有尺度下的分割代价，其中加粗表示最优分割尺度对应的分割代价。L 表示台风云图像分割后的云类数。最优分割尺度通常为较粗尺度，与上述分析相对应。在较粗的尺度上可以准确地检测到曲率信号的微小变化。定位误差采用“由细到粗”的调整方法进行校正。因此，在较粗的尺度下得到了最优的分割结果，从而减少了欠分割和过分割。大量实验结果表明，当 $0.4 \leqslant \lambda \leqslant 0.6$ 时，评价结果与目视识别结果相吻合，可以获得较好的分割效果。因此，建议使用 $\lambda = 0.55$ 对台风云图进行分割。从表 4-4 中可以看出，随着尺度的增大，台风云图像的分割代价数和云类数都有所降低。但是，当尺度增大到一定程度时，分割代价会增加。

表 4-4　各个尺度下分割所利用的云类数（L）和分割代价数（Cost）

指标	尺度 1	尺度 2	尺度 3	尺度 4	尺度 5	**尺度 6**	尺度 7
L	21	12	9	6	6	**5**	4
Cost	9.6747	5.9811	4.7647	3.7928	3.7928	**3.6415**	3.8862

在图 4-14（g）中，台风云图明显被过度分割。台风中心密集云区已与其他云团合并。在图 4-14（a）～（e）中，台风云图像明显分割不足，因为云类太多，无法准确提取台风云云系主体。最后，我们选择尺度 6 作为最优分割尺度，因为它的分割代价最小。从图 4-14（f）中可以看出，从台风云图中可以很好地分割出密集云区的台风中心和台风云系主体。

为了说明所提出算法的有效性，我们将所提出的算法与 H.Q 方法[36]和 Olivo[37]方法进行了比较。图 4-15（a）～（c）分别表示 Olivo 方法、H.Q 方法和本章方法的分割结果。为了验证所提算法的有效性，我们利用其他 4 幅台风云图对所提出的算法进行了测试。4 幅台风云图分别为台风“南川”（NAMTHEUN）（0410，06:58/29 2004 年 7 月，FY-1D）、台风“苏科”（SUDAL）（0401，13:26/12 2004 年 4 月，FY-1D）、台风“玛娃”（MARWAR）（0511，06:57/24 2005 年 8 月，FY-1D）和台风“妮坦”（NIDA）（0402，13:30/17 2004 年 5 月，NOAA-16）。其中，0410 代表 2004 年第 10 号台风；0401 代表 2004 年第 1 号台风；0511 代表 2005 年第 11 号台风；0402 代表 2004 年第 2 号台风；FY-1D 是我国运行的一颗极轨道气象卫星；以上时间都是中国的北京时间。图 4-16～图 4-19 分别为这 4 幅台风云图的实验结果。我们可以得出与图 4-15 相同的结论。

（a）Olivo方法

（b）H.Q方法

（c）本章方法

图 4-15　分割结果

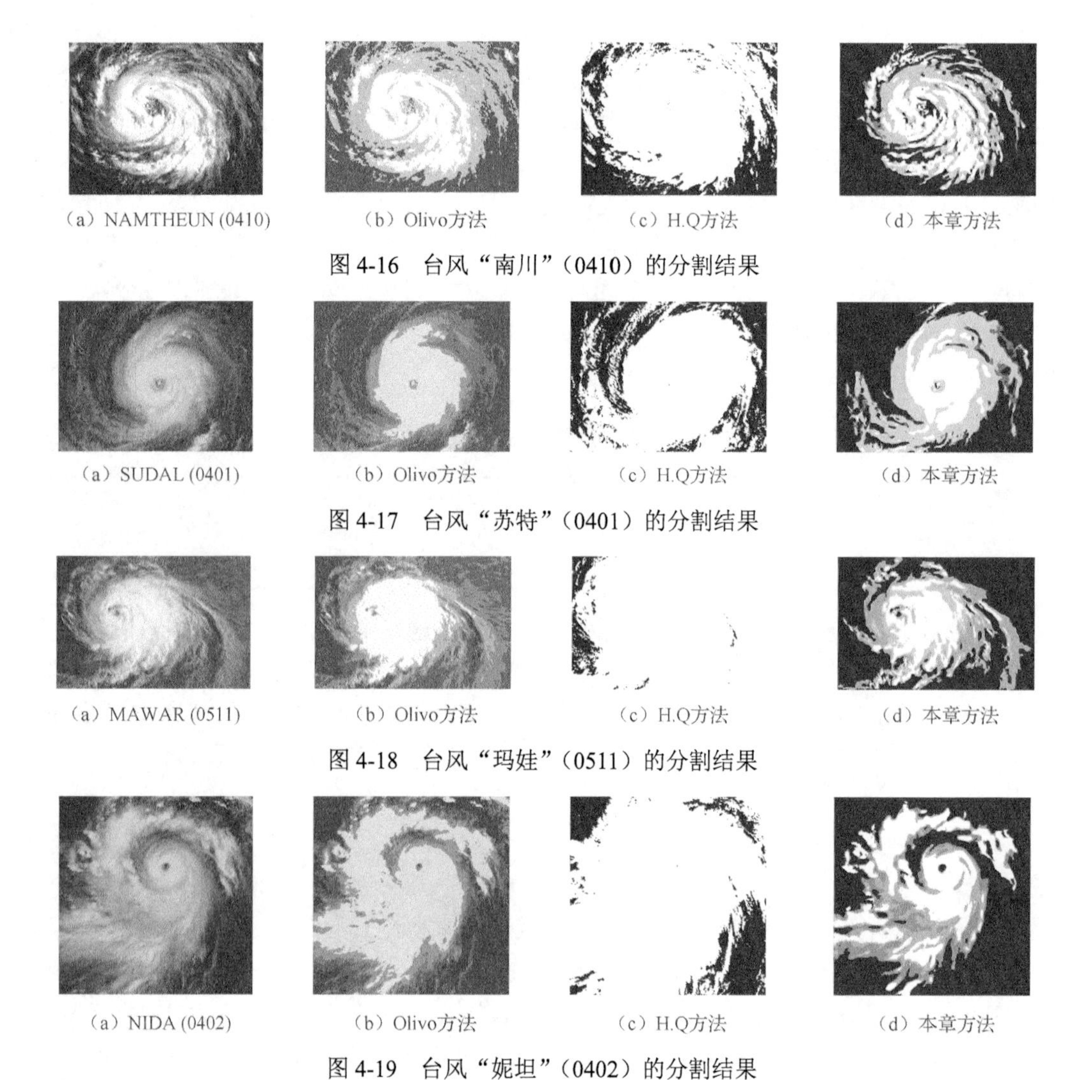

（a）NAMTHEUN (0410)　（b）Olivo方法　（c）H.Q方法　（d）本章方法

图 4-16　台风“南川”（0410）的分割结果

（a）SUDAL (0401)　（b）Olivo方法　（c）H.Q方法　（d）本章方法

图 4-17　台风“苏特”（0401）的分割结果

（a）MAWAR (0511)　（b）Olivo方法　（c）H.Q方法　（d）本章方法

图 4-18　台风“玛娃”（0511）的分割结果

（a）NIDA (0402)　（b）Olivo方法　（c）H.Q方法　（d）本章方法

图 4-19　台风“妮坦”（0402）的分割结果

由图 4-15 可知，利用 Olivo 方法和 H.Q 分散方法获得的分割云图中包含了一些散碎的云团。尽管 Olivo 方法可以将中心密集云区从原来的台风云图中分离出来，但是，一些螺旋云带很明显也被融入了中心密闭云区，这将导致不能精确获得中心密闭云区的边界、形状和尺度。此外，多个右侧的螺旋云带被融合成一个区域，左上方的螺旋云带被分割成碎片，这将导致对螺旋云带宽度和数量的测量不准确。因此，利用 Olivo 方法无法从分割后的图像中获得准确的风场信息。H.Q 方法将云带、中心密集云区和台风眼融合为一个区域。利用 H.Q 方法获得的分割后的云图不能用于描述台风的风场结构。与上述两种方法相比，本章方法能较好地从原始台风云图中分割出中心密集云区、螺旋云带和台风眼，不存在与其他两种方法分割图像的小云团。因此，本章方法获得的分割图像能够准确地反映台风的风场结构。从图 4-16～图 4-19 中可以看出，本章方法可以很好地分割螺旋云带、眼和中心密集云区域。因此，我们可以准确地确定台风眼的大小、云带的宽度和数量、中心密集云区的形状和尺度。这一点在图 4-16（c）～图 4-19（c）中很明显。Olivo 法和 H.Q 法（尤其是 H.Q 法）或多或少将中心密集云区和螺旋状云带融合成一个区域，分割后的云眼并不十分清晰或小于实际尺寸。这将导致对台风风场信息的描述不准确。可见，如果利用 Olivo 法获得分割云图估计的台风强度要大于实际强度，而利用 H.Q 法获得的分割图像根本不能用于台风定强。

为了进一步比较上述 3 种算法的性能，表 4-5 列出了 3 种算法的计算时间。这 3 种算法都是在 Intel（R）奔腾 4 计算机（CPU 2.80GHz，EMS 内存 1.00G）上用 MATLAB 7.0 实现的。由表 4-5 可知，H.Q 方法的计算时间最短，其次是 Olivo 方法和本章方法。本章方法的大部分计算时间用于 DSWT 域的去噪和细节增强。虽然本章方法计算时间最长，但整体分割质量最好。利用本章方法分割后的图像能够有效地描述台风的风场结构。同时，该方法可以很好地利用分割后的图像分析台风的强度。

表 4-5　3 种算法的计算时间

图像名称	“洛坦”（0425）	“南川”（0410）	“苏特”（0401）	“玛娃”（0511）	“妮坦”（0402）
图像尺寸	476×377	444×335	400×300	300×198	300×295
本章方法/s	**32.547**	**25.453**	**20.594**	**11.797**	**15.875**
Olivo 法/s	12.265	11.891	9.422	5.688	7.344
H.Q 法/s	1.907	1.203	1.140	1.250	1.266

实验结果表明，本章方法能有效地分割复杂背景下的台风云团，所提出的方法的综合分割性能优于 Olivo 法和 H.Q 法。H.Q 法是一种基于贝塞尔直方图曲率的人工目标分割方法。该方法计算量小，但分割效果较差。由于该方法是单阈值分割，一些重要的特征或对象会与背景或其他不相关的对象合并。Olivo 方法是基于二进小波变换进行分割，该方法利用小波信号的过零点来确定分割模式。通过“由粗到细”的调整模式，同时调整模式的起始、峰值和结束位置。上一层和下一层的调整模式用于调整当前层的模式。与以上两种方法相比，本章方法很容易实现。采用本章方法，可以通过“从细到粗”的调整模式来调整峰值位置。只用上一层的模式调整当前层的峰值。总之，本章方法对台风云图像的分割非常有效，获得的分割云图可用于描述台风风场结构。

4.2.5 结论

本章提出了一种基于 Bezier 直方图和连续小波变换的台风云图像分割方法。Bezier 平滑性抑制了噪声影响，降低了后续高级图像分析的计算成本。“从细到粗”的调整用于调整所有尺度的峰值位置。该算法在描述台风风场结构方面优于其他两种类似方法。下一步的研究工作包括以下 4 方面内容。

（1）改进去噪和增强方法，减少算法的计算时间。

（2）找到一个好的分割评价准则，得到好的分割结果。

（3）考虑纹理信息，获得较好的分割效果。

（4）利用曲线波变换或轮廓波变换对台风云图进行进一步精确分割。

参 考 文 献

[1] 于波，冯民学，陈必云. 模糊神经网络在台风云系图像识别中的应用[J]. 气象，1996，22（1）：22-25.

[2] 刘正光，林孔元，郭爱民，等. 卫星云图形态特征提取[J]. 计算机研究与发展，1997，34（9）：689-693.

[3] 王虹，余建波，陈明明，等. 基于 FY-2C 气象卫星云图的台风分割方法的研究[J]. 计算机工程与应用，2008，44（20）：188-191.

[4] 刘凯，黄峰，罗坚. 台风卫星云图分割方法研究[J]. 微机发展，2001，11（1）：54-55.

[5] 刘凯，黄峰，罗坚. 基于纹理特征的卫星云图台风自动识别方法[J]. 微型机与应用，2001，20（9）：48-49.

[6] 郝玉龙，程宝义，范茵，等. 基于纹理方向整体分布特征的台风自动识别方法[J]. 中国图象图形学报，2002，7（12）：1319-1322.

[7] 曾明剑，于波，周曾奎，等. 卫星红外云图上台风中心定位技术研究和应用[J]. 热带气象学报，2006，22（3）：241-247.

[8] 师春香，吴蓉璋，项续康. 多阈值和神经网络卫星云图云系自动分割试验[J]. 应用气象学，2001，12（1）：70-78.

[9] 李俊，周凤仙. 气象卫星台风云图的自动识别方法及其应用[J]. 应用气象学报，1992，3（4）：402-409.

[10] 李艳兵，李元祥，瞿景秋. 卫星云图形态特征提取和表示的一种方法[J]. 南京气象学院学报，2006，29（5）：682-687.

[11] 薛俊韬，刘正光，刘还珠. 小波变换在云图边缘处理中的应用[J]. 天津大学学报，2002，35（6）：736-739.

[12] 金梅，张长江，李冰. 红外图像目标快速分割方法[J]. 激光与红外，2004，34（3）：222-224.

[13] 程帅. 基于小波分析的遥感图像增强研究[D]. 成都：成都理工大学，2006.

[14] 姜青香，刘慧平. 利用纹理分析方法提取 TM 图像信息[J]. 遥感学报，2004，8（5）：458-464.

[15] 洪继光. 灰度-梯度共生矩阵纹理分析方法[J]. 自动化学报，1984，10（1）：22-25.

[16] CHEHDI K, LIAO Q. Satellite image segmentation using edge-region cooperation[C]//Proceeding of IEEE Pacific Rim Conference on Communications, Computers and Signal Processing, 1993: 47-50.

[17] SHAN L, BERTHOD M, GIRAUDON G. Satellite image segmentation using textural information, contextual information and map knowledge[C]. Proceeding of International Conference on Systems, Man and Cybernetics. Systems Engineering in the Service of Humans, 1993: 355-360.

[18] WALDEMARK K, LINDBLAD T, BECANOVIC V, et al. Patterns from the sky satellite image analysis using pulse coupled neural networks for pre-processing, segmentation and edge detection[J]. Pattern Recognition Letters, 2000, 21(3): 227-237.

[19] TATEYAMA T, CHEN Y W, ZENG X Y, et al. A color, texture and shape fusion technique for segmentation of high-resolution satellite images[C]//Proceeding of Knowledge-Based Intelligent Information Engineering Systems and Allied Technologies, 2002: 1167-1171.

[20] TATEYAMA T, NAKAO Z, ZENG X Y, et al. Segmentation of high resolution satellite images by direction and morphological filters[C]//Proceeding of the Fourth International Conference on Hybrid Intelligent Systems, 2004: 482-487.

[21] WANG P, XUE J T, LIU Z G, et al. Self-adaptive segmentation for infrared satellite cloud image[C]// Proceeding of the SPIE-The International Society for Optical Engineering, 2001: 388-393.

[22] LOPEZ O E, LAPORTERIE D F, FLOUZAT G. Satellite image segmentation using graph representation and morphological processing[C]// Proceedings of the SPIE - The International Society for Optical Engineering, 2004: 104-113.

[23] INTAJAG S, PAITHOONWATANAKIJ K, CRACKNELL A P. Iterative satellite image segmentation by fuzzy hit-or-miss and homogeneity index[J]. IEE Proceedings-Vision, Image and Signal Processing, 2006, 153(2): 206-214.

[24] 薛俊韬，刘正光，王萍. 红外卫星云图的多值自适应分割[J]. 仪器仪表学报，2006，27(z3)：2166-2167.

[25] BARALDI A, PARMIGGIANI F. Contextual clustering for satellite image segmentation[C]//Proceeding of the IEEE International Geoscience and Remote Sensing Symposium, 1998: 2041-2043.

[26] THITIMAJAHIMA P. New modified Fuzzy c-Means algorithm for multispectral satellite images segmentation[C]// International Geoscience and Remote Sensing Symposium, 2000: 1684-1686.

[27] OOI W S, LIM C P. Fuzzy clustering of color and texture features for image segmentation: a study on satellite image retrieval[J]. Journal of Intelligent & Fuzzy System, 2006, 17(3): 297-311.

[28] REKIK A, ZRIBI M, BENJELLOUN M, et al. A k-means clustering algorithm initialization for unsupervised statistical satellite image segmentation[C]//Proceeding of the First IEEE International Conference on e-Learning in Industrial Electronics, 2006: 6.

[29] VANNOORENBERGHE P, FLOUZAT G. A belief-based pixel labelling strategy for medical and satellite image segmentation[C]//Proceedings of the IEEE International Conference on Fuzzy Systems, 2006: 1093-1098.

[30] YE Z G, LUO J C, BHATTA C P, et al. Segmentation of aerial images and satellite images using unsupervised nonlinear approach[C]//Proceeding of WSEAS Transactions on Systems, 2006: 333-339.

[31] NEAGOE V, FRATILA I. A neural segmentation of multispectral satellite images[C]//Proceeding of the 6th Fuzzy Days International Conference on Computational Intelligence, Theory and Applications, 1999: 334-341.

[32] JAMES P K, JOHN A K, HOWARD I B, et al. Estimating hurricane wind structure in the absence of aircraft reconnaissance[J]. Weather and Forecasting, 2007, 22(1): 89-101.

[33] LIM J S. Two-dimensional signal and image processing [M]. Englewood Cliffs NJ: Prentice Hall, 1990.

[34] KIM J, WOODS J W. Image identification and restoration in the subband domain[J]. IEEE Transactions on Image Processing, 1994, 3(3): 321-314.

[35] LAINE A F, SCHULER S, FAN J, et al. Mammographic feature enhancement by multiscale analysis[J]. IEEE Transactions on medical imaging, 1994, 13(4): 725-752.

[36] QI H, SNYDER W E, MARCHETLE D. An efficient approach to segment man-made targets from unmanned aerial vehicle imagery[J]. Optical engineering, 2000, 39(5): 1267-1274.

[37] OLIVO J C. Automatic threshold selection using wavelet transform[C]//Proceeding of CVGIP: Graphical Models and Image Processing, 1994: 205-218.

[38] CHANG J S, LIAO H Y, HOR M K. New automatic multi-level thresholding technique for segmentation of thermal images[J]. Image and vision computing, 1997, 15(1): 23-34.

第 5 章 基于卫星资料的热带气旋定位方法

5.1 基于分形特征和红外亮温梯度的热带气旋定位

5.1.1 热带气旋中心定位概述

在基于卫星云图的台风中心人工定位中，预报员的经验可以弥补一些客观方法的不足，使台风中心定位的准确性得到保证；但在台风的自动识别和定位中，由于计算机难以自动识别螺旋云带，给台风的自动识别和定位带来困难，定位的准确性往往不高。台风的自动定位在台风业务预报中有着不可替代的作用，因此，如何更好地进行台风自动定位是一项重要的课题。台风云系或多或少存在密闭云区，并且密闭云区具有纹理均匀、平滑及灰度值相对台风边缘云系高的特点。基于台风中心一般都在密闭云区中，本章提出先从台风云系中提取密闭云区，然后根据台风中心是周围气流的汇集点，并且其纹理与密闭云区其他云系不同的特点，进一步确定台风中心。

国内外对于台风中心的自动定位还处于探索阶段。对于有眼台风，定位的准确性较高。对于无眼台风，由于缺乏有效提取及描述台风特征的方法，使定位的效果不是很理想。目前，国内外有关利用气象卫星云图进行台风中心自动定位的研究和尝试主要采用以下 3 种方法[1]。

1）螺旋线拟合法

在含有台风云系的气象卫星云图中，运用数学形态学提取其螺旋云带后，遵循一定的算法进行螺旋线的拟合，确定螺旋线的参数，从而提出螺旋线所在极坐标系的原点，即定位出台风云系的中心位置[2]。不过，螺旋线的准确提取和精确拟合是相当困难的，计算也较复杂。

2）云导风定位法

云导风是通过计算相邻时段云团的运动矢量，并作为对云团周围风场的估计[3-4]。用云导风进行台风中心定位为台风的自动定位提供一种新的途径，但是相邻时序的云图匹配及云导风的求取会有一定的误差，定位的准确性有待进一步提高。

3）旋转定位法

旋转定位法的理论基础是运动学和台风学原理。台风虽然是非刚性物体，但是其中心部分可看成是刚体的运动[5]。旋转定位法一般只适用于台风中心点附近特征云块的动态分析。除了以上的 3 种主要的台风中心定位方法外，还有其他方法，如用遗传算法提取台风中心位置[6]及基于嵌入式隐马尔可夫模型与交叉熵的台风中心定位法[7]。这些方法为台风中心定位提供新的借鉴。

5.1.2 密闭云区的提取

台风云系由螺旋云带、密闭云区和台风中心 3 部分组成，将台风密闭云区的大致区域提取出来，可缩小台风中心所在的范围，然后结合台风中心自身特征进一步定位，就能确定台风中心位置。灰度-梯度共生矩阵纹理分析方法是利用图像的灰度和梯度的综合信息提取纹理特征[8]。为了避免庞大的计算量，将图像分别作灰度和梯度的归一化处理。灰度-梯度共生矩阵计算完成后，可以求出多个统计纹理特征的二次参数。文献[9]给出了 15 种基于灰度-梯度共生矩阵的图像纹理特征统计参数。根据卫星云图的特点，采用 Sarkar 和 Chaudhuri[10]提出的计算分数维的差分盒维数方法来计算分形维数。

密闭云区在卫星云图上表现出灰度平均值较高、像素灰度差距小、纹理均匀光滑的特征。分数维特征描述了纹理的粗糙度与复杂度，灰度-梯度共生矩阵的二次统计特征参数则描述了灰度与纹理的变化程度，因此图像的分形维数和灰度-梯度共生矩阵从不同角度反映了图像的纹理特征[11]，本章结合分形维数和灰度-梯度共生矩阵的 3 个特征向量提取台风密闭云区，通过对台风卫星图像的大量实验，选取平均灰度、小梯度优势及梯度均匀性 3 个二次统计参数结合分形维数用于提取台风的密闭云区域，选取的具体标准是：密闭云区与非密闭云区的特征相差最大；若同是密闭云区或者同是非密闭云区，该特征不敏感，也就是不同样本之间具有一致性。经过比较融合云图中台风密闭云区与非密闭云区域的分形维数、平均灰度、小梯度优势、梯度均匀性，得出密闭云区的平均灰度、小梯度优势、梯度均匀性相对非密闭云区大；密闭云区的分形维数相对非密闭云区小。

运用分形维数和灰度-梯度共生矩阵的 3 个二次统计参数提取台风密闭云区主要步骤如下。①读入之前提取出的台风主体云系图，统计台风云系面积大小，记为 S，因为大小不同的台风云系，其密闭云区大小也不同，可根据 S 的大小粗略判断密闭云区的大小。②采用窗口分析法，窗口大小根据 S 确定。③判断每个窗口是否处在台风边缘，若窗口内像素超过一半灰度值都为 0，则将该窗口判断成位于边缘位置，直接跳过；若窗口不处于边缘位置，则计算该窗口的平均灰度、小梯度优势、梯度均匀性和分形维数。④进一步选取合适的窗口大小来计算窗口的平均灰度、小梯度优势、梯度均匀性及分形维数，此处选取 19×19 的窗口，计算出小梯度优势、梯度不均匀性、平均灰度 3 个特征，计算分形维数时，尺度从 3 取到 9（3，5，7，9）。⑤计算出这些特征矢量后，按照高斯归一化将这 4 个特征矢量归一化，求出归一化后的平均灰度、小梯度优势、梯度均匀性的和与分形维数的差，结果记为 ΔD_i。⑥将窗口遍历整个台风云系图像，得到各个 ΔD_i，$i=1,2,\cdots n$。⑦比较各个 ΔD_i，最大的 ΔD_i 所在窗口就定为台风的密闭云区。

提取密闭云区一方面是为了缩小台风中心所在的范围；另一方面是为了剔除外圈螺旋线的影响，为提取小梯度信息打下基础。基于以上两个目的，是否完整地提取出台风密闭云区并不重要，关键是提取出密闭云区的主体部分，因此根据台风云系本身大小粗略估计密闭云区是可行的。

下面以提取出的台风主体云系试验本算法。图 5-1（a）所示分别是 2007 年 8 月 13 日 23 时 30 分台风“圣帕”发展期的主体云系、2007 年 8 月 14 日 5 时无眼台风主体云系、2007 年 8 月 15 日 3 时有眼台风的主体云系，为便于后续纹理信息的清晰显示，本章只截取台风云系所在 300×300 大小区域的图像。图 5-1（b）分别对应着图 5-1（a）中的各个时刻定位出的密闭云区域，台风主体内黑色区域即为定位出的密闭云区。由图 5-1 可以看出，分形维数和灰度梯度矩阵中的平均灰度、小梯度优势、梯度均匀性 3 个二次统计参数结合可以提取出无眼台风的密闭云区，也可以定位出有眼台风的密闭云区，进而为后续的台风中心定位奠定基础。

（a1）2007年8月13日23时30分

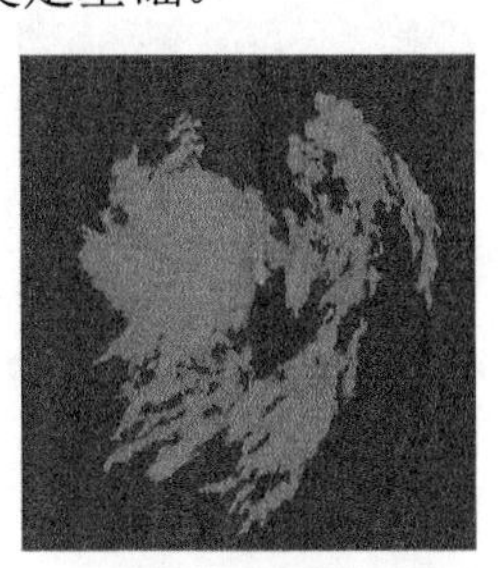
（a2）2007年8月14日5时

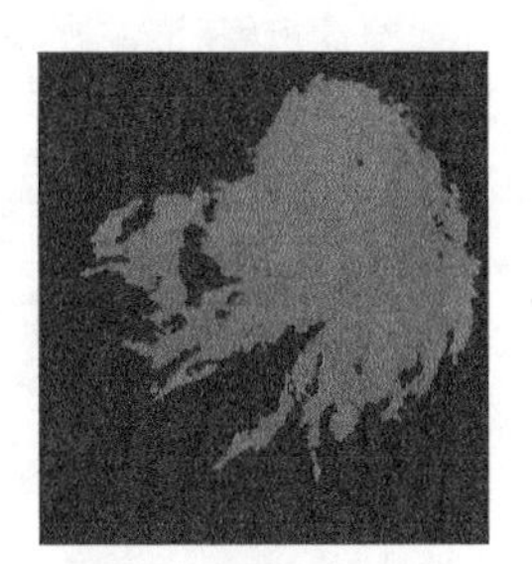
（a3）2007年8月15日3时

（a）台风主体云系

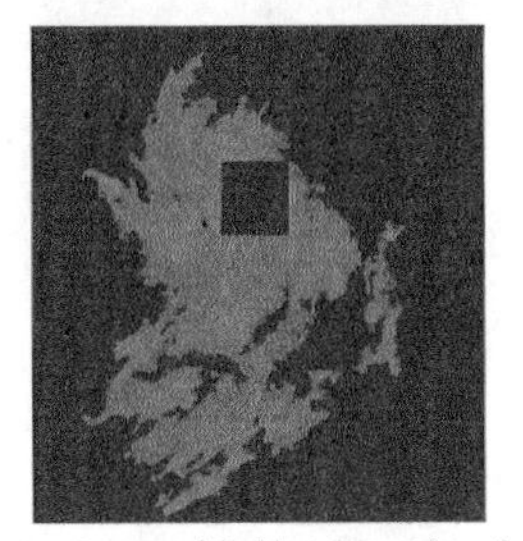
（b1）2007年8月13日23时30分

（b2）2007年8月14日5时

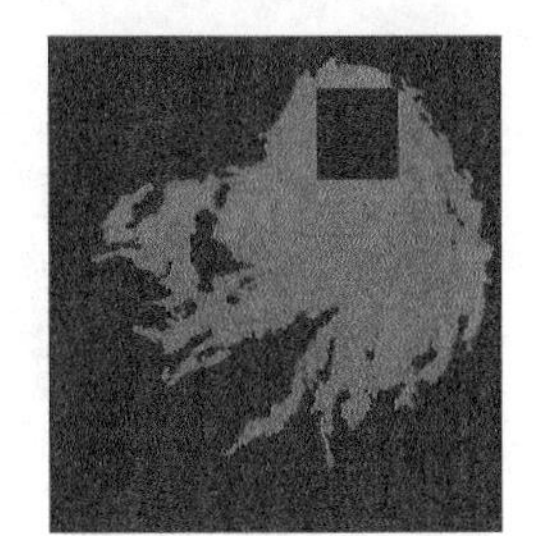
（b3）2007年8月15日3时

（b）对应的密闭云区提取

图 5-1　台风主体云系密闭云区的提取结果

5.1.3 在密闭云区内确定台风中心位置

无论是弯曲云带型、强风切变型、有眼云区型还是中心密闭冷云区型，台风中心一般都位于台风密闭云区内。上节已经提取出台风的密闭云区，本节利用密闭云区进一步确定台风中心区域。由于台风有明显的暖性结构，提取出的密闭云区除台风眼外，温度水平梯度很小。因此，可以先提取出密闭云区内的梯度信息，在该区域内梯度信息丰富的就可定位为台风中心区域。

1. 密闭云区梯度信息的提取

为提取密闭云区的梯度信息，首先将台风主体云系图像用高斯滤波器平滑，然后用一阶偏导有限差分计算梯度幅值。平滑去噪和边缘检测是一对矛盾体，应用高斯函数的一阶导数，在二者之间能获得最佳的平衡。图像函数与高斯函数卷积：

$$J_s(i,j) = G_s(i,j;\sigma^2) \times I_s(i,j) \tag{5-1}$$

式中，$G_s(i,j;\sigma^2)$ 为高斯函数；σ^2 为方差，在高斯算子中 σ^2 的选择很重要；$I_s(i,j)$ 为台风主体图像函数。当 σ 取不同的值时，提取的台风主体云系的梯度信息各不相同，以2007年8月14日5时台风“圣帕”主体云系为例，具体效果如图5-2所示。

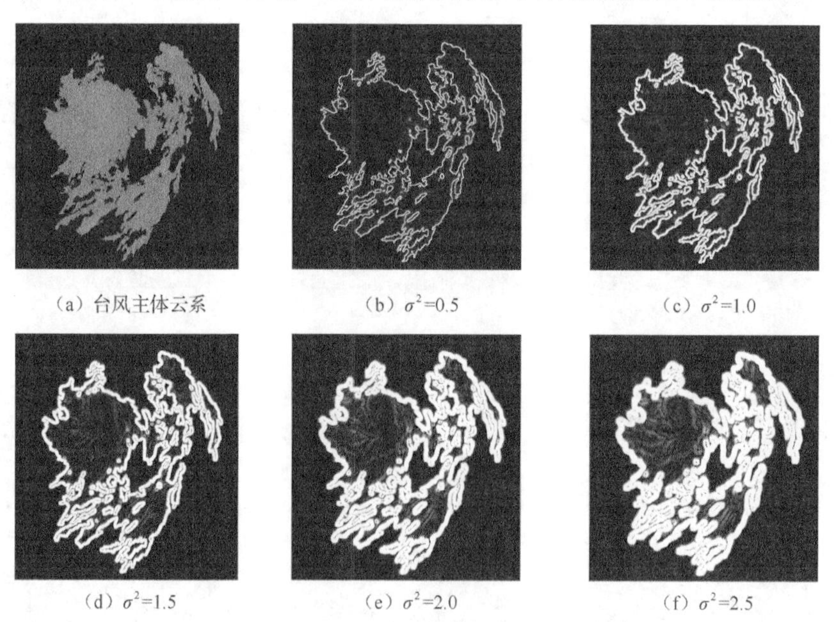

(a) 台风主体云系　(b) σ^2=0.5　(c) σ^2=1.0

(d) σ^2=1.5　(e) σ^2=2.0　(f) σ^2=2.5

图 5-2　σ^2 对提取梯度信息的影响

从图5-2可以看出，σ^2 对提取梯度信息的影响很大。当 σ^2 小时，边缘位置精度高，但边缘细节变化多；当 σ^2 大时，平滑作用大，细节损失多，边缘点定位精度低，梯度信息丰富。基于此，本章中取 $\sigma^2 = 2.0$，此时台风密闭云区也能观察到较清晰的梯度信息，而细节变化多少对判断密闭云区梯度信息的影响并不大。由于密闭云区中梯度信息普遍比较少，为便于观测，可增强密闭云区中的梯度信息。本章中将沿 x 和 y 方向的梯度分别乘以 5 倍，然后用 Canny 算子提取出这些梯度信息，判断该区域中梯度信息密集区，即能判断出台风中心区域。仍以“圣帕”（2007 年 8 月 14 日 5 时）台风密闭云区为例。图 5-3（a）是 $\sigma^2 = 2.0$ 时密闭云区的梯度信息，从图中可以看出，梯度信息不是很明显，增强后［图 5-3（b）］的梯度信息相对更明显了，便于应用 Canny 算子检测梯度边缘，图 5-3（c）即提取出的密闭云区梯度纹理图像。

（a）σ^2=2.0时的梯度信息

（b）增强后的梯度信息

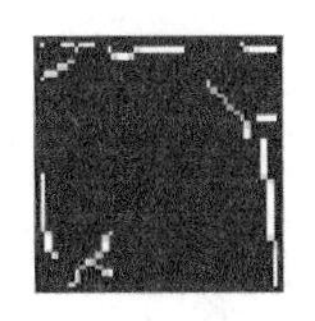

（c）Canny提取出的纹理

图 5-3　密闭云区的梯度信息与纹理

2. 确定中心

密闭云区内梯度信息最丰富的区域就可定位台风中心区域，从有清晰台风眼的台风云系中提取出的梯度信息更有明显特征。根据上一小节提取的纹理信息即为梯度信息，只要找出密闭云区中纹理信息丰富的区域就可定位台风中心区域，若需进一步定位出中心，取该小中心区域的几何中心即为台风正中心。台风眼的平均直径为 45km，最小的为 10～20km，大的可达到 100～150km，而 FY-2C 卫星红外像元星下点空间分辨率为 5km，所以选取 9×9 大小的窗口遍历密闭云区，选出密闭云区内纹理线交点最多的窗口，定位为台风中心区域。若密闭云区内有封闭曲线，该曲线所在区域即为有眼台风中心。有眼台风中心也可依据上述窗口遍历法来判断，只需先判断整个密闭云区内是否有密闭曲线，若有则将该封闭曲线包围的区域定为中心区域；否则将固定窗口纹理线交点最多、密度最大区域定为中心区域。按照上述方法，试验台风“圣帕”的定位结果如图 5-4 所示。

3. 定位结果

本章方法应用于 FY-2C 云图对台风“圣帕”中心进行定位，首先定位出云图上台风中心对应的像素位置，然后利用卫星云图上的经纬度信息，将图像上的像素位置对应于经纬度，确定出台风中心的准确地理位置，与实际中台风中心所在的地理位置比较，检验定位的准确度。结果如表 5-1 所示，表中显示的是 2007 年 8 月 13 日至 2007 年 8 月 18 日 2 时的台风“圣帕”定位情况，本章方法定位的结果为北纬 17.3°、东经 134.9°，中国气象局上海台风研究所编写的台风最佳路径中记录此时刻台风“圣帕”中心位置处在北纬 17.1°、东经 135.1°。由于全球各地纬度 1°的间隔长度都相等，大约是 111km/1°，赤道上经度 1°对应在地面上的弧长大约也是 111km。由此可大致计算出台风中心定位的误差，根据这种计算方法，可以计算本章方法定位 13 日 2 时台风中心位置的距离误差大致为 31km。综观本章方法定位各个时段台风中心的结果，定位误差大致为 0.5°，若结合湿度场、风场信息定位台风中心，效果会更好。后续研究主要是借鉴气象学知识以校准台风中心。

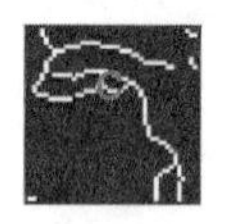

（a）密闭云区的梯度纹理信息　（b）密闭云区中定位出的中心　（c）还原到台风主体云系中的中心位置

图 5-4　台风密闭云区纹理、中心定位及结果图（2007 年 8 月 13 日 23 时 30 分）

表 5-1　台风“圣帕”中心定位结果与实际位置对比

项目	经纬度/（°）					
	8 月 13 日 2 时	8 月 14 日 2 时	8 月 15 日 2 时	8 月 16 日 2 时	8 月 17 日 2 时	8 月 18 日 2 时
本章方法	17.3/134.9	17.5/132.4	15.9/129.8	16.9/127.4	19.5/125.3	23.1/122.2
实际位置	17.1/135.1	16.5/132.4	15.7/129.3	16.7/127.2	19.4/124.8	22.7/122.0

本章方法相较螺旋线拟合法、云导风定位法、旋转定位法来说计算更简单，作为单种定位中心手段也能取得较好的效果，其主要不足在于不能应用于台风消亡后期云图的中心定位。处于消亡后期的台风云系分散，没有稠密云区，不能应用本章方法定位出台风中心，不过台风消亡后期中心定位对台风的预报作用不大，因此本章方法仍有一定的实用价值。

5.1.4　结论

本章简要介绍了 3 种基于卫星云图的台风中心定位方法：螺旋线拟合法、云导风定位法和旋转定位法。基于各种不同类型、不同发展阶段的台风中心大多位于密闭云区内，提出先确定出密闭云区，然后进一步利用台风中心梯度信息的特殊性定位台风中心位置。该方法既可应用于有眼台风的中心定位，也可应用于无眼台风的中心定位，有较高的定位精度。该方法的不足之处在于不能应用于处于消亡后期和没有稠密云区的台风中心定位。

5.2　基于红外亮温梯度偏差角的热带气旋定位

5.2.1　红外亮温方差定位方法的整体思路和流程概述

本方法定位热带气旋中心的整体思路如下。

（1）从云图中利用 CMA 的最佳路径信息大致截取出目标感兴趣区域，并分别用直方图和均值聚类分割方法对感兴趣区域进行分割得到两幅二值图像。这两幅二值图像中一幅可以将热带气旋的主体云系从感兴趣区域中提取出来，另一幅可以将感兴趣区域中梯度值大的位置提取出来。

（2）将上述两幅二值图像进行相与操作，将感兴趣区域中梯度值大且处在热带气旋主体云系中的位置分割出来。这一步能够将热带气旋外面的散块云去除，同时将密闭云区和螺旋云带中红外亮温变化较大的区域单独分割出来。

（3）对上一步相与之后的二值图像进行 Hough 变换检测，获得所需的检测区域，以此来减小热带气旋中心的搜索范围和计算量。

（4）以历经的方式把检测区域中每个点依次设为参考中心，对应检测区域每个点得到一个偏差角矩阵，然后计算每一个偏差角矩阵方差值就可以组成一个方差矩阵，方差矩阵中值最小的位置就是本章算法的热带气旋中心。

（5）运用上述方法对 605 幅卫星云图进行中心定位测试，利用定位结果与 CMA、JMA、JTWA 3 个国家最佳路径资料中的热带气旋中心位置分别计算出定位偏差，并据此进行分析。

本方法定位流程图如图 5-5 所示。

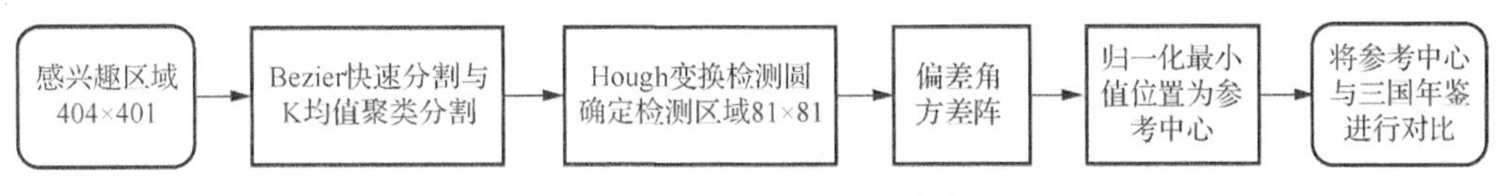

图 5-5　红外亮温方差方法流程图

5.2.2　Bezier 直方图分割

直方图分割是通过观察图像的直方图分布特征来确定最终的分割阈值。如果一幅图像只有亮度比较单一的背景和前景，一般在该幅图像对应的直方图上会存在两个峰，一个峰代表背景，一个峰代表前景，这时只要在两个峰之间取一个合适的阈值就可得到比较好的分割结果。如果图像存在多个灰度值不同的目标区域，则会在对应直方图上产生多个峰，这时要根据实际情况判断并选择一个合适的值作为阈值分割出想要的结果。总的来说，直方图分割类算法都具有简单、算法容易实现、执行速度快的特点[9]。

本章中使用Bezier曲线来平滑直方图，然后根据直方图曲线就可以计算出曲率曲线，最后利用这个曲率曲线可以分辨直方图曲线的峰谷位置并据此得出分割阈值。具体操作是先将一幅灰度图像量化成L个灰度级，这样就可以在灰度直方图中设控制点的位置为$\boldsymbol{\eta}_k=(x_k,y_k),k=0,1,2,\cdots,L-1$。这个控制点代表着一个特定的位置矢量：

$$\boldsymbol{\eta}(t)=\sum_{k=0}^{L-1}\boldsymbol{\eta}_k\gamma_{k,L-1}(t) \tag{5-2}$$

式中，$0\leqslant t\leqslant 1$。$\gamma_{k,L-1}(t)$的定义为

$$\gamma_{k,L-1}(t)=\Psi(L-1,k)t^k(1-t)^{L-k-1} \tag{5-3}$$

式中，$\Psi(L-1,k)$的定义为

$$\Psi(L-1,k)=((L-1)!)/(k!(L-k-1)!) \tag{5-4}$$

利用 Bezier 曲线平滑直方图既可以平滑掉直方图中的“毛刺”，又可以保证图像灰度分布的关键信息不丢失。式（5-2）中的两个位置坐标的参数方程为

$$\begin{cases} x(t)=\sum_{k=0}^{L-1}x_k\gamma_{k,L-1}(t) \\ y(t)=\sum_{k=0}^{L-1}y_k\gamma_{k,L-1}(t) \end{cases} \tag{5-5}$$

相对应地可以得到直方图中每一个控制点处的曲率$\rho(t)$为

$$\rho(t)=\frac{x'(t)y''(t)-y'(t)x''(t)}{\left(x'(t)^2+y'(t)^2\right)^{\frac{3}{2}}} \tag{5-6}$$

得到曲线曲率后便可以依据此得到分割阈值，其中在曲线曲率上的极大值点对应的就是直方图的极小值点。如果在这条曲率曲线上有奇数个这样的极大值点，那么只要取这奇数个点横坐标的中值为阈值。反之，如果在这条曲率曲线上有偶数个极大值点，那么取这偶数个点的横坐标的两个中间值的平均值为阈值。利用得到的分割阈值对卫星云图进行分割得到分割后的图像。

5.2.3 k均值聚类分割

聚类是将一些在内部存在相似性的数据进行分类重组的过程，又称为一种无监督学习。k均值聚类，顾名思义，就是先要给定一个数据集和指定分成k类，然后随机指定k个中心点，接着根据这k个中心点聚类成k类，再根据规则得到新的k个中心点继续聚

类，如此反复进行，最终 k 个中心点不再变化表示聚类完成[12]。k 均值算法的实现过程如下：

（1）对于一组未知分类的数据集合，指定其分类数 k。

（2）随机指定 k 个点作为中心位置用于分类，最好是相互之间距离越远越好。

（3）对数据集合中的每个点，分别计算它到 k 个中心的距离，归入距离最短的那类。

（4）根据上一步得到 k 个类别，再计算每个类别的中心位置成为新的分类中心位置。

（5）转而继续执行第 3 步直到新的中心位置与旧的中心位置一致或达到最大的迭代次数才结束。

上述算法的核心就是通过不断移动每个类别的中心位置，直到这些中心位置不再改变，说明聚类达到了收敛状态。算法原理虽然很简单，但也存在一些问题。归纳起来主要存在以下 3 方面的问题：①需要用户人为干预指定分类的数量 k，k 不同使结果大不相同；②最开始设定的中心位置很重要，设定得好可以快速收敛，而设定得不好可能导致最后陷入局部最优；③k 均值聚类算法的时间复杂度很高，一旦用于计算的数据量比较大会导致收敛速度很慢[13]。

5.2.4　偏差角

偏差角的概念首先由 Pineros 等[14]在 2008 年针对热带气旋提出来，其原理大致可以按如下方式理解。

（1）首先将一个热带气旋极端化，也就是说当一个热带气旋强度非常强时，热带气旋的所有云系都围绕这个热带气旋中心做圆周运动，云系中每个云块受力平衡，这时就可以形成一个“同心漩涡”。

（2）这个“同心漩涡”圈上的每一点的径向方向上的直线同时也是梯度方向上的直线都会通过这个“同心”，也就是热带气旋中心。

（3）但是，现实中不可能存在这么强的热带气旋，即不存在所有云系都围绕这个中心做圆周运动的热带气旋。那么就一般的热带气旋而言，只有可能在密闭云区中心旁边的很小部分存在类似圆周运动，而越往外则是离心力不同的离心运动，如果我们还将它视为圆周运动就会造成径向方向的直线和梯度方向上的直线之间存在偏差，这就是偏差角的来源。

我们将计算点的梯度方向和参考点与计算点间连接线的直线的夹角定义为偏差角，具体计算示意图如图 5-6 所示。设定这个偏差角的取值范围是-90°～90°。如果梯度方向直线在径向方向直线的逆时针一侧时，取值为-90°～0°；如果在顺时针一侧时，取值为 0°～90°。

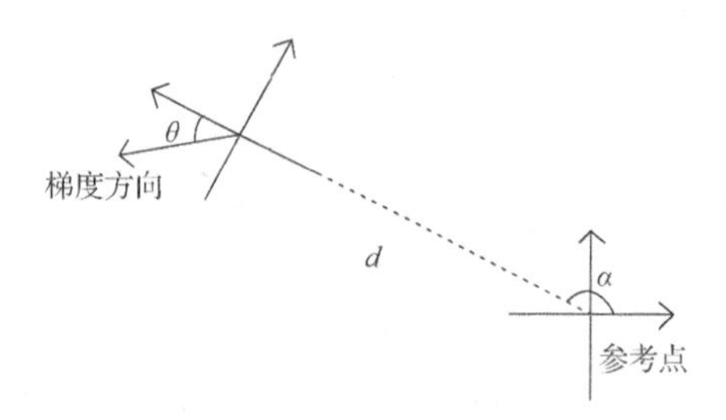

图 5-6　偏差角示意图

注：α 为标准角度；θ 为偏差角度；d 为两点距离。

5.2.5　偏差角方差定位原理

由图 5-6 可知，计算偏差角时需要一个参考点，而一个合适的参考点恰恰是我们需要定位的热带气旋中心。下面用 2014 年第 20 号台风“鹦鹉”2014 年 11 月 3 日 18 时的卫星云图为例进行说明。

从图 5-7（a）中看出，当以 CMA 最佳路径位置为参考中心时，偏差角的整体分布在 10°～40° 的概率很大。再对比图 5-7（b），发现虽然直方图中偏差角的整体分布还在 10°～40°，但这块区域的概率分布整体比图 5-7（a）中的低。同理对比图 5-7（c）～图 5-7（e），发现这些图中也有一些区间概率分布高，但同样集中程度都不如图 5-7（a），而且图 5-7（b）～图 5-7（e）的参考中心分别在图 5-7（a）的 4 个对角方向。要寻找一个值来描述直方图中出现的这种概率分布的集中程度，很自然地想到方差这个变量。这样就能很直观地看出图 5-7（a）直方图中偏差角的方差值比其他 4 幅直方图中偏差角的方差值小，同时其他 4 幅图的参考点在图 5-7（a）参考点的四周。图 5-7（a）参考点用这个量描述时处在了低点，而这个参考点恰恰是 CMA 最佳路径中的热带气旋中心位置。上述原理可以用来定位热带气旋的中心位置。

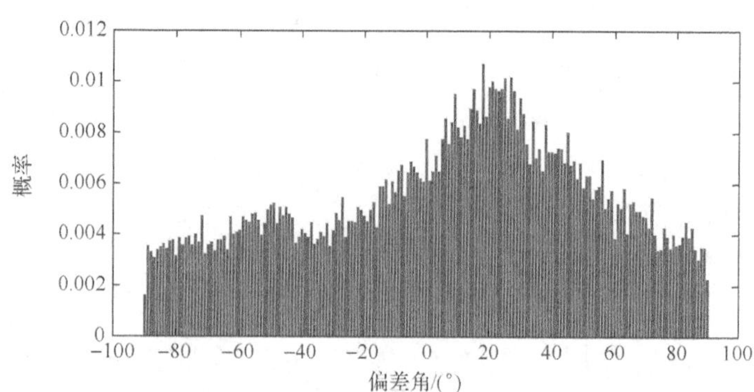

（a）以CMA最佳路径位置“+”为参考中心

图 5-7　台风“鹦鹉”2014 年 11 月 3 日 18 时卫星云图对应密闭云区（161×161）及以不同位置为参考中心的偏差角直方图

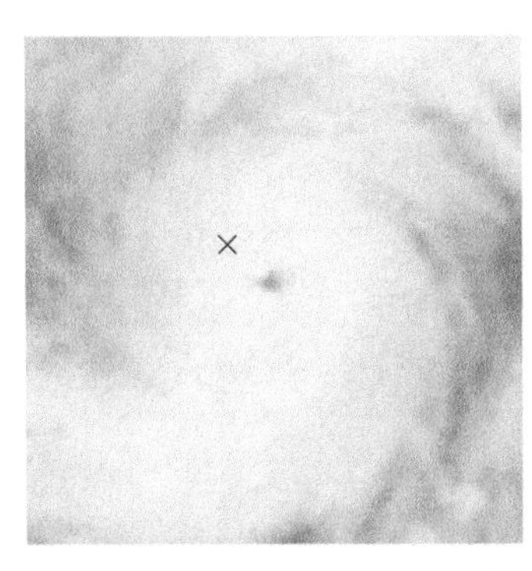

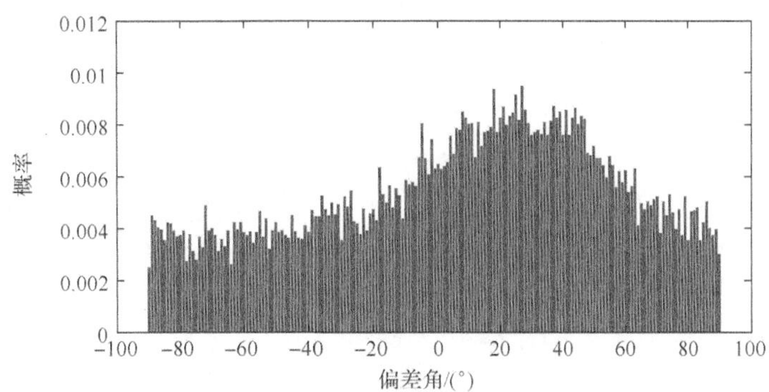

（b）以CMA最佳路径位置左上“×”为参考中心

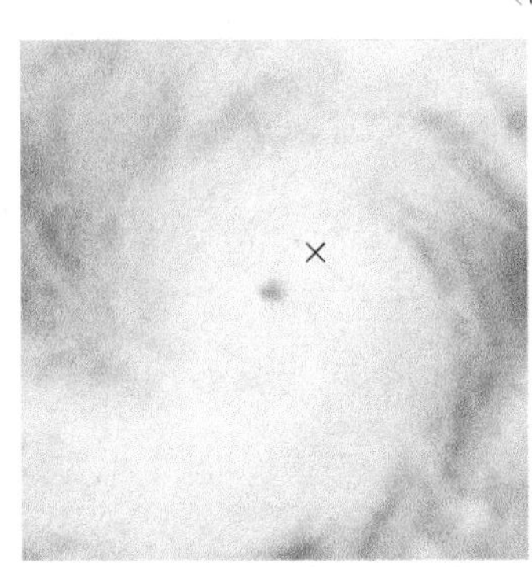

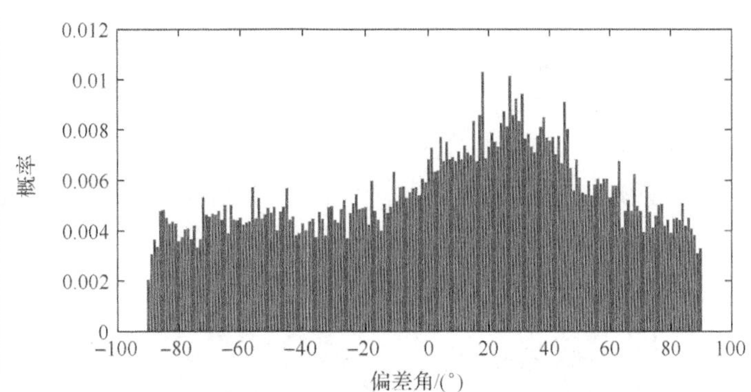

（c）以CMA最佳路径位置右上“×”为参考中心

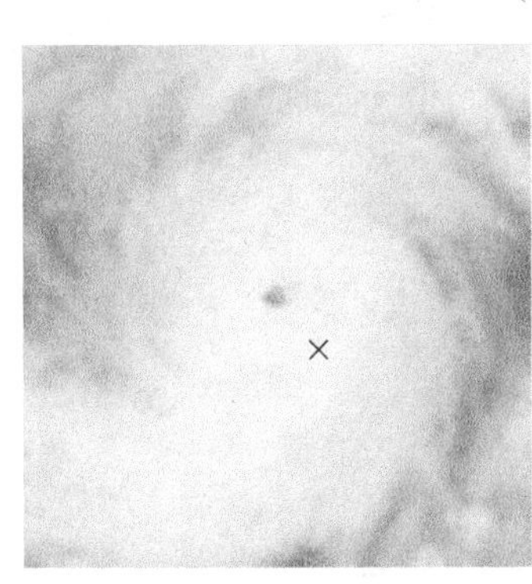

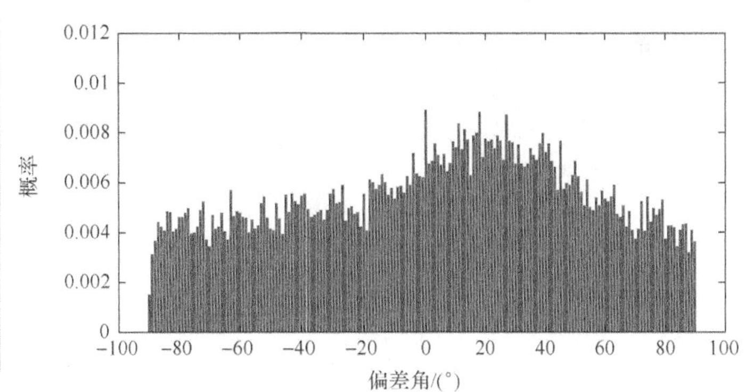

（d）以CMA最佳路径位置右下“×”为参考中心

图 5-7（续）

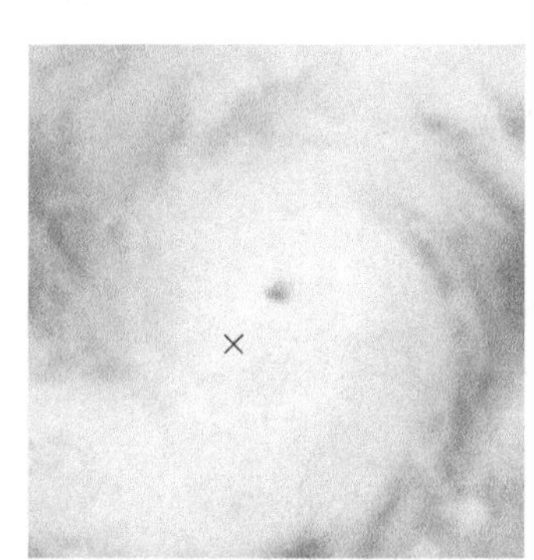

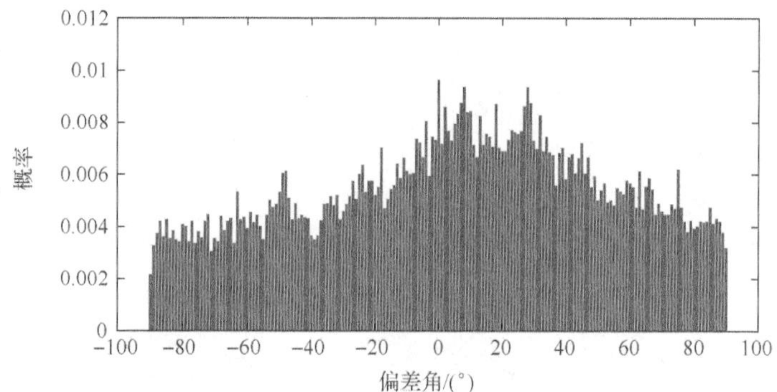

（e）以CMA最佳路径位置左下“×”为参考中心

图 5-7（续）

5.2.6 红外亮温方差方法定位热带气旋中心的实现过程

本章方法以 FY-2E 卫星的世界时间 2013 年 11 月 6 日 6 时的一张云图为例[图 5-8(a)]，首先，利用对应最佳路径位置截取出感兴趣区域，如图 5-8（b）所示。然后，用 Bezier 直方图分割，并将分割后面积小于 1000 个像素点的散云除去，得到包含热带气旋主体云系的二值图像，如图 5-8（c）所示。

（a）世界时间2013年11月6日6时的卫星云图

（b）感兴趣区域(401×401)

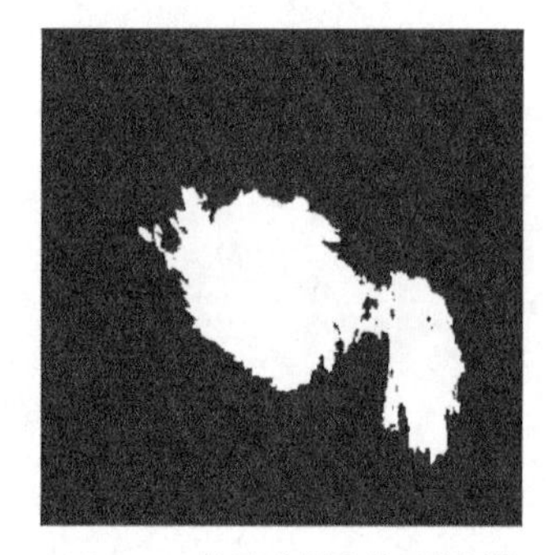

（c）Bezier快速分割后的二值图像(401×401)

图 5-8　热带气旋主体云系二值化

对图像进行 k 均值聚类分割时，分成了两类，即 k=2，而分类的数据则为一个个 4×4 像素小块的灰度方差值，反映的是在这个 4×4 小块中的 16 个灰度值的均匀程度，进而体现这个像素小块灰度值变化的剧烈程度，最终分割出灰度值变化剧烈的像素小块，达到分割图像的效果。首先，从图 5-8（b）中分割得到热带气旋的密闭云区，如图 5-9（a）所示，再将密闭云区进行 k 均值聚类分割得到分割后的二值图像，如图 5-9（b）所示。接着，分割出对应图 5-8（c）的密闭云区部分，如图 5-9（c）所示，而将图 5-9（b）与图 5-9（c）相与便得到了二值图像，如图 5-9（d）所示。

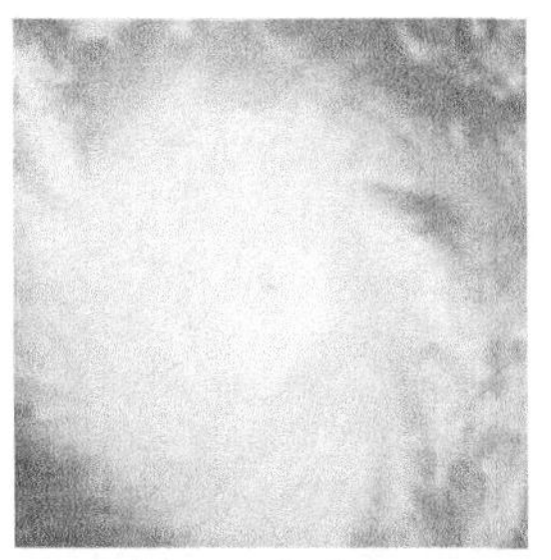

（a）密闭云区部分(161×161)

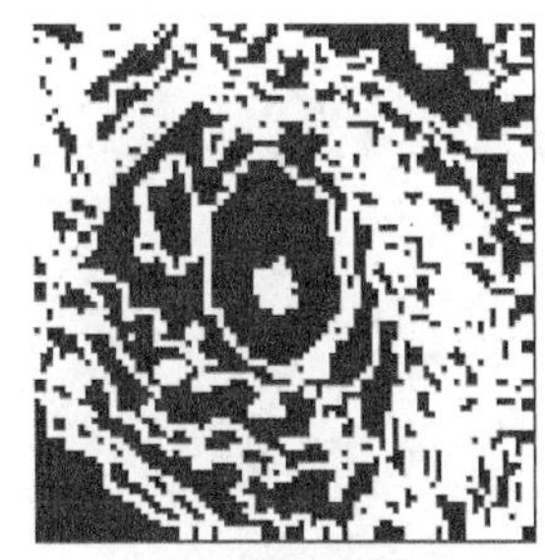

（b）密闭云区部分k均值聚类分割后的二值图像(161×161)

（c）对应图5-8(c)的密闭云区部分(161×161)

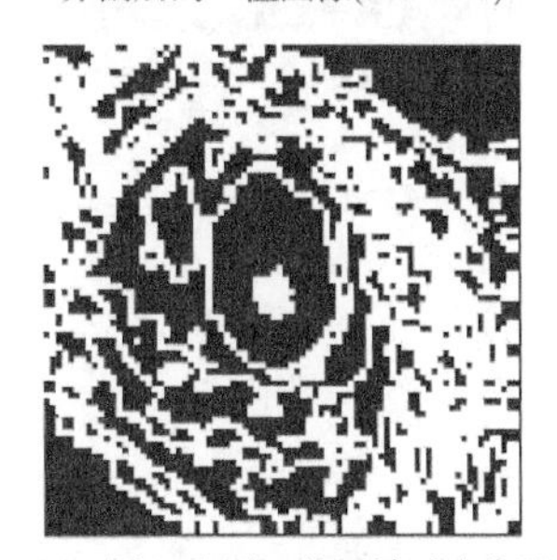

（d）图(b)和图(c)的区域对应位置相与得到二值图像(161×161)

图 5-9　密闭云区亮温变化剧烈区域的提取

只要热带气旋存在较明显的主体轮廓，就可以看见热带气旋主体云系都是接近圆形的。因此，本章方法将图 5-9（d）进行 Hough 变换[15]检测圆得到如图 5-10（a）所示的图像，但由于是多个半径且中心位置也不固定会产生很多圆，本章方法是将这些圆的半径、圆心的横坐标和圆心的纵坐标分别放入 3 个向量中，并计算得到 3 个均值和 3 个方差，接着将半径、横坐标和纵坐标中任意一项不在其对应均值正负 3 倍对应方差范围内的圆舍弃，最后计算得到剩余圆的平均圆心位置；以平均圆心位置为中心，半径选取为图 5-9（d）边长的 1/4（也就是 40 个像素），得到正方形区域即为得到的检测区域（画框区域）。图 5-10（b）中画框区域是对应密闭云区部分的检测区域。Hough 变换主要是为了减少后面步骤中的计算量。因为若不进行 Hough 变换，则需要以 161×161 大小为检测区域，而 Hough 变换之后可将检测区域缩减至 81×81，计算量仅为之前的 1/4。我们在这里用 Hough 变换来检测圆的原理主要是因为热带气旋的主体轮廓接近于圆形。但是也会存在很小一部分强度很弱的热带气旋主体轮廓不太规则，导致检测区域偏离热带气旋中心。

偏差角的具体计算过程和定位结果按如下方式进行。

（1）首先从上一节所提到的检测区域（81×81）中选取一个像素点设为参考点，接着计算密闭云区部分（161×161）每个像素点上的梯度方向。

（2）先从中选取一个像素点，将参考点和这个像素点连接起来形成径向方向上的直线，结合上一步得到的这个像素点的梯度方向，根据梯度方向形成一条梯度方向上的直线。

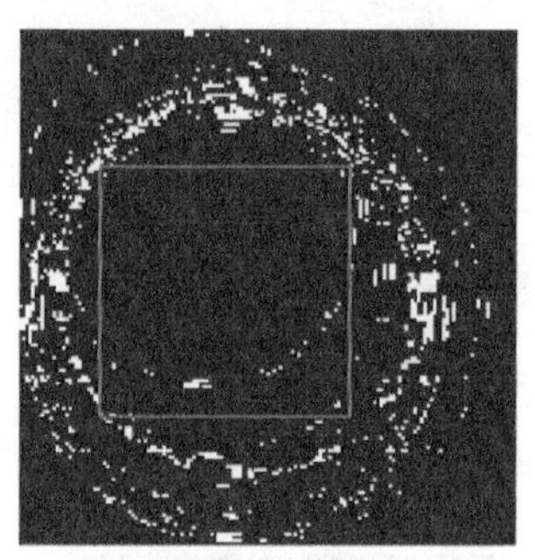

（a）Hough变换后的图像(161×161)得到检测区域(81×81)

（b）对应密闭云区部分(161×161)的检测区域(81×81)

图 5-10　基于 Hough 变换的热带气旋检测区域的提取

（3）再将梯度方向上的直线以顺时针方向到径向方向上的直线的夹角定义为偏差角，设定这个偏差角的取值范围是-90°～90°。图 5-6 中梯度方向直线在径向方向直线的逆时针一侧取值为-90°～0°，如果在顺时针一侧，则取值为 0°～90°。

（4）按照上述方式在检测区域（81×81）中选取一个像素点设为参考点的基础上计算密闭云区部分（161×161）每个像素点上的偏差角，得到一个偏差角矩阵（161×161）。

（5）将这个偏差角矩阵与图 5-9（d）的二值图像做相与操作，将得到矩阵中的非零值提取出来并计算它的方差值，这个方差值就体现了热带气旋主体云系亮温变化剧烈位置上整体偏差角均匀性。

（6）将上一步得到的方差值填入检测区域对应参考点位置，使检测区域每一点都历经（4）和（5）两步，最后将得到偏差角方差矩阵归一化便得到了图 5-11（a）。该图中至最小的点代表以该点为参考中心时对应热带气旋主体云系亮温变化剧烈位置上的偏差角分布相对其他点更均匀。将该点位置定义为热带气旋中心，也就是本章方法检测到的热带气旋中心位置，如图 5-11（b）所示。

（a）检测区域归一化后的显示图像(81×81)

（b）热带气旋的定位结果，用“+”表示TC的中心位置

图 5-11　在检测区域内利用本章方法进行热带气旋中心定位

5.2.7 实验结果与分析

为了检验本章方法的性能，利用 605 幅红外卫星云图作为测试图像定位热带气旋中心，并与 CMA、JMA 和 JTWC 的最佳路径作对比分析。

1. 无眼热带气旋定位结果

对 405 幅无眼热带气旋运用本章方法的定位结果分别与三国最佳路径位置作对比，得到的偏差柱状图如图 5-12 所示。图 5-13 所示为 3 幅无眼热带气旋的定位结果。

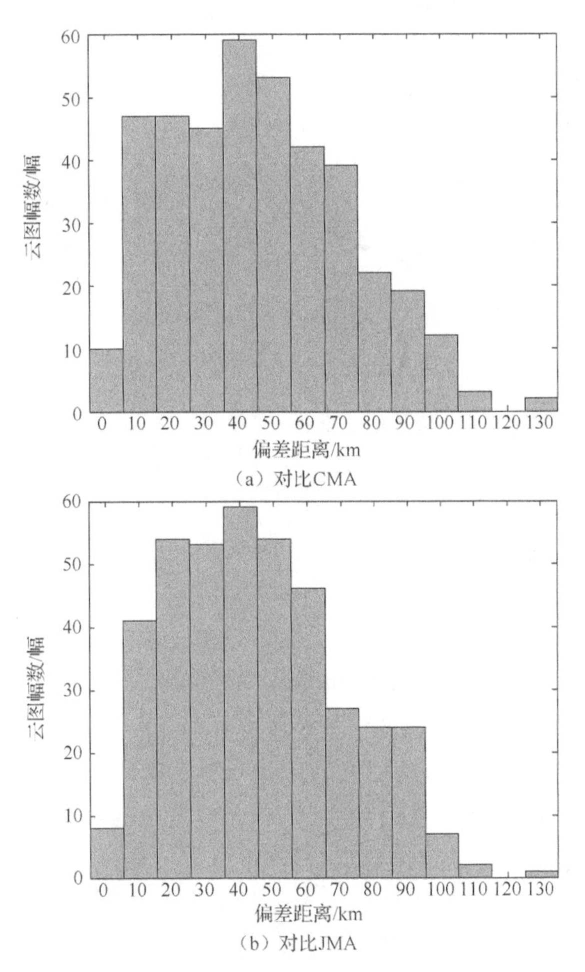

（a）对比CMA

（b）对比JMA

图 5-12　对于 405 幅无眼热带气旋，本章方法分别与 CMA、JMA 和 JTWC 的最佳路径的偏差柱状图

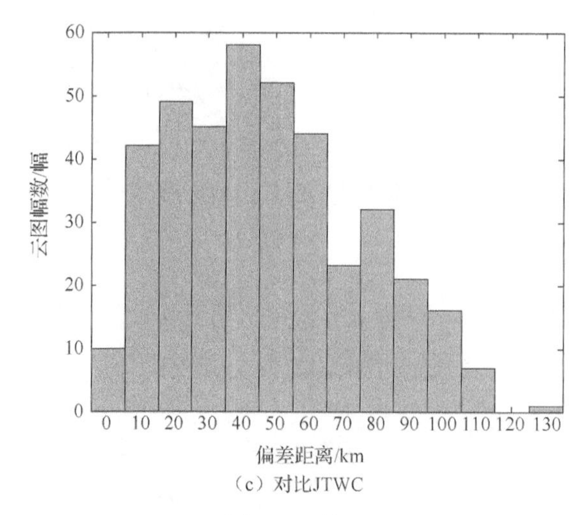

（c）对比JTWC

图 5-12（续）

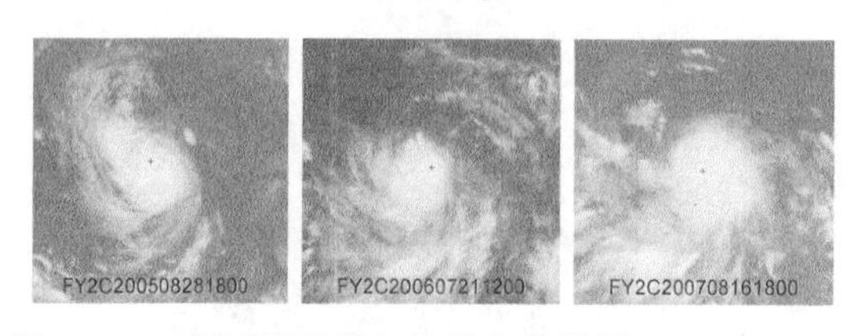

图 5-13　3 幅无眼热带气旋的定位结果（401 × 401）

图 5-12 对比了无眼热带气旋的总体偏差分布，结果发现本章提出的定位方法的定位结果与三国最佳路径位置的偏差主要分布在 10～70km，而峰值都在偏差 40km（图中横坐标的 40km 这条柱状图代表偏差在 40～50km 云图的数量，本章后续出现的定位偏差柱状图坐标表示同样含义）。由图 5-12 可知，图 5-12（c）相较于图 5-12（a）和图 5-12（b）在偏差距离 80km 处及 100km 以后云图数量整体要高，故本章定位结果位置与 CMA 最佳路径位置和 JMA 最佳路径位置的偏差小于与 JTWC 最佳路径位置的偏差。由于本章使用的是发生在包括中国南海在内的西北太平洋中的热带气旋，CMA 和 JMA 不但可以利用卫星监控，还可以利用地面雷达和气象飞机的辅助监测手段，而 JTWC 由于距离过于遥远只能使用卫星监控。可以得出结论，如果是针对西北太平洋的热带气旋，CMA 和 JMA 的定位精度相对会比 JTWC 稍微高一点，这也证明本章方法的可信度较高。图 5-13 是个别无眼热带气旋的定位结果（图中下方字母和数字代表的是该幅卫星云图的卫星名称和云图获取的时间，后续本章中类似的字母和数字表示同样含义）。由图可知，虽然这些云图中的热带气旋没有出现中心眼，但都取得了不错的定位效果。这说明只要热带气旋的外围螺旋雨带轮廓比较清晰，就能取得比较好的定位效果。

2. 有眼热带气旋定位结果

对 200 幅有眼热带气旋运用本章方法的定位结果分别与三国最佳路径位置作对比，

得到的偏差柱状图如图 5-14 所示。图 5-15 所示为 3 幅有眼热带气旋云图的定位结果。

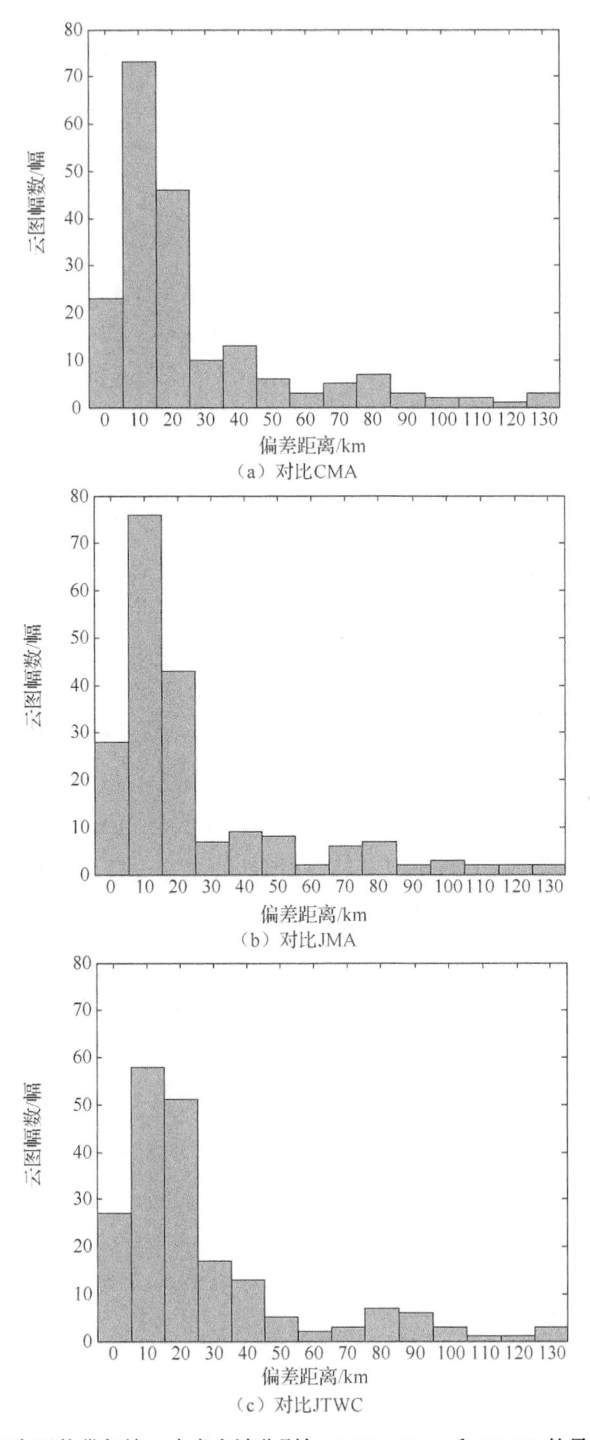

图 5-14　对于 200 幅有眼热带气旋，本章方法分别与 CMA、JMA 和 JTWC 的最佳路径的偏差柱状图

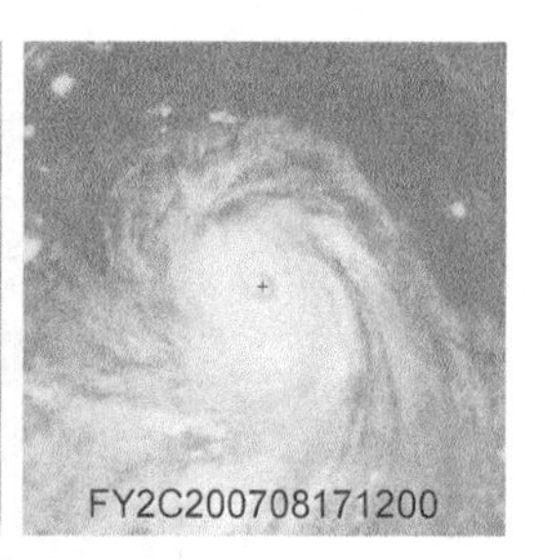

图 5-15　3 幅有眼热带气旋的定位结果（401 × 401）

图 5-14 对比了有眼热带气旋的总体偏差分布，可见本章方法的定位结果与三国最佳路径位置的偏差主要分布在 0～30km，说明对有眼热带气旋的定位取得了较好的效果。与前面的无眼热带气旋定位结果相比较，无眼热带气旋定位偏差主要分布在 10～70km，显然本章方法对有眼热带气旋定位效果优于对无眼热带气旋定位效果。同时，也发现在 0～30km 与 JTWC 的偏差云图数量远小于与 CMA 和 JMA 的偏差云图数量。具体到对应三国最佳路径的偏差比较，与无眼热带气旋一样，定位结果位置与 CMA 最佳路径位置和 JMA 最佳路径位置的偏差距离小于与 JTWC 最佳路径位置的偏差距离。再次证明了对于有眼热带气旋，本章方法同样具有较高的可信度。图 5-15 是 3 幅有眼热带气旋的定位结果图，明显看出本章定位方法取得了较好的定位效果。

3. 混合热带气旋定位结果

将无眼热带气旋定位结果和有眼热带气旋定位结果结合在一起进行分析。混合热带气旋定位偏差分布如图 5-16 所示，可以发现整体偏差峰值主要分布在 10～30km，但与 JTWC 偏差峰值明显小于与 CMA、JMA 的偏差峰值。不同类型热带气旋的定位结果见表 5-2。通过表 5-2 可知，对有眼热带气旋定位平均偏差约为 27km，无眼热带气旋定位平均偏差约为 45km，很明显本章方法对有眼热带气旋的定位效果更好。本章的热带气旋定位结果与 JMA 最佳路径的平均偏差最小，为 38.64km，其次是与 CMA 最佳路径的平均偏差为 39.56km，与 JTWC 最佳路径的平均偏差最大，为 40.78km。总体来看，本章的热带气旋定位结果与 CMA 和 JMA 更加接近。如前所述，本章所利用的红外卫星云图主要源于西北太平洋地区。一般来说，CMA 和 JMA 最佳路径资料可信度更高些，这表明本章提出的热带气旋定位方法具有较高的可信度。

表 5-2　不同类型热带气旋运用本章方法的定位结果位置与三国最佳路径位置的平均偏差对比

热带气旋类型	云图幅数/幅	与 CMA 偏差/km	与 JMA 偏差/km	与 JTWC 偏差/km
无眼热带气旋	405	45.84	44.84	47.15
有眼热带气旋	200	26.82	26.05	27.84
混合热带气旋	605	39.56	38.64	40.78

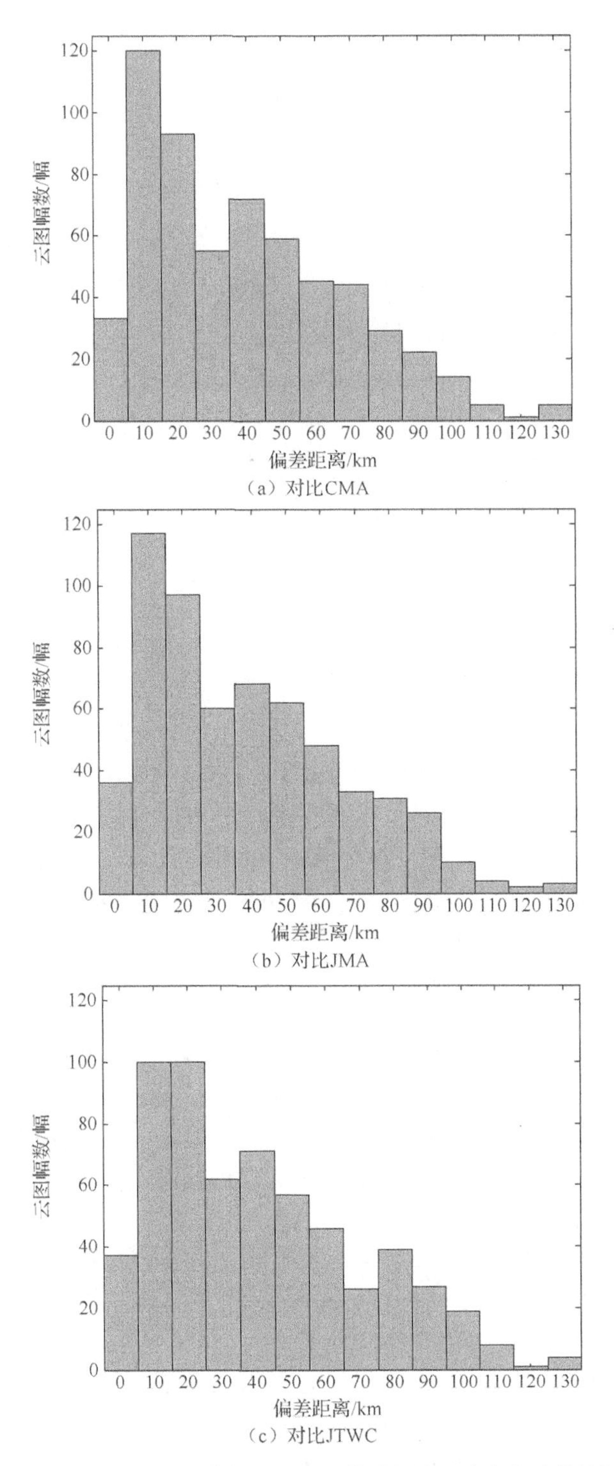

图 5-16　对于 605 幅混合有眼热带气旋和无眼热带气旋，本章方法的结果位置分别与 CMA、JMA 和 JTWC 的最佳路径位置实际距离偏差的偏差柱状图

5.2.8 结论

本章运用直方图分割结合 k 均值聚类分割算法，将仅含有亮温变化剧烈位置的热带气旋主云系的二值图像分割出来，以排除热带气旋主体云系外部的散云及主体云系中的噪声或者其他因素造成的细微纹理干扰。为了减少计算量，运用 Hough 变换检测圆来获得包含热带气旋中心的检测区域。在检测区域内将每个点作为参考点遍历一遍求亮温偏差角的方差矩阵，方差最小值对应的位置即热带气旋中心。利用本章的定位方法对 605 幅红外卫星云图进行热带气旋中心定位，并与三国最佳路径进行对比。结果表明，本章方法对有眼热带气旋的定位效果优于无眼热带气旋的定位效果，定位结果与 CMA 最佳路径位置和 JMA 最佳路径位置的偏差距离小于与 JTWC 最佳路径位置的偏差距离，这也与认知相符合。证明了本章的方法具有较高的可信度，能够为热带气旋定位提供参考借鉴。

参考文献

[1] 余建波. 基于气象卫星云图的云类识别及台风分割和中心定位研究[D]. 武汉：武汉理工大学，2008.

[2] 孔秀梅. 形成期台风螺旋云带的提取、描述及中心定位的研究[D]. 天津：天津大学，2003.

[3] 王振会，曾维麟. 卫星云迹风微机客观导出系统[J]. 南京气象学院学报，1996，19（1）：69-75.

[4] 王振会，许建明，KELLY G. 基于傅立叶相位分析的卫星云图导风技术[J]. 气象科学，2004，24（1）：9-15.

[5] 王燕燕，叶臻，孙慰迟. 台风中心的旋转定位[J]. 中国图象图形学报，2002，7（5）：491-494.

[6] WONG K Y, YIP C L, LI P W. Automatic tropical cyclone eye fix using genetic algorithm[J]. Expert Systems with Applications, 2008, 34(1): 643-656.

[7] 王丽军. 基于嵌入式隐马尔可夫模型与交叉熵的台风中心定位[D]. 天津：天津大学，2006.

[8] 姜青香，刘慧平. 利用纹理分析方法提取 TM 图像信息[J]. 遥感学报，2004，8（5）：458-464.

[9] 金梅，张长江，李冰. 红外图像目标快速分割方法[J]. 激光与红外，2004，34（3）：222-224.

[10] CHAUDHUR I B B, SARKAR N. Texture segmentation using fractal dimension [J]. IEEE Transactions Pattern Analysis and Machine Intelligence, 1995, 17 (1): 72-77.

[11] 刘凯，黄峰，罗坚. 基于纹理特征的卫星云图台风自动识别方法[J]. 微型机与应用，2001，20（9）：48-49.

[12] 谷瑞军，叶宾，须文波. 基于谱聚类的两阶段颜色量化算法[J]. 中国图象图形学报，2007，12（10）：1922-1925.

[13] 李苏梅，韩国强. 基于 K-均值聚类算法的图像区域分割方法[J]. 计算机工程与应用，2008，44（16）：163-167.

[14] PINEROS M F, RITCHIE E A, TYO J S. Objective measures of tropical cyclone structure and intensity change from remotely sensed infrared image data[J]. IEEE Transactions on Geoscience and Remote Sensing, 2008, 46(11): 3574-3580.

[15] 贾永红. 数字图像处理[M]. 武汉：武汉大学出版社，2003.

第6章 基于卫星资料和机器学习的热带气旋客观定强方法

6.1 基于红外亮温梯度和相关向量机的有眼热带气旋定强

在大气环流中，当温度较高的暖流与温度较低的冷流相遇时，容易产生多雨天气。热带气旋来临时常常伴随大风大雨，尤其在眼壁附近区域的最大风速区，雨量非常大，因此，在最大风速区域，冷暖流交替也是最强烈的[1]。在红外卫星云图中，热带气旋眼壁内侧呈现低亮温，而眼壁外侧呈现高亮温，热带气旋眼壁处的亮温信息变化相当强烈，眼壁处的亮温梯度信息反映了眼壁亮温变化的剧烈程度，即眼壁处的亮温梯度信息反映了眼壁区域的最大风速。热带气旋最佳路径的中心风速描述的是热带气旋底层中心附近的最大平均风速，因此本章选取眼壁梯度最大值及不同概率下的梯度均值作为刻画有眼热带气旋强度的特征因子，分别构建基于单特征及多特征因子的热带气旋客观定强模型。基于红外云图和机器学习的有眼热带气旋客观定强模型流程图如图 6-1 所示。

6.1.1 基于 GAC 模型的 PDE 分割

随着 PDE 理论和技术发展的日趋成熟，PDE 方法被越来越多地用于图像处理领域。利用 PDE 方法进行图像处理的主要思想是将图像处理的过程转化为建立 PDE 并求解的过程，而 PDE 的解就是图像处理的结果。可见，使用 PDE 方法进行图像处理的关键是建立合适的 PDE。基于 PDE 的图像处理法比傅里叶变换和小波变换更具局部适应性[1]。

热带气旋眼区信息对于热带气旋定强和强度预测有着重要的意义。但是，研究者在实际研究中经常使用主观分析法来定位热带气旋眼区。因此，自动且准确地使用卫星云图分割热带气旋眼壁显得非常重要。由于有眼热带气旋的眼壁轮廓是一条不规则的闭合曲线，一般的图像分割方法难以成功分割眼壁。基于 PDE 的图像分割方法能较好地处理上述问题，因此，本章采用基于 PDE 的图像分割方法对有眼热带气旋的眼壁进行分割处理。

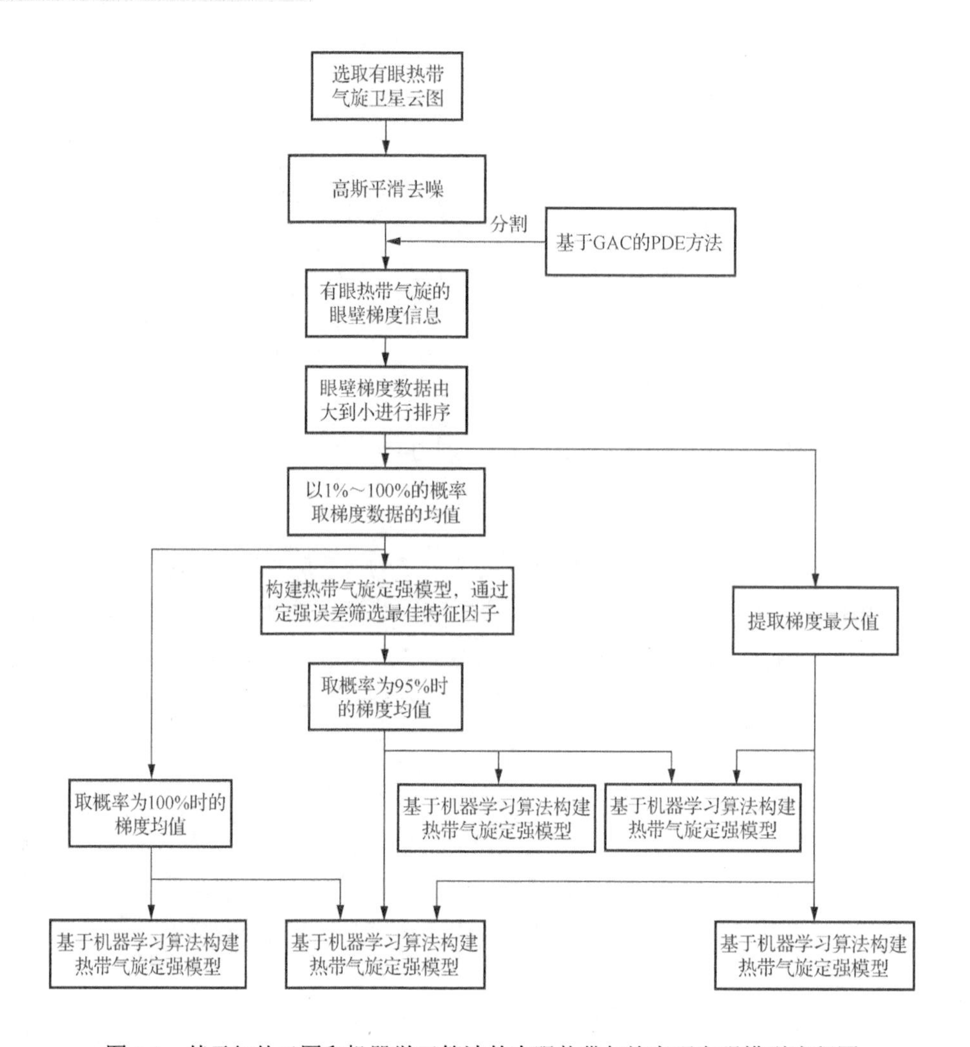

图 6-1　基于红外云图和机器学习算法的有眼热带气旋客观定强模型流程图

1998 年，Kass 等[2]提出活动轮廓模型，即 Snakes 模型，也称参数模型。但是，Snakes 模型的能量函数依赖于参数，不同的参数会形成不同的能量函数，最终将得到不同的目标边缘。另外，若演化曲线远离目标边缘，则可能得到错误的边缘，因此 Snakes 模型的初始化演化曲线的位置选取很重要。1988 年，Osher 和 Sethian[3]提出水平集方法，该方法不仅克服了 Snakes 模型的缺点，拓宽了 Snakes 模型的应用范围，也发展了活动轮廓模型的理论。

图像处理领域有两类主要的形变模型：参数活动模型和几何形变模型。Caselles 等[4]和 Malladi 等[5]以曲线演化理论和水平集方法为基础，分别独立提出几何活动轮廓模型，该模型通过更新水平集函数使轮廓线运动。1997 年，Caselles 等[6]提出测地活动轮廓（geodesic active contour，GAC）模型，该模型的主要优势是没有自由参数，能获得唯一且准确的目标边缘。本章采用基于 GAC 的 PDE 方法来分割有眼热带气旋的眼壁，从而获得眼壁梯度信息。

GAC 模型的主要思想是将图像分割问题转化为最小化一个封闭曲线 $C(p)$ 的能量泛函 $\mathrm{E}[C(p)]$，该能量函数可表示为

$$\mathrm{E}[C(p)] = \alpha\int_0^1 |C'(p)|^2 \mathrm{d}p + \beta\int_0^1 |C''(p)|^2 \mathrm{d}p - \lambda\int_0^1 |\nabla I[C(p)]| \mathrm{d}p \tag{6-1}$$

式中，p 为曲线 C 的位置参数；α 、β 、λ 为正值常量。1997 年，Caselles 等[6]提出，当 $\beta = 0$ 时，曲线平滑仍可实现，即公式可表示为

$$\mathrm{E}[C(p)] = \alpha\int_0^1 |C'(p))|^2 \mathrm{d}p - \lambda\int_0^1 |\nabla I[C(p)]| \mathrm{d}p \tag{6-2}$$

定义一个严格递减的函数 $g:[0,+\infty]$，当 $r \to \infty$ 时，$g(r) \to 0$。因此，$-|\nabla I|$ 可以被 $g(|\nabla I|)^2$ 代替，然后获得一个一般形式的能量函数：

$$\mathrm{E}[C(p)] = \alpha\int_0^1 |C'(p)|^2 \mathrm{d}p + \lambda\int_0^1 g(|\nabla I[C(p)]|)^2 \mathrm{d}p \tag{6-3}$$

式（6-3）中 $\mathrm{E}[C(p)]$ 依赖于曲线的形状、位置及位置参数 p 。将活动轮廓模型转变为 GAC 模型后，可避免对参数 p 的依赖。然后，能量泛函可写为

$$L_R(C) = \int_0^{L(C)} g\left(|\nabla I[C(p)]|\right) \mathrm{d}s, L(C) := \oint |C'(q)| \mathrm{d}q = \oint \mathrm{d}s \tag{6-4}$$

式中，$L(C)$ 为欧几里得弧长；$L_R(C)$ 为加权后的弧长。根据曲线演化规则和水平集数值化方案的图像分割，可得

$$\frac{\partial u}{\partial t} = \delta|\nabla u| = \left[g(I)(c+\kappa) + \nabla g \cdot \frac{\nabla u}{|\nabla u|}\right]|\nabla u| = g(I)c|\nabla u| + g(I)\kappa|\nabla u| + \nabla g \cdot \frac{\nabla u}{|\nabla u|}|\nabla u|$$

$$= cg(I)|\nabla u| + \mathrm{div}\left(g(I)\frac{\nabla u}{|\nabla u|}\right)|\nabla u| \tag{6-5}$$

最终，采用基于双曲型方程的迎风差分方法[7]计算式（6-5）离散化后的方程。由于式（6-5）的系数 $cg(I)$ 总为正值，故该项的迎风方案为

$$Q_{1,ij} = cg(I)\nabla_{ij}^{(-)} \tag{6-6}$$

不确定式（6-5）中的系数 $s_{ij} = \mathrm{div}\left(g(I)\frac{\nabla u}{|\nabla u|}\right)_{ij}$ 为正值还是负值，故该项的迎风方案为

$$Q_{2,ij} = \max(s_{ij},0)\nabla_{ij}^{(-)} + \min(s_{ij},0)\nabla_{ij}^{+} \tag{6-7}$$

最终，得到显式方案为

$$u_{ij}^{n+1} = u_{ij}^{n} + \Delta t\left(cg(I)\nabla_{ij}^{(-)} + \max(s_{ij},0)\nabla_{ij}^{(-)} + \min(s_{ij},0)\nabla_{ij}^{+}\right) \tag{6-8}$$

6.1.2　热带气旋眼壁分割结果

本章选用我国 FY-2 号静止卫星的红外 1 通道的有眼热带气旋云图作为有眼热带气

旋客观定强的云图资料。现以 2014 年 1419 号热带气旋“黄蜂”（2014 年 10 月 8 日 0 时，世界时间）为例，利用基于 GAC 模型的 PDE 方法分割有眼热带气旋的眼部区域，并提取眼壁的亮温梯度信息，如图 6-2 所示。

（a）热带气旋区域云图　（b）去噪后的云图　（c）分割初始状态的云图　（d）分割结束后的云图

图 6-2　有眼热带气旋的眼壁分割过程

图 6-2（a）为从红外卫星云图中截取出来的热带气旋区域云图，图 6-2（b）为经过高斯滤波平滑后的热带气旋云图，图 6-2（c）为分割初始状态云图，图 6-2（d）为分割结束后的热带气旋云图，并已从热带气旋眼壁提取亮温梯度信息。由图 6-2 可知，热带气旋眼壁呈不规则的轮廓线，本章所用的分割方法能有效且准确地分割热带气旋眼区，并提取亮温梯度信息。

6.1.3　RVM 概述

近年来，机器学习算法在图像处理、生物特征识别、机器视觉、数据挖掘和智能预测等领域取得很大的进展。Micnacl[8-9]提出相关向量机（relevance vector machine，RVM）。相比支持向量机（support vector machine，SVM），RVM 是基于贝叶斯的概率学习模型，能获得更稀疏化的模型和给出预测的概率信息，并且不受核函数必须满足 Mercer 条件的约束。因本章所用为 RVM 回归模型，故对回归模型原理进行概述。

对于训练样本 $\left\{x_n,t_n\right\}_{(n=1)}^{N}$，其中 $\left\{x_n\right\}_{n=1}^{N}$ 输入向量，t_n 为输出向量，假设输入和输出都是独立同分布，则

$$t_n = y(x_n;w) + \varepsilon_n \tag{6-9}$$

式中，ε_n 为独立同分布的高斯噪声，即 $\varepsilon \in N(0,\sigma^2)$。由式（6-1-9）可得 $p(t_n|x)=N(t_n\mid y(x_n),\sigma^2)$。那么，RVM 模型的输出可表示为

$$y(x;w) = \sum_{i=1}^{N}\omega_i K(x,x_i) + \omega_0 \tag{6-10}$$

式中，$K(x,x_i)$ 为核函数；$w=\left[\omega_0,\omega_1,\cdots,\omega_N\right]^T$ 为权值向量。常用的核函数主要有以下几种。

① 线性核函数：

$$K\left(x_i,x_j\right)=x_i^T x_j \tag{6-11}$$

② 多项式核函数：

$$K\left(x_i,x_j\right)=\left(\gamma x_i^T x_j+r\right)^d,\ \gamma>0 \tag{6-12}$$

③ 高斯核函数：

$$K\left(x_i,x_j\right)=\exp\left(-\frac{\left\|x_i-x_j\right\|^2}{2\sigma^2}\right) \tag{6-13}$$

④ 柯西核函数：

$$K\left(x_i,x_j\right)=\left(\frac{\left\|x_i-x_j\right\|^2}{\sigma}+1\right)^{-1} \tag{6-14}$$

⑤ Sigmoid 核函数：

$$K\left(x_i,x_j\right)=\tanh\left(\gamma x_i^T x_j+r\right) \tag{6-15}$$

核函数的作用是将低维中线性不可分的问题转化到高维中线性可分的问题，从而解决许多低维中难以处理的高维非线性问题，也体现了 RVM 的高维非线性处理能力。各种核函数中应用最广泛的是高斯核函数，即径向核函数（radial basis function，RBF）。高斯函数核对数据中的噪声有着较好的抗干扰能力，核函数中的参数影响函数作用的范围：若核函数带宽设置得过小，则容易导致过拟合；若设置得过大，则会导致过平滑。因此，设置合理的核函数带宽对 RVM 的分类或回归模型有重要的影响。本章基于 RVM 构建热带气旋客观定强模型，并分别选择 Gauss 核、Poly3 核和 Cauchy 核来测试热带气旋定强模型的误差结果。

6.1.4　数据资料及构造建模特征因子

本章选用 FY-2 号静止卫星中红外 1 通道的有眼热带气旋云图作为有眼热带气旋定强的实验数据。风云卫星以每间隔 1h 记录一个热带气旋从形成到消散的全过程，中国气象局上海台风研究所提供的热带气旋最佳路径资料是每间隔 3h 或 6h。一般而言，当热带气旋底层近中心风速达到 32.7m/s 以上时，即热带气旋强度达到台风及以上的级别，才有可能出现热带气旋眼区。本章从 2005～2014 年的共 132 个热带气旋中选取有眼热带气旋云图，最终选取 473 幅对应有最佳路径资料的有眼热带气旋云图。

在热带气旋最大风速区域，冷暖流交替最强烈。在红外卫星云图中，热带气旋眼壁内侧呈现低亮温，而眼壁外侧呈现高亮温，热带气旋眼壁处的亮温信息变化相当强烈，眼壁处的亮温梯度信息反映了眼壁区域的最大风速。首先，利用高斯滤波对红外卫星云图进行平滑去噪，消除卫星辐射计扫描云图所产生的噪声。然后，利用基于 GAC 模型的 PDE 方法分割有眼热带气旋的眼区，并提取眼壁亮温信息，计算获得眼壁的亮温梯度信息，从而计算获得眼壁亮温梯度的最大值。最后，将眼壁亮温梯度数据按照从大到小的顺序进行排序，从 1%～100%（间隔 1%）不同的概率取眼壁亮温梯度均值，从而获得不同概率下的梯度均值。本章利用气象部门常用的 LR 方法测试不同概率梯度均值的定强误差，以此构造与热带气旋强度密切相关的最佳特征因子，测试样本量为 473 个，采用循环测试法，即每次只留一个作为测试样本，其余作为训练样本，以此循环 473 次，测试结果如图 6-3 所示。

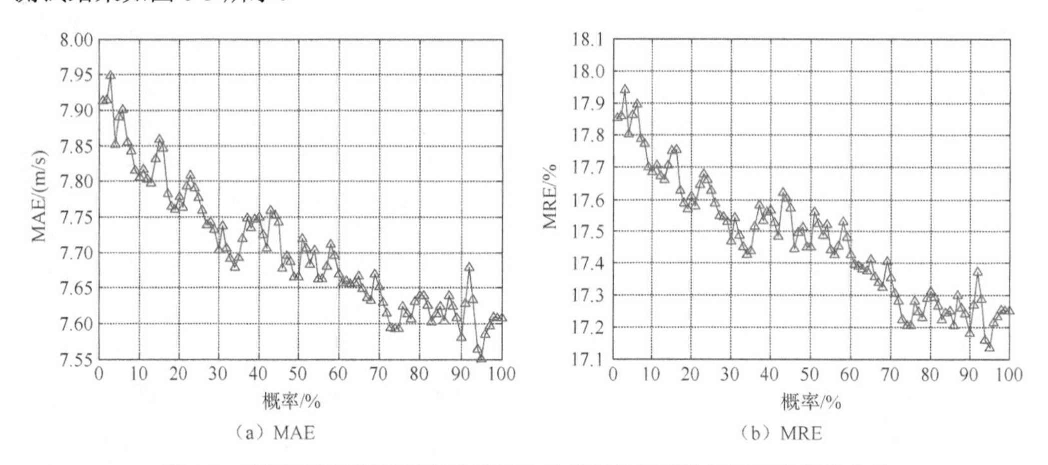

（a）MAE （b）MRE

图 6-3　不同概率的眼壁梯度均值作为热带气旋强度特征因子的误差曲线

在建模之前，先将数据都归一化至[0,1]范围，归一化公式为

$$x_k = (x_k - x_{\min})/(x_{\max} - x_{\min}) \tag{6-16}$$

式中，$x_{\min}$ 为数据序列中的最小值；$x_{\max}$ 为数据序列中的最大值。

由图 6-3（a）可知，平均绝对误差（mean absolute error，MAE）曲线呈现先下降后上升的走势，而当概率为 95%时，MAE 曲线达到最低点，可知利用 95%概率时的梯度均值所建立定强模型的 MAE 最小。由图 6-3（b）可知，平均相对误差（mean relative error，MRE）曲线也呈现先下降后上升的走势，当概率为 95%时，MAE 曲线达到最低点，可知利用 95%概率时的梯度均值所建立定强模型的 MRE 最小。综上所述，概率 95%的眼壁亮温梯度均值最适用于构建有眼热带气旋客观定强模型。

由于概率为 100%的梯度均值能反映眼壁整体的亮温变化速率信息，梯度最大值能够反映眼壁一圈的亮温变化速率最快信息。本章利用 RVM 分别构建单特征因子、多特征因子与中心风速的客观定强模型，分别研究眼壁亮温梯度最大值、100%梯度均值、95%梯度均值与中心风速的定强模型，在此基础上，增加特征因子的维数，研究梯度最大值、

95%梯度均值与中心风速的定强模型，研究梯度最大值、100%梯度均值、95%梯度均值与中心风速的定强模型。

6.1.5　实验结果与分析

本章利用 RVM 分别构建单特征因子、多特征因子与中心风速的客观定强模型，并与传统 LR 模型作对比。RVM 分别选取 Gauss 核、Poly3 核和 Cauchy 核进行测试，共 473 个样本点，采用留一法进行循环测试。在建模之前，先将数据都归一化到[0,1]范围，消除各维数据之间的数量级差异，有利于提高定强模型的准确度。本章所有实验的软硬件环境：硬件环境为 DELL 工作站，处理器为 Intel Xeon 2.80 GHz，内存 4G，操作系统为 Windows 7 Service Pack 1，程序运行的软件版本为 MATLAB R2014a。

1. 眼壁亮温梯度最大值与中心风速的定强模型

基于 RVM 构建梯度最大值与中心风速的定强模型，不同核函数的实验测试结果如表 6-1 所示。当 RVM 选取 Poly3 核函数时，热带气旋定强的绝对误差与相对误差柱状图结果如图 6-4 所示，绝对误差柱状图的最小误差区间为（−5,5]，区间宽度为 10m/s，误差区间分别向两边扩展，相对误差柱状图的最小误差区间为（−0.05,0.05]，区间宽度为 0.1，误差区间分别向两边扩展，并且本章所有的绝对误差与相对误差柱状图都采用上述误差间隔。

表 6-1　不同核函数下 RVM 和 LR 定强模型的误差比较

模型	RVM	RVM	RVM	LR
核函数	Gauss	Poly3	Cauchy	单元
MAE/（m/s）	7.8247	7.8389	7.8250	7.8836
MRE/%	17.64	17.66	17.60	17.77

由表 6-1 可知，利用 3 种不同核函数的 RVM 模型的 MAE 和 MRE 都比 LR 模型小。相比 3 种不同核函数的定强误差，Gauss 核函数的 MAE 最小，Cauchy 核函数的 MRE 最小，当 RVM 核函数选择 Gauss 或 Cauchy 核函数时，热带气旋定强效果最好。由图 6-4（a）和（b）可知，RVM 模型的定强误差落在最小区间（−5,5]的数量比 LR 模型多。由图 6-4（c）和（d）可知，RVM 模型的定强误差落在最小区间（−0.05,0.05]的数量比 LR 模型多，落在区间（−0.15,−0.05]的数量比 LR 模型少，但 LR 模型有更多的误差落在误差较大的区间。综上所述，对于梯度最大值与中心风速定强模型，RVM 模型和 LR 模型都能对有眼热带气旋进行有效强度估计，但是 RVM 模型的定强误差更小，更适用于有眼热带气旋强度的估计。

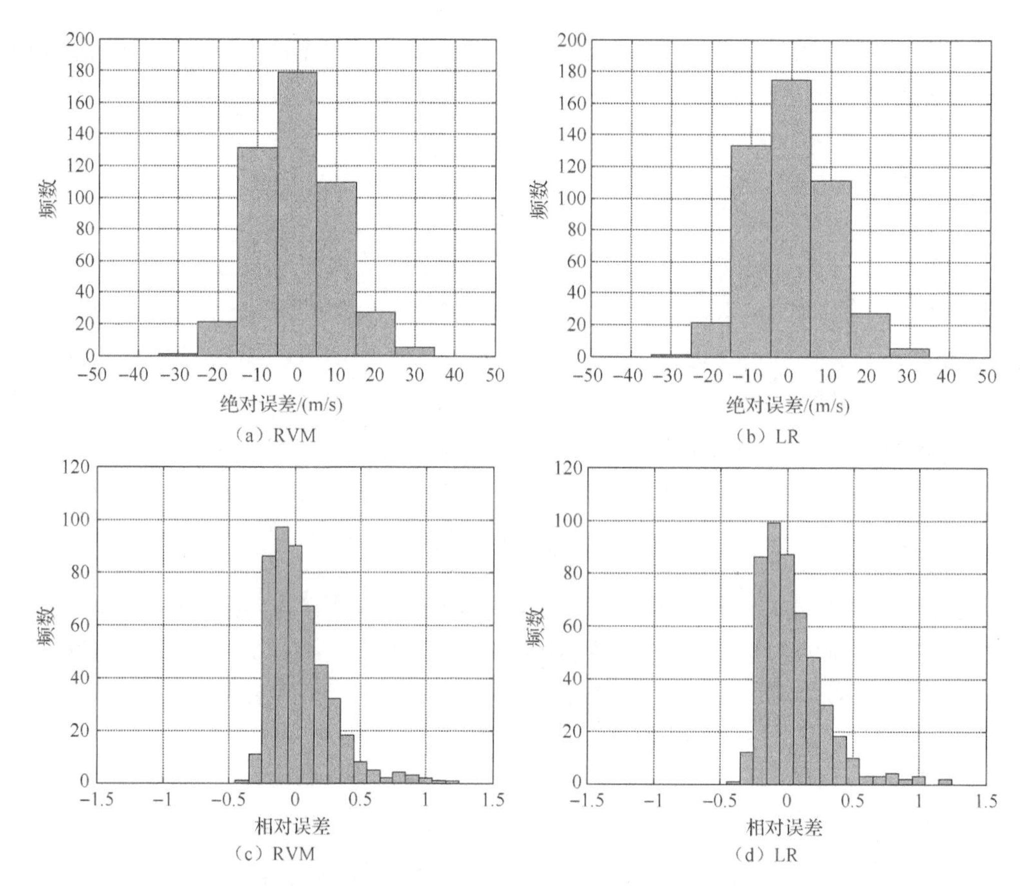

图 6-4 核函数为 Poly3 时的 RVM 和 LR 定强模型的误差柱状图

2. 100%概率眼壁亮温梯度均值与中心风速的定强模型

基于 RVM 构建 100%概率眼壁亮温梯度均值与中心风速的定强模型，不同核函数的实验测试结果如表 6-2 所示。当 RVM 选取 Poly3 核函数时，热带气旋定强的绝对误差与相对误差柱状图结果如图 6-5 所示。

表 6-2 不同核函数下 RVM 和 LR 定强模型的误差比较

模型	RVM	RVM	RVM	LR
核函数	Gauss	Poly3	Cauchy	单元
MAE/（m/s）	7.5348	7.5339	7.5412	7.5525
MRE/%	16.95	16.96	16.98	17.01

由表 6-2 可知，3 种核函数 RVM 模型的 MAE 和 MRE 都比 LR 模型小。对比 3 种核函数 RVM 模型的定强误差发现，Poly3 核函数的 MAE 最小，Gauss 核函数的 MRE 最小，当 RVM 选取 Poly3 或 Gauss 核函数时，热带气旋定强效果最好。由图 6-5（a）和（b）

可知，RVM模型的定强误差落在最小区间（−5,5]的数量比LR模型少，但落在误差区间（−15,−5]和（5,15]的数量比LR模型多，并且LR模型有更多的误差落在误差较大的区间。由图6-5（c）和（d）可知，RVM模型的定强误差落在最小区间（−0.05,0.05]的数量比LR模型多，并且落在区间（−0.15,−0.05]的数量也比LR模型多。综上所述，对于100%概率眼壁亮温梯度均值与中心风速定强模型，RVM模型和LR模型都能对有眼热带气旋进行有效强度估计，但是RVM模型的定强误差略小，因此，在此种情况下，RVM和LR模型对有眼热带气旋定强的精度基本相当。

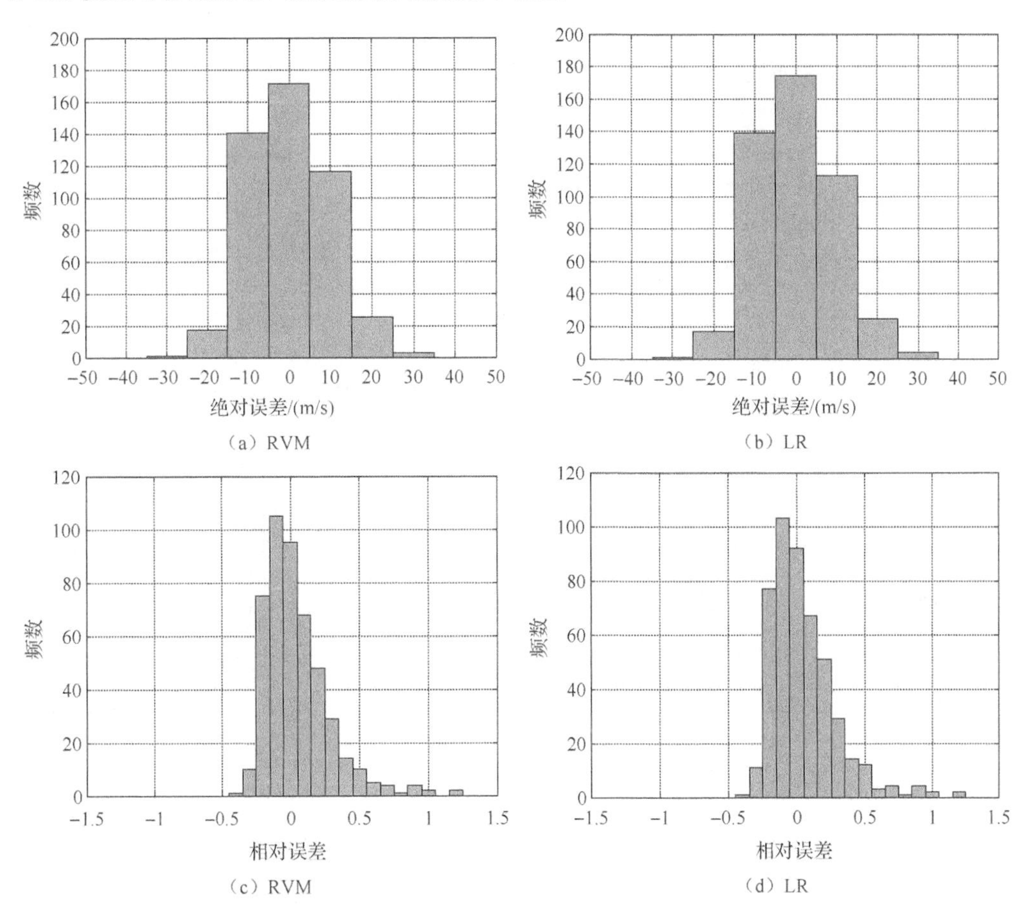

图6-5　核函数为Poly3时的RVM和LR定强模型的误差柱状图

3. 95%概率眼壁亮温梯度均值与中心风速的定强模型

基于RVM构建95%概率眼壁亮温梯度均值与中心风速的定强模型，不同核函数的实验测试结果如表6-3所示。当RVM选取Cauchy核函数时，热带气旋定强的绝对误差与相对误差柱状图结果如图6-6所示。

表 6-3 不同核函数下 RVM 和 LR 定强模型的误差比较

模型	RVM	RVM	RVM	LR
核函数	Gauss	Poly3	Cauchy	单元
MAE/（m/s）	7.5255	7.5324	7.5190	7.5510
MRE/%	16.95	16.96	16.90	17.01

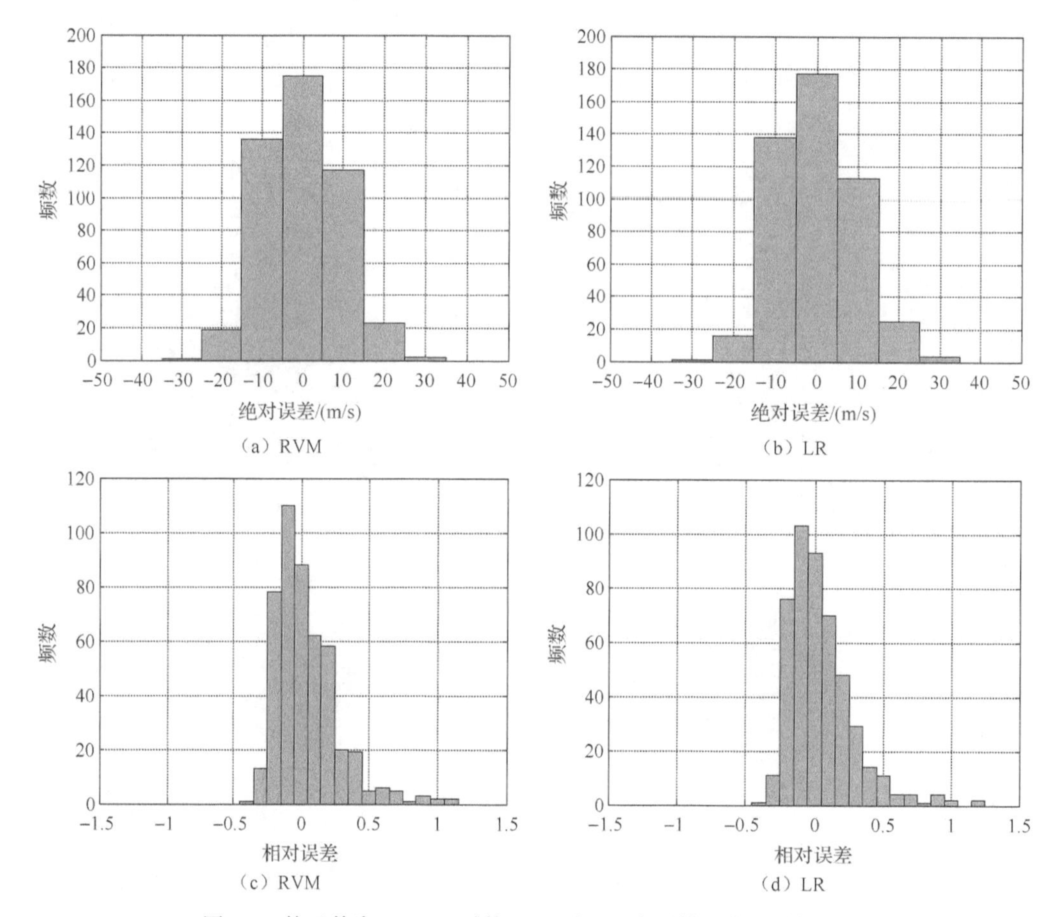

图 6-6 核函数为 Cauchy 时的 RVM 和 LR 定强模型的误差柱状图

由表 6-3 可知，3 种核函数 RVM 模型的 MAE 和 MRE 都比 LR 模型小。对比 3 种核函数 RVM 模型的定强误差发现，Cauchy 核函数的 MAE 和 MRE 都为最小，当 RVM 选取 Cauchy 核函数时，热带气旋定强效果最好。由图 6-6（a）和（b）可知，RVM 模型的定强误差落在最小区间（−5,5]的数量比 LR 模型少，但落在误差区间（5,15]的数量比 LR 模型多。由图 6-6（c）和（d）可知，RVM 模型的定强误差落在最小区间（−0.05,0.05]的数量比 LR 模型少，但落在区间（−0.15,−0.05]的数量比 LR 模型多，并且 LR 模型有更多的误差落在误差较大的区间。综上所述，对于 95%概率眼壁亮温梯度均值与中心风速

定强模型，RVM 模型和 LR 模型都能对有眼热带气旋进行有效强度估计，但 RVM 模型的定强误差更小，算法性能更稳定，更适用于有眼热带气旋强度的估计。

4. 95%概率眼壁亮温梯度均值、梯度最大值与中心风速的定强模型

基于 RVM 构建 95%概率眼壁亮温梯度均值、梯度最大值与中心风速的定强模型，不同核函数的实验测试结果如表 6-4 所示。当 RVM 选取 Cauchy 核函数时，热带气旋定强的绝对误差与相对误差柱状图结果如图 6-7 所示。

表 6-4　不同核函数下 RVM 和 LR 定强模型的误差比较

模型	RVM	RVM	RVM	LR
核函数	Gauss	Poly3	Cauchy	多元
MAE/（m/s）	7.3514	7.4250	7.3166	7.4413
MRE/%	16.49	16.67	16.43	16.73

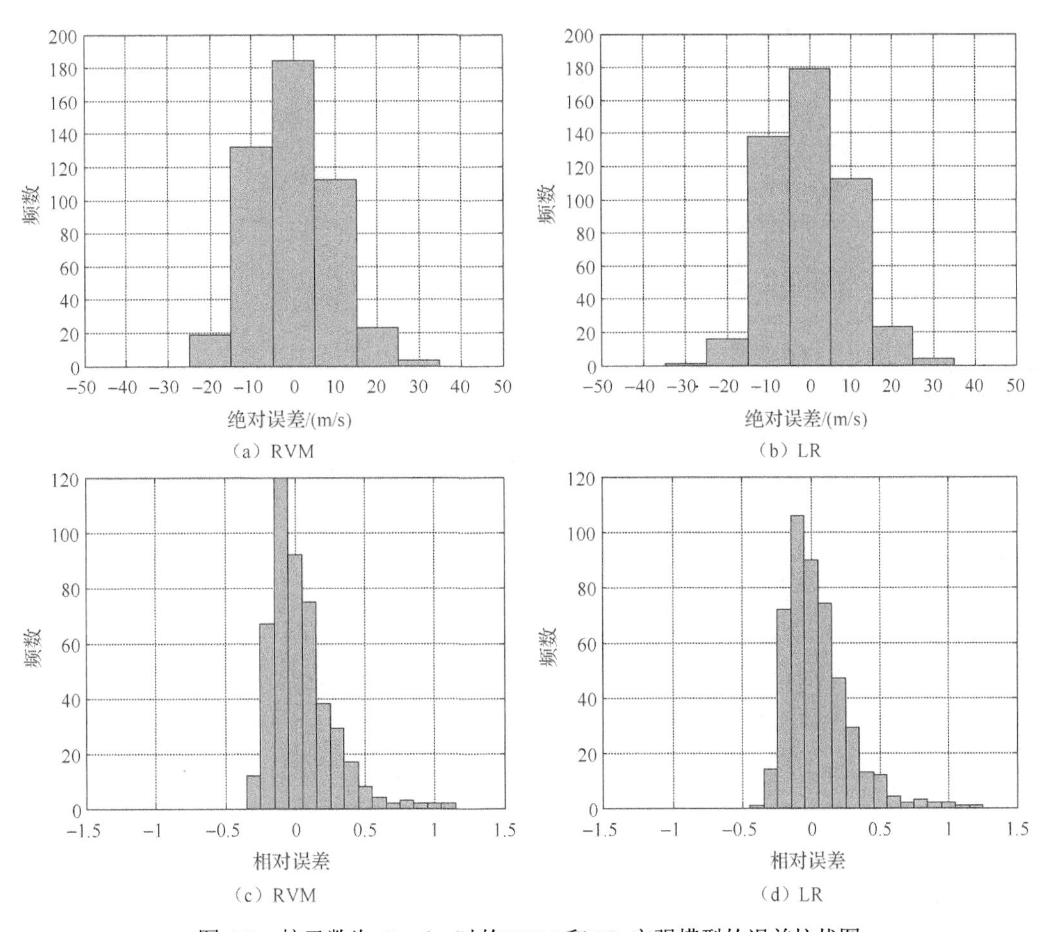

图 6-7　核函数为 Cauchy 时的 RVM 和 LR 定强模型的误差柱状图

由表 6-4 可知，3 种核函数 RVM 模型的 MAE 和 MRE 都比 LR 模型小。对比 3 种核函数 RVM 模型的定强误差发现，Cauchy 核函数的 MAE 和 MRE 都为最小，当 RVM 选取 Cauchy 核函数时，热带气旋定强效果最好。由图 6-7（a）和（b）可知，RVM 模型的定强误差落在最小区间（−5,5）的数量比 LR 模型多，并且 LR 模型有更多的误差落在误差较大的区间。由图 6-7（c）和（d）可知，RVM 模型的定强误差落在 3 个最小区间（−0.05,0.05]、（−0.15,−0.05]和（0.05, 0.15]的数量都比 LR 模型多，并且 LR 模型有更多的误差落在误差较大的区间。综上所述，对于 95%概率眼壁亮温梯度均值、梯度最大值与中心风速定强模型，RVM 模型和 LR 模型都能对有眼热带气旋进行有效强度估计，但 RVM 模型的定强误差更小，算法性能更稳定，更适用于有眼热带气旋强度的估计。

5. 100%概率眼壁亮温梯度均值、95%概率眼壁亮温梯度均值、梯度最大值与中心风速的定强模型

基于 RVM 构建 100%概率眼壁亮温梯度均值、95%概率眼壁亮温梯度均值、梯度最大值与中心风速的定强模型，不同核函数的实验测试结果如表 6-5 所示。当 RVM 选取 Cauchy 核函数时，热带气旋定强的绝对误差与相对误差柱状图结果如图 6-8 所示。

表 6-5　不同核函数下 RVM 和 LR 定强模型的误差比较

模型	RVM	RVM	RVM	LR
核函数	Gauss	Poly3	Cauchy	多元
MAE/（m/s）	7.3595	7.4409	7.3230	7.4485
MRE/%	16.54	16.71	16.45	16.76

由表 6-5 可知，3 种核函数 RVM 模型的 MAE 和 MRE 都比 LR 模型小。对比 3 种核函数的定强误差发现，Cauchy 核函数的 MAE 和 MRE 都为最小，当 RVM 选取 Cauchy 核函数时，热带气旋定强效果最好。由图 6-8（a）和（b）可知，RVM 模型的定强误差落在最小区间（−5,5]的数量比 LR 模型少，但落在区间（5,15]的数量比 LR 模型多，LR 模型有更多的误差落在误差较大的区间。由图 6-8（c）和（d）可知，RVM 模型的定强误差落在 3 个最小区间（−0.05,0.05]、（−0.15,−0.05]和（0.05, 0.15]的数量都比 LR 模型多，并且 LR 模型有更多的误差落在误差较大的区间。综上所述，对于 100%概率眼壁亮温梯度均值、95%概率眼壁亮温梯度均值、梯度最大值与中心风速定强模型，RVM 模型和 LR 模型都能对有眼热带气旋进行有效强度估计，但 RVM 模型的定强误差更小，算法性能更稳定，更适用于有眼热带气旋强度的估计。

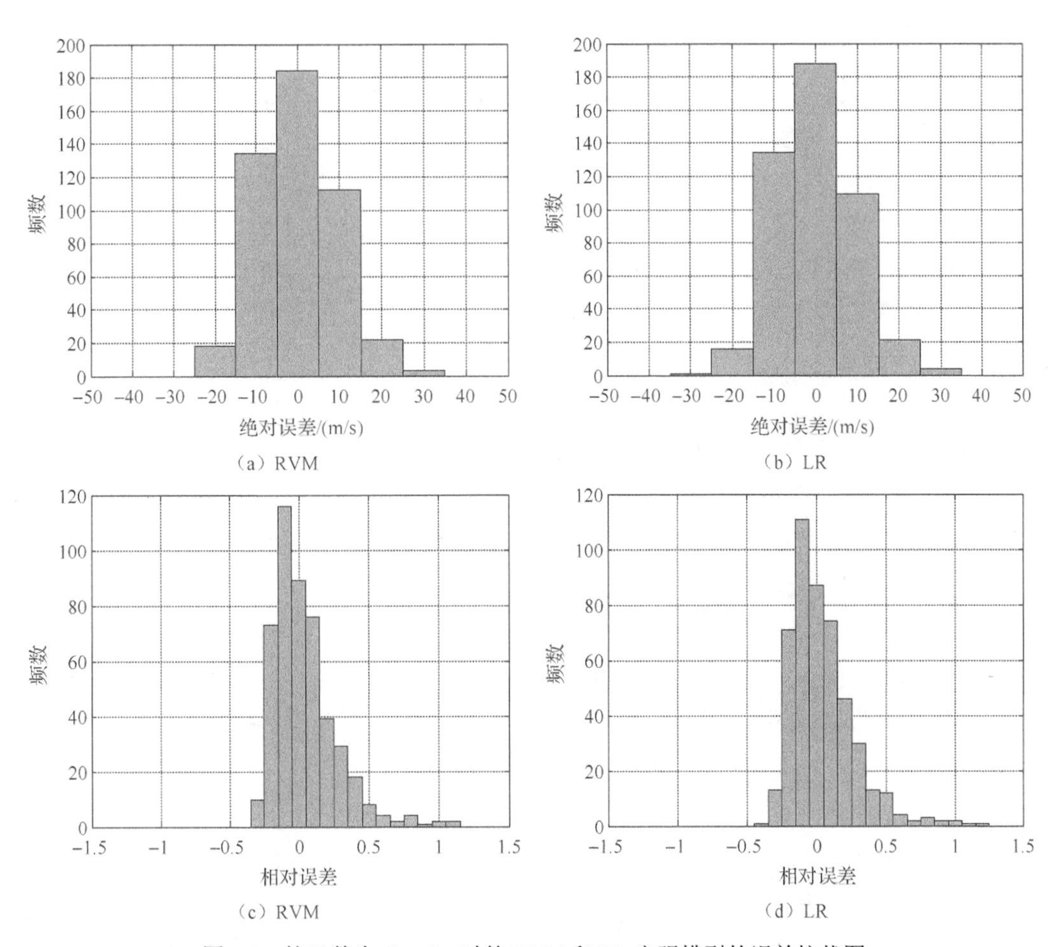

图 6-8　核函数为 Cauchy 时的 RVM 和 LR 定强模型的误差柱状图

6. 各个定强模型的误差对比

利用 RVM 分别构建单特征因子、多特征因子与中心风速的客观定强模型，并与传统 LR 模型作对比。现将各个模型的定强误差汇总，如表 6-6 和表 6-7 所示。

表 6-6　不同定强模型的 MAE 比较　（单位：m/s）

模型	RVM	RVM	RVM	LR
核函数	Gauss	Poly3	Cauchy	单元和多元
梯度最大值	7.8247	7.8389	7.8250	7.8836
100%概率眼壁亮温梯度均值	7.5348	7.5339	7.5412	7.5525
95%概率眼壁亮温梯度均值	7.5255	7.5324	7.5190	7.5510
两特征因子	7.3514	7.4250	7.3166	7.4413
三特征因子	7.3595	7.4409	7.3230	7.4485

注：两特征因子为 95%概率眼壁亮温梯度均值和梯度最大值；三特征因子为 100%概率梯度均值、95%概率梯度均值和梯度最大值。

表 6-7　不同定强模型的 MRE 比较　（单位：%）

模型	RVM	RVM	RVM	LR
核函数	Gauss	Poly3	Cauchy	单元和多元
梯度最大值	17.64	17.66	17.60	17.77
100%概率眼壁亮温梯度均值	16.95	16.96	16.98	17.01
95%概率眼壁亮温梯度均值	16.95	16.96	16.90	17.01
两特征因子	16.49	16.67	16.43	16.73
三特征因子	16.54	16.71	16.45	16.76

注：两特征因子为95%概率眼壁亮温梯度均值和梯度最大值；三特征因子为100%概率梯度均值、95%概率梯度均值和梯度最大值。

对比以上 5 个定强模型的绝对误差和相对误差柱状图可知，随着特征因子维数的增加，RVM 模型的定强误差逐渐向误差较小的区间集中，说明 RVM 定强模型具有较强的稳定性。由表 6-6 和表 6-7 可知，在单特征因子的定强模型中，误差最小的是基于 95%概率眼壁亮温梯度均值的定强模型。相比单特征因子的定强模型，多特征因子定强模型的误差更小，并且随着特征因子维数的增加，本章所提出的 RVM 模型的高维非线性处理能力优于传统 LR 模型，能对热带气旋强度进行有效估计。

6.1.6　结论

本节基于红外卫星云图和机器学习构建有眼热带气旋客观定强模型，分别研究利用单特征因子、多特征因子与中心风速的客观定强模型，并分别对 RVM 中 Gauss、Poly3 及 Cauchy 核函数进行测试，再与传统的 LR 模型作对比。经实验得出以下结论。

（1）对于单特征因子的热带气旋定强，利用 95%概率眼壁亮温梯度均值构建热带气旋定强模型的误差最小。RVM 模型的定强误差都比 LR 模型小，并且 LR 模型的一些测试结果的误差较大，RVM 模型的算法性能更优，能有效且稳定地估计有眼热带气旋强度。

（2）本章在研究单特征因子构建模型的基础上，增加特征因子的维数。对于多特征因子的热带气旋定强，RVM 模型和 LR 模型的定强误差都减小了，并且 RVM 模型的定强误差减小更多，从而使两个模型之间的误差差距更大。本章提出的 RVM 模型表现出高维非线性处理能力的优势，这也是机器学习算法在处理高维问题上的优势。

（3）对于有眼热带气旋的客观定强方法研究，RVM 模型和 LR 模型都能对有眼热带气旋强度进行有效估计，但 RVM 模型的定强误差更小，能有效且稳定地估计有眼热带气旋强度。

6.2　基于卫星云图和 RVM 以热带气旋中心作为参考点的热带气旋客观定强模型

不同通道的卫星云图由不同的扫描辐射计获得，具有特征各异的云图信息。本节将 FY-2 号静止卫星的红外与水汽通道资料融合使用，并结合内核尺度和中心纬度等特征因子，以热带气旋中心作为参考点，基于 RVM 构建热带气旋客观定强模型，并与 LR 模型作对比。首先，利用拉普拉斯金字塔融合算法对红外和水汽通道的云图进行融合，获得融合卫星云图。以热带气旋中心为圆心到距中心距离 200km 范围内，从热带气旋中心出发，以径向每 50km 为间隔向外拓展截取融合云图，计算截取的融合云图的亮温梯度矩阵，再以热带气旋中心作为参考点，计算偏差角阵，然后构造偏差角-梯度共生矩阵。从梯度共生矩阵中选取能够表征热带气旋强度的最佳参数，本节利用共生矩阵中的多个统计参数并结合热带气旋内核和中心纬度等信息构造与热带气旋强度密切相关的特征因子，利用 RVM 建立热带气旋客观定强模型。基于融合卫星云图和机器学习的热带气旋客观定强模型流程图如图 6-9 所示。

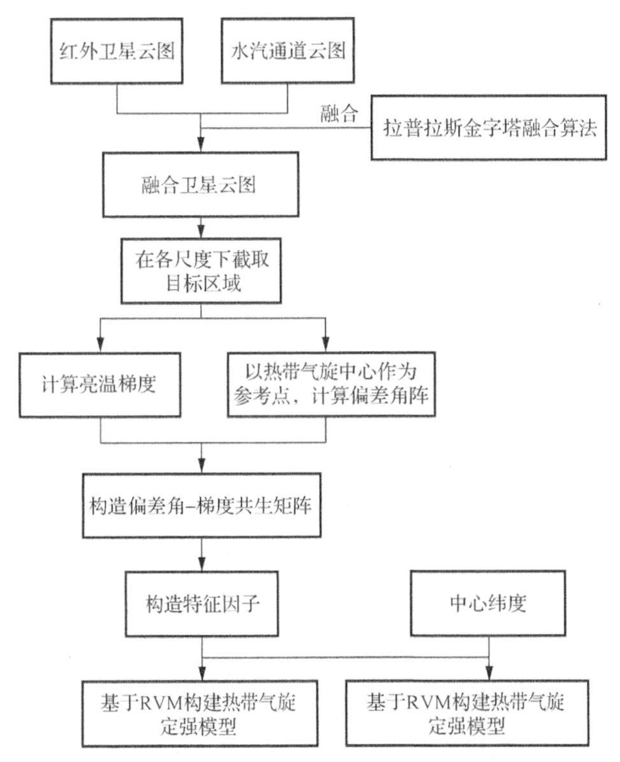

图 6-9　基于融合卫星云图和机器学习的热带气旋客观定强模型

6.2.1 卫星云图融合

图像融合是基于图像处理算法将多源图像进行信息合并处理，提取各个信道中的有利信息，融合到一幅目标更精确、清晰度更高、信息量更大更可靠的新图像中，融合图像更适用于后续的处理与分析。图像融合技术按处理层次可分为像素级、特征级和决策级；按处理域可分为空间域和变换域。卫星云图融合是将卫星辐射计扫描同一目标所得的不同通道卫星云图进行融合处理，最大限度地提取各个通道中的有利信息，提高云图信息的使用率，为气象预测等领域提供更可靠的图像信息。陈源[10]使用图像融合技术对风云卫星的红外与水汽通道进行融合，实验结果表明融合卫星云图能获得更多的有用信息，有助于提高热带气旋的中心定位精度。高精度的热带气旋中心能准确刻画热带气旋内核尺度和提供高精度的中心位置信息（尤其是中心纬度与热带气旋强度密切相关），从而提高热带气旋强度估计的精度。

拉普拉斯金字塔融合算法是一种经典的变换域图像处理算法，具有多尺度和多分辨率的特性，在图像融合过程中，可以在不同尺度、不同分解层次和不同分辨率上，根据系数特点分别设计最优的融合规则，使融合后的图像具有更高的清晰度和更多的信息量。本章利用拉普拉斯金字塔融合算法对风云卫星的红外与水汽通道云图进行融合处理，获得包含亮温梯度和水汽信息的融合卫星云图，为后续热带气旋强度估计提供更可靠的图像信息。

1. 拉普拉斯金字塔融合算法概述

拉普拉斯金字塔的构成是建立在高斯金字塔分解的基础上，先由高斯金字塔分解原始图像，然后由拉普拉斯金字塔分解算法分解高斯金字塔的分解结果，从而获得拉普拉斯金字塔，根据拉普拉斯金字塔在不同尺度和分辨率下的特性设计不同的融合规则，得到融合后的拉普拉斯金字塔，然后对其进行逆变换，即重构，最终得到融合后的图像。

原始图像为G，高斯金字塔的底层为G_0，第l层（$0<l\leqslant N$）的图像G_l其表达式为

$$G_l=\sum_{m=-2}^{2}\sum_{n=-2}^{2}w(m,n)G_{l-1}(2i-m,2j-n) \tag{6-17}$$

式中，$0<i\leqslant C_l$，$0<j\leqslant R_l$，C_l和R_l分别为高斯金字塔第l层的行数和列数；$w(m,n)$为二维可分离的5×5权函数。

首先将第$l-1$层图像G_{l-1}先进行高斯低通滤波，即与具有低通特性的权函数$w(m,n)$进行卷积，然后再进行隔行和隔列的降2采样，最后得到图像G_l。

然后对高斯金字塔G_l进行拉普拉斯金字塔分解，先将G_l内插放大，从而得到G_l^*，使G_l^*与G_l的尺寸相同，即

$$G_l^* = 4\sum_{m=-2}^{2}\sum_{n=-2}^{2} w(m,n) G_l^*\left(\frac{i+m}{2}, \frac{j+n}{2}\right) \tag{6-18}$$

其中，

$$G_l^*\left(\frac{i+m}{2}, \frac{j+n}{2}\right) = \begin{cases} G_l\left(\frac{i+m}{2}, \frac{j+n}{2}\right), & \text{当}\frac{i+m}{2}, \frac{j+n}{2}\text{为整数时} \\ 0, & \text{其他} \end{cases} \tag{6-19}$$

由式（6-18）可知，内插放大的原理是对原有像素灰度值的加权平均，而 G_l 是 G_{l-1} 经过低通滤波后的结果，因此，G_l^* 与 G_{l-1} 的尺寸虽然相同，但却不相等，并且 G_l^* 相比 G_{l-1} 丢失了部分高频细节信息。G_l^* 与 G_{l-1} 的差别为

$$\begin{cases} \mathrm{LP}_l = G_l - \mathrm{Expand}(G_{l+1}), & \text{当}0 \leqslant l < N\text{时} \\ \mathrm{LP}_N = G_N, & \text{当}l = N\text{时} \end{cases} \tag{6-20}$$

式中，LP_l 为拉普拉斯金字塔分解后的第 l 层。拉普拉斯金字塔图像分解方法包括高斯低通滤波、降 2 采样、内插放大和带通滤波[10]。然后对拉普拉斯金字塔进行逆变换操作，可得

$$\begin{cases} G_N = \mathrm{LP}_N, & \text{当}l = N\text{时} \\ G_l = \mathrm{LP}_l + G_{l+1}^*, & \text{当}0 \leqslant l < N\text{时} \end{cases} \tag{6-21}$$

从顶层开始逐层从上至下进行递推，恢复其对应的高斯金字塔，然后恢复其对应的拉普拉斯金字塔，经过内插放大后，最终可得到原始图像。

2. 融合规则

拉普拉斯金字塔图像分解是为了将原始图像分解到各个空间频带，然后根据不同空间频带的特性设计各自的融合规则，从而采用不同融合算子以达到凸显特定频带上的特征和细节[11]。本节对顶层图像的融合规则采用区域梯度取大，其他层的融合规则采用区域能量取大。

平均梯度表示图像的清晰度，反映图像微小细节与纹理变化的特征。计算顶层图像中以各个像素为中心的 $M \times N$ 大小的区域平均梯度：

$$G = \frac{1}{(M-1)(N-1)}\sum_{i=1}^{M-1}\sum_{j=i}^{N-1}\sqrt{\left(\Delta I_x{}^2 + \Delta I_y{}^2\right)/2} \tag{6-22}$$

式中，I_x 是像素 $f(x,y)$ 在 x 方向上的一阶差分，而 I_y 是像素 $f(x,y)$ 在 y 方向上的一阶差分，表达式为

$$\Delta I_x = f(x,y) - f(x-1,y) \tag{6-23}$$

$$\Delta I_y = f(x,y) - f(x,y-1) \tag{6-24}$$

因此，$G(i,j)$ 就是顶层图像中每个像素 $L_N(i,j)$ 所对应的区域平均梯度，其中 L_l 为拉普拉

斯金字塔分解后的第l层图像（$0 \leqslant l \leqslant N$）。那么，顶层图像融合结果为

$$\mathrm{LF}_N(i,j)=\begin{cases}\mathrm{LA}_N(i,j),\mathrm{GA}(i,j)\geqslant \mathrm{GB}(i,j)\\ \mathrm{LB}_N(i,j),\mathrm{GA}(i,j)<\mathrm{GB}(i,j)\end{cases} \tag{6-25}$$

式中，$\mathrm{LF}_N(i,j)$为顶层融合后图像，LA_l和LB_l分别是原始图像A和B经过拉普拉斯金字塔分解后的第l层图像。

对于拉普拉斯金字塔分解后的其他第l层图像（$0 \leqslant l < N$），计算区域能量

$$\mathrm{ARE}(i,j)=\sum_{-p}^{p}\sum_{-q}^{q}\bar{\omega}(p,q)\left|\mathrm{LA}_N(i+p,j+q)\right| \tag{6-26}$$

$$\mathrm{BRE}(i,j)=\sum_{-p}^{p}\sum_{-q}^{q}\bar{\omega}(p,q)\left|\mathrm{LB}_N(i+p,j+q)\right| \tag{6-27}$$

式中，$p=1$，$q=1$，$\bar{\omega}=\dfrac{1}{16}\begin{bmatrix}1 & 2 & 1\\ 2 & 4 & 2\\ 1 & 2 & 1\end{bmatrix}$。

那么，其他层图像的融合结果为

$$\mathrm{LF}_l\left(i,j\right)=\begin{cases}\mathrm{LA}_l(i,j),\mathrm{ARE}(i,j)\geqslant \mathrm{BRE}(i,j)\\ \mathrm{LB}_l(i,j),\mathrm{ARE}(i,j)<\mathrm{BRE}(i,j)\end{cases}\quad 0\leqslant l<N \tag{6-28}$$

得到拉普拉斯金字塔各层的融合图像LF_l（$0 \leqslant l \leqslant N$）后，通过式（6-21）重构，最终可得到融合图像。

3. 融合结果与评价

我国 FY-2 号卫星辐射计扫描可得 5 个通道的卫星云图，分别是红外 1 通道云图、红外 2 通道云图、水汽通道云图、红外 4 通道云图和可见光通道云图。其中，红外通道云图是由传感器采集目标的红外辐射强度所得，因此，红外通道云图反映了目标的亮温信息，图像中的高灰度表示低温，低灰度表示高温。水汽通道云图反映了水汽和湿度信息，图像中的高灰度表示湿度大，低灰度表示湿度小。本节选取红外 1 通道云图和水汽通道云图作为实验的图像资料，将二者进行融合处理，获得信息量更大、清晰度更高的融合卫星云图。陈源[10]将 FY-2 号静止卫星的红外与水汽通道融合使用，研究了融合卫星云图对热带气旋中心定位精度的影响，研究结果表明融合卫星云图的热带气旋定位精度相对于红外单通道或水汽单通道云图有较大提高。热带气旋中心定位精度的提高，能够提高热带气旋尺度划分的准确度，提供更精确的中心纬度信息，有助于提高热带气旋客观定强的精度。

本节以 2014 年热带气旋“鹦鹉”（级别：超强台风）为例，采用均值、信息熵、平

均梯度、空间频率及边缘强度 5 个评价指标对融合图像进行客观评价。2014 年 1420 号热带气旋“鹦鹉”的红外 1 通道云图、水汽通道云图和融合云图如图 6-10 和图 6-11 所示，图像尺寸为 200×200，相应的评价指标如表 6-8 和表 6-9 所示。图 6-10 所显示的热带气旋“鹦鹉”属于台风级别，图 6-11 所显示的热带气旋“鹦鹉”属于超强台风级别。

（a）红外1通道云图　（b）水汽通道云图　（c）融合云图

图 6-10　热带气旋“鹦鹉”（2014 年 11 月 1 日 18 时，世界时间）

（a）红外1通道云图　（b）水汽通道云图　（c）融合云图

图 6-11　热带气旋“鹦鹉”（2014 年 11 月 2 日 6 时，世界时间）

表 6-8　融合评价指标（2014 年 11 月 1 日 18 时，世界时间）

云图类型	均值	信息熵	平均梯度	空间频率	边缘强度
红外 1 通道云图	204.3614	6.4967	2.3535	4.9820	22.9467
水汽通道云图	232.0041	5.5771	1.0216	2.0495	9.9389
融合云图	207.2310	6.6358	2.6542	5.5628	26.1358

表 6-9　融合评价指标（2014 年 11 月 2 日 6 时，世界时间）

云图类型	均值	信息熵	平均梯度	空间频率	边缘强度
红外 1 通道云图	216.1784	6.0459	1.9440	4.2879	18.6690
水汽通道云图	235.5426	5.2045	1.0290	2.1344	9.7585
融合云图	218.1536	6.1824	2.0855	4.4825	19.9695

由图 6-10 和图 6-11 可知，融合后的卫星云图视觉效果更佳，图像中同时包含红外和水汽两个通道信息，且融合图像的细节纹理更丰富，清晰度也有提升。经图像融合后，图 6-11 中的热带气旋眼区更清晰，眼壁轮廓更明显。均值描述的是图像的平均亮度，若图像的均值处于灰度值的适中位置，即图像的亮度适中，则图像的视觉效果较好，有助于信息的表达。信息熵描述的是图像的平均信息量。平均梯度描述的是图像的清晰度，即平均灰度变化率，体现了图像的细节和纹理信息。平均梯度越大，图像的细节越丰富，清晰度也越高。空间频率越大，图像在空间域上的信息活跃度越高，视觉效果也越好。边缘强度描述的是图像中的边缘细节和纹理信息。由表 6-8 和表 6-9 所示，相比融合之前的图像，融合后图像的视觉效果更好，清晰度更高，细节和纹理信息更丰富，空间域的信息活跃度更高，边缘细节更丰富。融合图像更有利于后续的热带气旋特征提取，并有助于提高热带气旋定位的精度和后续定强的精度。

6.2.2 偏差角介绍

Miguel 等[12]于 2008 年提出利用偏差角（deviation angle）来对红外卫星云图中热带气旋云系的形状和结构特性进行判断，并于 2010～2014 年对其进行改进，并应用于热带气旋强度估计研究[13-15]。一个发展成熟的热带气旋的形状类似圆形，即轴对称图形。在圆形图形中，圆上某点的梯度方向与切向线是垂直的，而该点切向线与径向线也是垂直的，那么对于任意图形，若要判断是否为轴对称图形，可以从某点的梯度方向和该点与参考点径向线的夹角来判断，该点的梯度方向与径向线的夹角为偏差角。若图形越接近轴对称图形，那么，偏差角趋向于 0° 的概率就越大。热带气旋从生成初期至成熟期，再至最后消亡，随着热带气旋强度的不增大，整个云系逐渐趋向于轴对称图形，特别在热带气旋强度达到最大的阶段最明显。

6.2.3 热带气旋不同发展阶段的偏差角直方图

热带气旋的生命史分为 4 个阶段，分别是生成期、发展期、成熟期和消亡期。热带气旋生成初期是没有规则的云系，当热带气旋发展至成熟期时，云系的形状类似轴对称图形，而发展至消亡期时，云系变得无规则且散乱。根据偏差角的大小来判断热带气旋发展的阶段，以 2005 年 0513 号超强台风“泰利”为例，首先截取热带气旋云系区域的云图，然后基于拉普拉斯金字塔融合算法对红外和水汽通道云图进行融合处理，获得融合卫星云图，然后再次截取 100×100 的融合云图，以热带气旋中心作为参考点，计算融合云图的偏差角矩阵，并绘制相应的偏差角直方图，如图 6-12 所示。由于北半球的热带气旋的螺旋线会有一定角度的偏转[16]，反映在偏差角的概率直方图上是右移，因此，当热带气旋处于成熟期时，概率直方图并不一定在偏差角等于 0° 附近达到最大，形成尖峰形状。当热带气旋处于成熟期时，云系的形状并非完全是轴对称的圆形，热带气旋螺旋线有一定角度的偏转，也并非完全是轴对称的圆形，如图 6-12（c）所示。因此，当热带气旋处于成熟期时，偏差角的概率直方图的尖峰将向右移。

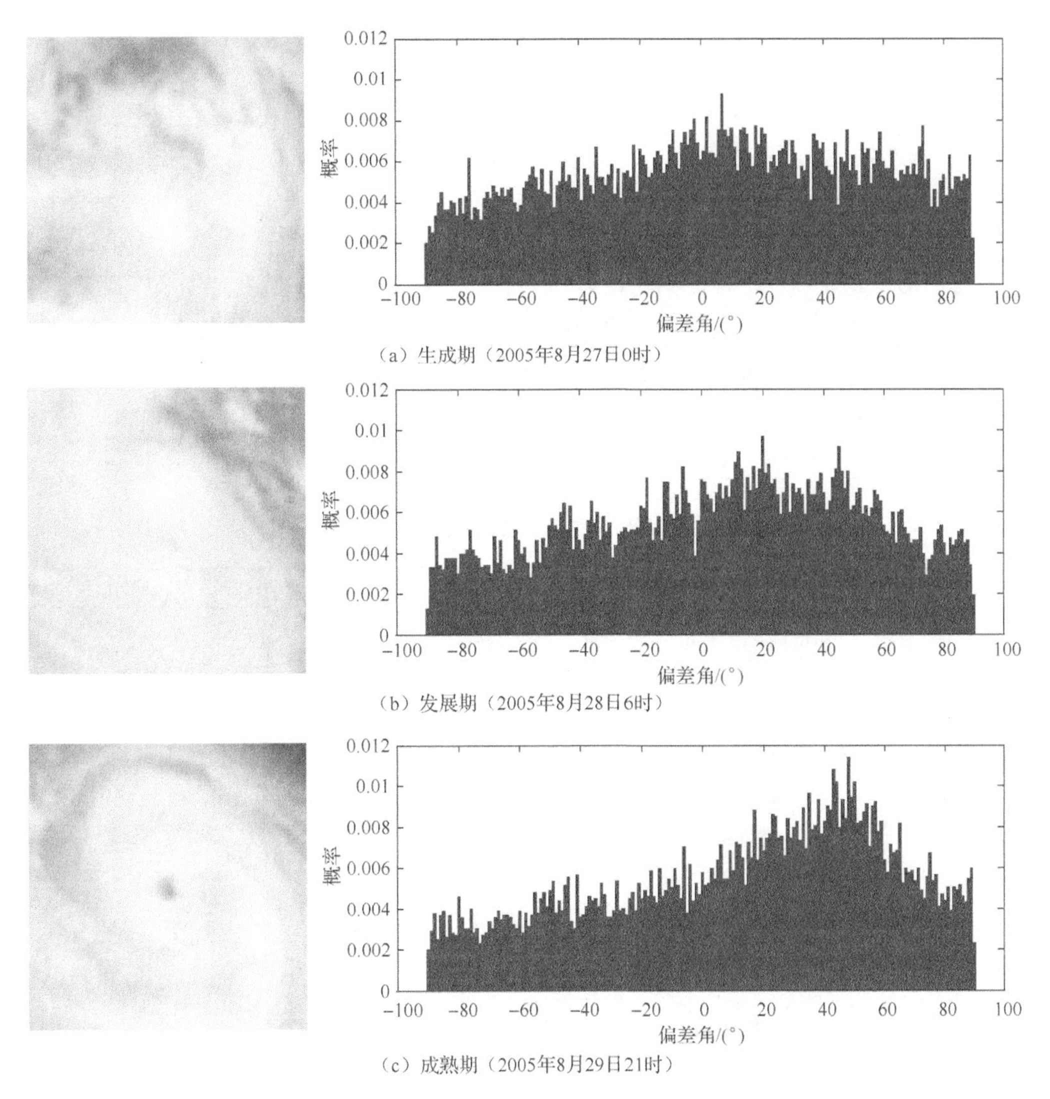

（a）生成期（2005年8月27日0时）

（b）发展期（2005年8月28日6时）

（c）成熟期（2005年8月29日21时）

图 6-12　热带气旋“泰利”（超强台风）不同发展时期的融合云图及偏差角直方图

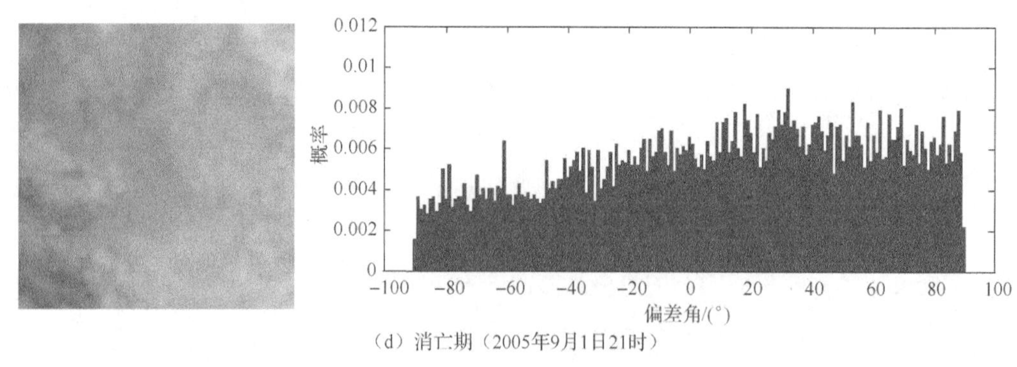

（d）消亡期（2005年9月1日21时）

图 6-12（续）

6.2.4 偏差角-梯度共生矩阵

1984 年，洪继光[17]提出灰度-梯度共生矩阵，并提取灰度-共生矩阵的 15 个统计参数（表 6-10）。基于灰度-梯度共生矩阵原理，本节提出偏差角-梯度共生矩阵。偏差角-梯度共生矩阵的元素定义为在归一化的偏差角矩阵和归一化的梯度图像中，共同具有偏差角为和梯度为的总像素数。以如下共生对偏差角-梯度共生矩阵进行归一化：

$$\hat{H}(i,j) = H(i,j) \Bigg/ \left(\sum_{i=1}^{L} \sum_{j=1}^{L} H(i,j) \right) \tag{6-29}$$

表 6-10 偏差角-梯度共生矩阵的 15 个统计参数

序号	参数名称	计算公式
1	小梯度优势	$T_1 = \left(\sum_{i=1}^{L} \sum_{j=1}^{L} \frac{H(i,j)}{j^2} \right) \Big/ \left(\sum_{i=1}^{L} \sum_{j=1}^{L} H(i,j) \right)$
2	大梯度优势	$T_2 = \left(\sum_{i=1}^{L} \sum_{j=1}^{L} j^2 H(i,j) \right) \Big/ \left(\sum_{i=1}^{L} \sum_{j=1}^{L} H(i,j) \right)$
3	偏差角分布不均匀性	$T_3 = \left(\left\{ \sum_{i=1}^{L} \left[\sum_{j=1}^{L} H(i,j) \right]^2 \right\} \right) \Big/ \left(\sum_{i=1}^{L} \sum_{j=1}^{L} H(i,j) \right)$
4	梯度分布不均匀性	$T_4 = \left(\left\{ \sum_{j=1}^{L} \left[\sum_{i=1}^{L} H(i,j) \right]^2 \right\} \right) \Big/ \left(\sum_{i=1}^{L} \sum_{j=1}^{L} H(i,j) \right)$
5	能量	$T_5 = \sum_{i=1}^{L} \sum_{j=1}^{L} \left[\hat{H}(i,j) \right]^2$
6	偏差角均值	$T_6 = \sum_{i=1}^{L} i \cdot \left[\sum_{j=1}^{L} \hat{H}(i,j) \right]$
7	梯度均值	$T_7 = \sum_{i=1}^{L} i \cdot \left[\sum_{j=1}^{L} \hat{H}(i,j) \right] \sum_{j=1}^{L} y \cdot \left[\sum_{i=1}^{L} \hat{H}(i,j) \right]$

续表

序号	参数名称	计算公式
8	偏差角标准差	$T_8=\left\{\sum_{i=1}^{L}(i-T_6)^2\left[\sum_{j=1}^{L}\hat{H}(i,j)\right]\right\}^{1/2}$
9	梯度标准差	$T_9=\left\{\sum_{j=1}^{L}(j-T_7)^2\left[\sum_{i=1}^{L}\hat{H}(i,j)\right]\right\}^{1/2}$
10	相关性	$T_{10}=\frac{1}{T_8T_9}\sum_{i=1}^{L}\sum_{j=1}^{L}(i-T_6)(j-T_7)\hat{H}(i,j)$
11	偏差角熵	$T_{11}=-\left\{\sum_{i=1}^{L}\left[\sum_{j=1}^{L}\hat{H}(i,j)\right]\cdot\log\left[\sum_{j=1}^{L}\hat{H}(i,j)\right]\right\}$
12	梯度熵	$T_{12}=-\left\{\sum_{j=1}^{L}\left[\sum_{i=1}^{L}\hat{H}(i,j)\right]\cdot\log\left[\sum_{i=1}^{L}\hat{H}(i,j)\right]\right\}$
13	混合熵	$T_{13}=-\sum_{i=1}^{L}\sum_{j=1}^{L}\hat{H}(i,j)\cdot\log\hat{H}(i,j)$
14	差分距	$T_{14}=\sum_{i=1}^{L}\sum_{j=1}^{L}(i-j)^2\hat{H}(i,j)$
15	逆差分距	$T_{15}=\sum_{i=1}^{L}\sum_{j=1}^{L}\frac{\hat{H}(i,j)}{1+(i-j)^2}$

6.2.5　数据资料及构造建模特征因子

本章使用 2005～2014 年 FY-2 号卫星扫描所得的 132 个热带气旋，其中包括热带风暴、强热带风暴、台风、强台风和超强台风。由于最佳路径资料是每间隔 3h 或 6h，经过挑选最终获得有最佳路径资料的 2744 幅红外 1 通道云图和 2744 幅同时刻的水汽通道云图。首先从原始卫星图像中截取包含热带气旋区域的云图，尺寸为 200×200，然后将红外与水汽通道云图进行融合处理，获得融合卫星云图。以热带气旋中心为圆心，到距中心距离 200km 范围内，从热带气旋中心出发以径向每 50km 为间隔，向外拓展截取融合云图。计算融合云图的亮温梯度矩阵，再以热带气旋中心作为参考点，计算获得偏差角阵，然后构建融合云图的偏差角-梯度共生矩阵。本章使用径向距离为 200km 的融合云图所提取的数据，利用 LR 方法对共生矩阵的 15 个统计参数分别与最佳路径中心风速进行建模，并对定强误差进行分析，从多个统计参数中选取能够表征热带气旋强度的最佳参数。使用留一法进行循环测试 2744 次，建模之前，将数据归一化至[0,1]范围，利用不同统计参数建模的 MAE 和 MRE 如图 6-13 所示。

由图 6-13（a）和（b）可知，基于 LR 对每个统计参数构建热带气旋定强模型，MAE 和 MRE 最小的都是参数 T6，说明 T_6 是与热带气旋强度密切相关的特征因子。各个参数的定强误差由小到大依次为 T_6、T_{15}、T_1、T_{11}、T_{14}、T_3、T_{13}、T_{10}、T_5、T_8、T_2、T_7、T_4、T_{12}、T_9。

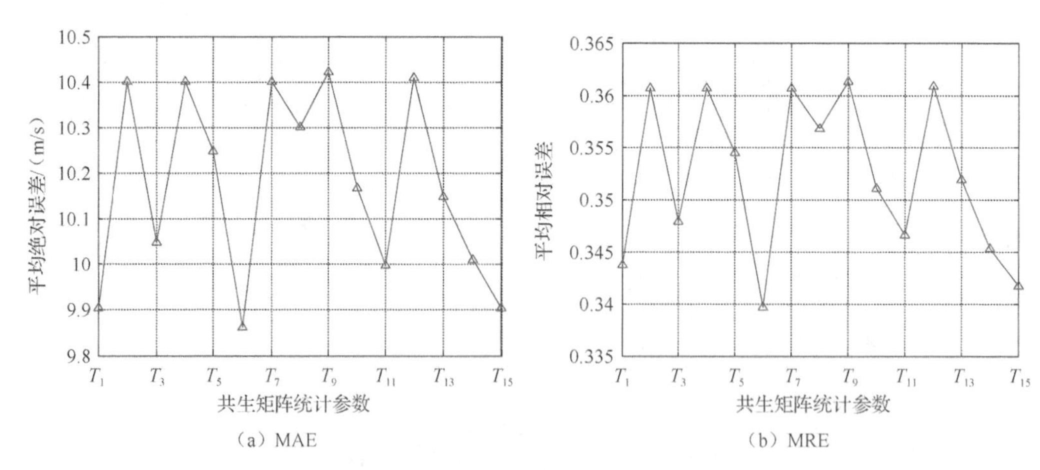

（a）MAE （b）MRE

图 6-13 以不同统计参数作为热带气旋强度特征因子的误差曲线

本章对构造与热带气旋强度相关的多特征因子进行研究，由于 LR 在处理高维问题上有所欠缺，利用 RVM 构建多个特征因子与最佳路径中心风速的定强模型，对定强误差进行分析讨论，即对于由小到大排序后的 15 个参数，从误差最小的参数 T_6 开始，逐渐增加特征因子维数，从 1 维增加至 15 维，分别利用 RVM 建立 15 个热带气旋定强模型，其中 RVM 的核函数和参数设置相同，然后对误差进行分析。从 2744 样本中随机抽取 80%的样本作为训练样本，剩下的 20%作为测试样本，为确保之后其他建模所采用的是同时刻的训练样本和测试样本，需要记录两个样本各自所对应的热带气旋时刻。建模之前，先将数据归一化至[0,1]范围。基于 RVM 的多特征因子定强模型的误差如图 6-14 所示。

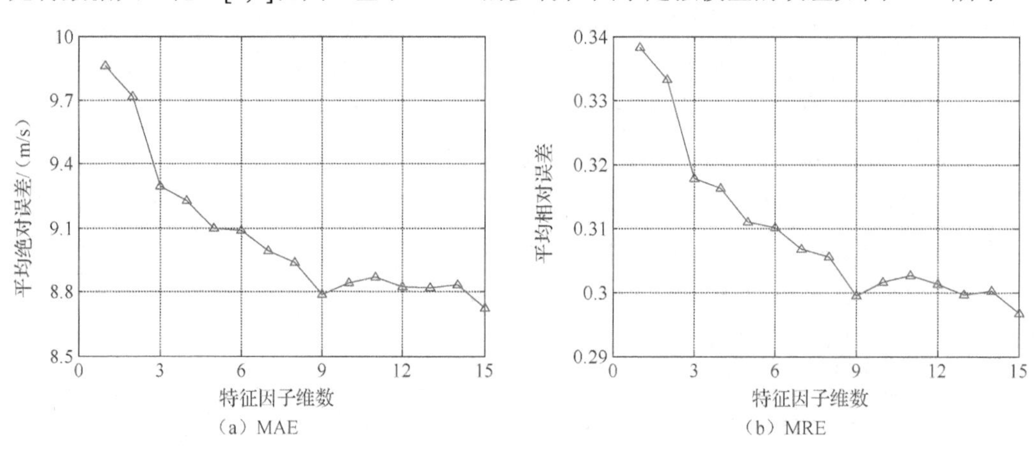

（a）MAE （b）MRE

图 6-14 以不同维数的统计参数作为热带气旋强度特征因子的误差曲线

由图 6-14（a）和（b）可知，误差曲线的趋势是先下降然后逐渐上升，当参数数量达到 9 个时，MAE 和 MRE 都最小，这 9 个参数分别为 T_6、T_{15}、T_1、T_{11}、T_{14}、T_3、T_{13}、T_{10}、T_5。说明以这 9 个统计参数作为与热带气旋强度密切相关的多个特征因子时，定强模型的误差最小。同时，可发现当参数数量达到 15 个时，误差也是很小，但考虑到相同误差结果的情况下应选取维数较低的，并且误差曲线从第 10 个点开始是上升趋势，直到第 15 个点才下降。虽然利用 15 个特征因子的模型误差较小，但该模型的定强性能不稳定。因此，相比之下，选择 9 个统计参数作为与热带气旋强度密切相关的多特征因子。

综上所述，经过实验测试，最终选取这 9 个共生矩阵统计参数作为构建热带气旋定强模型的特征因子。利用共生矩阵中的这 9 个统计参数并结合热带气旋内核和中心纬度等信息构造与热带气旋强度密切相关的特征因子，基于 RVM 建立热带气旋客观定强模型，并与 LR 模型作对比。

6.2.6　实验结果与分析

以融合卫星云图中的热带气旋中心为圆心，分别截取不同的径向距离（50km、100km、150km 和 200km），研究不同径向内核尺度对热带气旋强度估计的影响，利用上文所选取的 9 个特征因子，基于 RVM 分别在不同内核尺度下构建热带气旋定强模型。实验数据共 2744 个样本点，采用上文所记录的训练样本和测试样本的各自热带气旋时刻信息，在每个尺度下，提取相对应时刻的训练样本与测试样本。在建模之前，先将数据都归一化到[0,1]范围，消除各维数据之间的数量级差异，有利于提高定强模型的准确度。不同径向内核尺度的测试误差如表 6-11 所示。

表 6-11　不同内核径向尺度的定强误差

径向内核尺度/km	MAE/（m/s）	MRE/%
50	9.23	32.32
100	8.92	30.85
150	8.91	30.39
200	8.79	29.95

由表 6-11 可知，随着内核尺度的增加，MAE 和 MRE 在逐渐减小，当内核尺度为 200km 时，热带气旋定强模型的误差都为最小。因此，使用内核尺度为 200km 时所截取融合云图的数据信息作为下一步热带气旋客观定强建模。

利用RVM构建多个特征因子与中心风速的客观定强模型，并与传统LR模型作对比。RVM 分别选取 Gauss、Poly3 和 Cauchy 核函数进行测试，共 2744 个样本点，采用上文所记录的训练样本和测试样本的各自热带气旋时刻信息，取样本量的 80%作为训练样本，剩下的 20%作为测试样本。利用径向内核尺度为 200km 的融合云图分别构建 9 个统计参数与中心风速的定强模型、9 个统计参数结合中心纬度与中心风速的热带气旋客观定强模型。

1）利用9个统计参数的热带气旋定强模型

基于RVM构建共生矩阵中9个统计参数与中心风速的定强模型，不同核函数的实验测试结果如表6-12所示。当RVM选取Gauss核函数时，热带气旋定强的绝对误差与相对误差柱状图结果如图6-15所示。

表6-12　不同核函数下RVM和LR定强模型的误差比较

模型	RVM	RVM	RVM	LR
核函数	Gauss	Poly3	Cauchy	多元
MAE/（m/s）	8.6899	8.7923	8.6874	9.2512
MRE/%	29.62	29.91	29.65	31.71

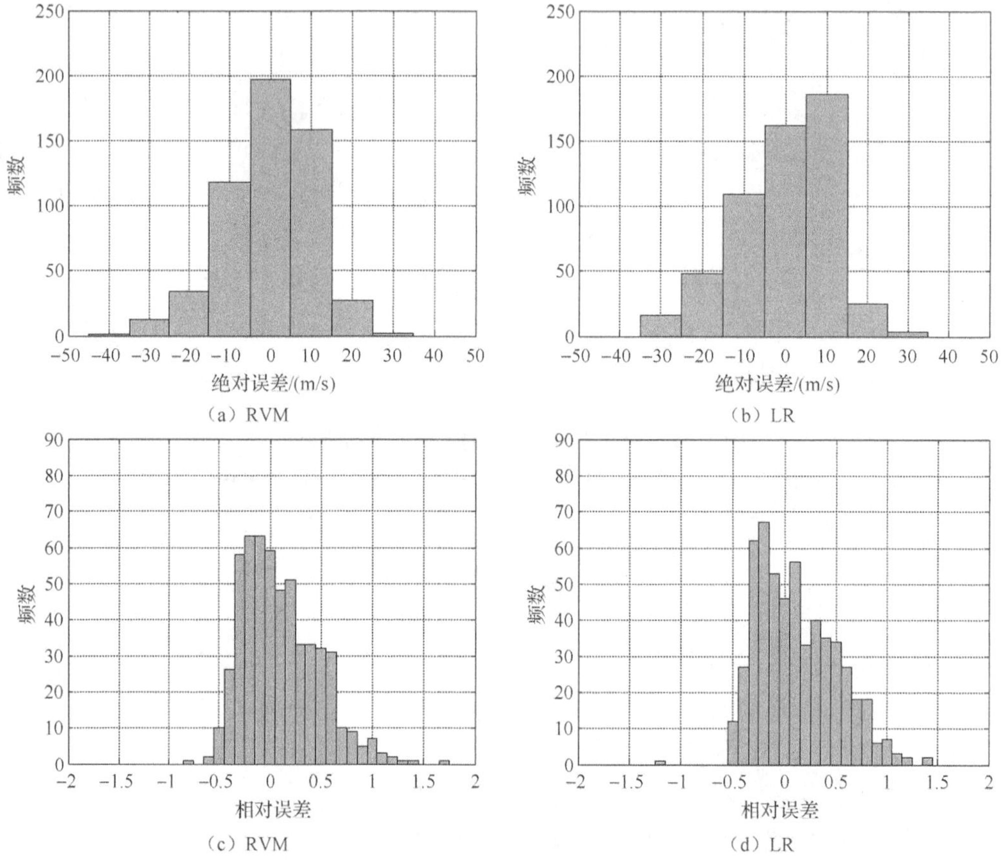

（a）RVM

（b）LR

（c）RVM

（d）LR

图6-15　核函数为Gauss时的RVM和LR定强模型的误差柱状图

由表6-12可知，基于3种核函数的RVM模型的MAE和MRE都比LR模型小。对比3种不同核函数的定强误差，MAE最小的是Cauchy核函数，MRE最小的是Gauss核函数。当RVM模型使用Gauss或Cauchy核函数时，定强模型的效果最好。由图6-15

（a）和（b）可知，RVM 模型的定强误差落在最小区间（−5,5]的数量比 LR 模型多，RVM 模型的定强误差更多地集中在误差较小的区间。由图 6-15（c）和（d）可知，RVM 模型的定强误差落在区间（−0.05,0.05]和（−0.15,−0.05]的数量都比 LR 模型多，并且 LR 模型有更多的误差落在误差较大的区间。综上所述，对于 9 个统计参数与中心风速定强模型，RVM 模型和 LR 模型都能对热带气旋进行有效强度估计。相比之下，由于 RVM 具有处理高维非线性问题的优势，RVM 模型的定强误差更小，模型定强的误差更靠近误差较小的区间，RVM 模型更适用于热带气旋强度估计。

2）利用 9 个统计参数结合中心纬度的热带气旋定强模型

基于 RVM 构建共生矩阵中 9 个统计参数并结合中心纬度与中心风速的定强模型，中心纬度数据来源于最佳路径资料，不同核函数的实验测试结果如表 6-13 所示。当 RVM 选取 Cauchy 核函数时，热带气旋定强的绝对误差与相对误差柱状图结果如图 6-16 所示。

表 6-13　不同核函数下 RVM 和 LR 定强模型的误差比较

模型	RVM	RVM	RVM	LR
核函数	Gauss	Poly3	Cauchy	多元
MAE/（m/s）	8.2516	8.5453	8.2465	9.2049
MRE/%	27.79	29.00	28.09	31.53

由表 6-13 可知，基于 3 种核函数的 RVM 模型的 MAE 和 MRE 都比 LR 模型小。对比 3 种不同核函数的定强误差，MAE 最小的是 Cauchy 核函数，MRE 最小的是 Gauss 核函数。当 RVM 模型使用 Gauss 或 Cauchy 核函数时，定强模型的效果最好。由图 6-16（a）和（b）可知，RVM 模型的定强误差落在最小区间（−5,5]的数量比 LR 模型多，RVM 模型的定强误差更多地集中在误差较小的区间。由图 6-16（c）和（d）可知，RVM 模型的定强误差落在区间（−0.05,0.05]和（−0.15,−0.05]的数量都比 LR 模型多，RVM

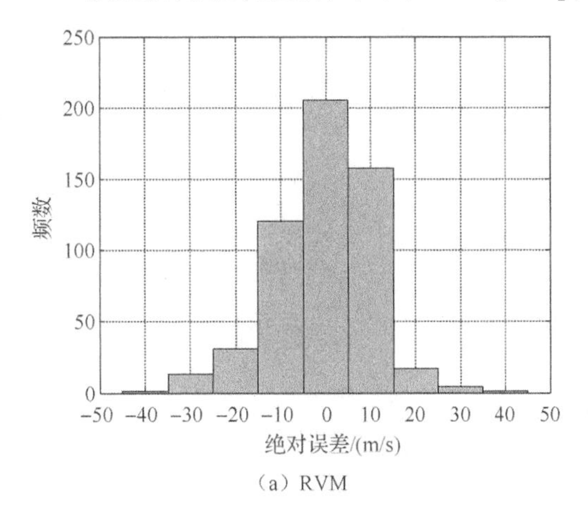

（a）RVM

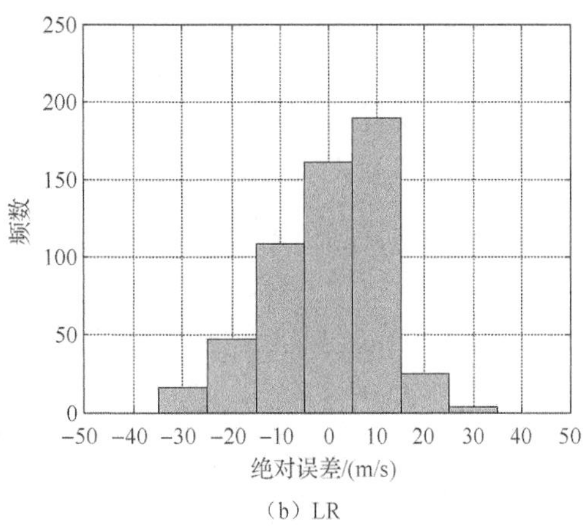

（b）LR

图 6-16　核函数为 Cauchy 时的 RVM 和 LR 定强模型的误差柱状图

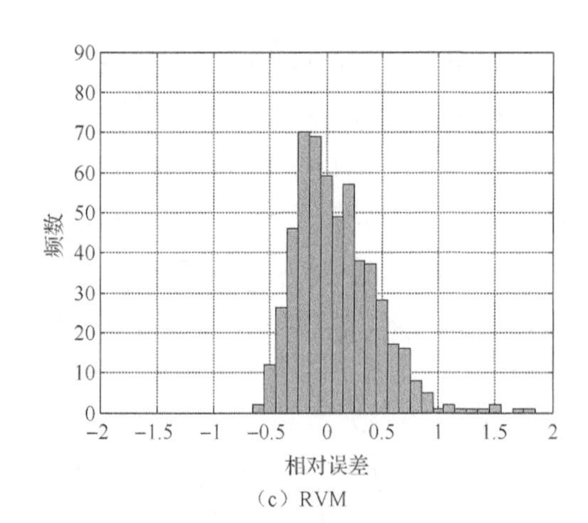

（c）RVM

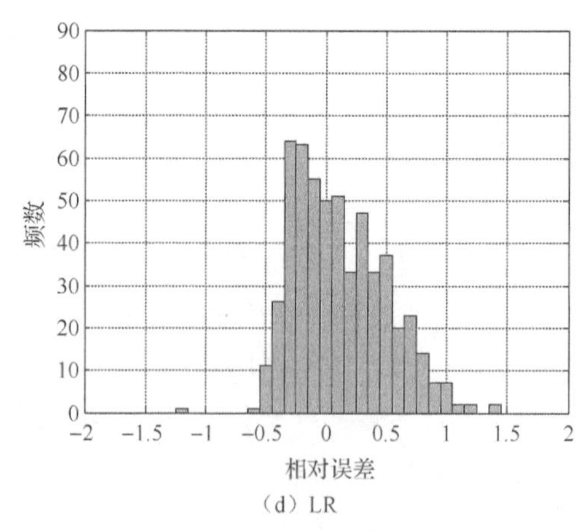

（d）LR

图 6-16（续）

模型的定强误差更多集中在误差较小的区间。综上所述，对于 9 个统计参数结合中心纬度与中心风速定强模型，RVM 模型和 LR 模型都能对热带气旋进行有效强度估计。相比之下，由于 RVM 具有处理高维非线性问题的优势，RVM 模型的定强误差更小，模型定强的误差更靠近误差较小的区间，RVM 模型更适用于热带气旋强度的估计。

6.2.7 结论

本节以热带气旋中心作为参考点，基于融合云图和 RVM 构造热带气旋客观定强模型。首先，利用拉普拉斯金字塔融合算法对红外通道和水汽通道的云图进行融合，获得融合卫星云图。其次，以热带气旋中心为圆心到周围 200km 范围内，从热带气旋中心出发沿径向以每 50km 为间隔向外拓展截取融合云图。再次，以热带气旋中心作为参考点，构造偏差角-梯度共生矩阵。最后，利用共生矩阵中 9 个统计参数并结合热带气旋内核和中心纬度等信息构造与热带气旋强度密切相关的特征因子，利用 RVM 建立热带气旋客观定强模型，并与 LR 模型作对比。经实验得出以下结论。

（1）相比其他各个内核尺度，当使用径向内核尺度为 200km 时的融合云图作为建模数据资料时，热带气旋定强模型的误差最小。

（2）当使用偏差角-梯度共生矩阵中的 9 个统计参数（T_6、T_{15}、T_1、T_{11}、T_{14}、T_3、T_{13}、T_{10}、T_5）作为特征因子时，热带气旋定强模型的误差最小，且模型定强稳定性最好。

（3）将 9 个统计参数结合中心纬度共同作为特征因子时，热带气旋定强模型的误差比 9 个特征因子模型小，说明随着特征因子维数的增加，RVM 体现出机器学习算法的优势，能够处理高维非线性问题。

（4）RVM 模型和 LR 模型都能有效地对热带气旋定强，但 RVM 模型的定强误差更小，并且其在处理高维非线性问题上更有优势，算法稳定性更好。

6.3　基于卫星云图和 RVM 以每一点依次作为参考点的热带气旋客观定强模型

以融合云图中的每一点依次作为参考点，基于 RVM 构建热带气旋客观定强模型。利用融合云图，以热带气旋中心为圆心周围 200km 范围内，从热带气旋中心出发，沿径向以每 50km 为间隔向外拓展截取融合云图，计算截取的融合云图的亮温梯度矩阵，然后以每一点依次作为参考点，构造偏差角-梯度共生矩阵，计算共生矩阵的统计参数阵的最小值、中值和均值。利用共生矩阵参数阵中的多个统计参数（最小值、中值和均值）结合热带气旋内核和中心纬度等信息构造与热带气旋强度密切相关的特征因子，利用 RVM 建立热带气旋客观定强模型，并与 LR 模型作对比。基于融合卫星云图和机器学习的热带气旋客观定强模型如图 6-17 所示。

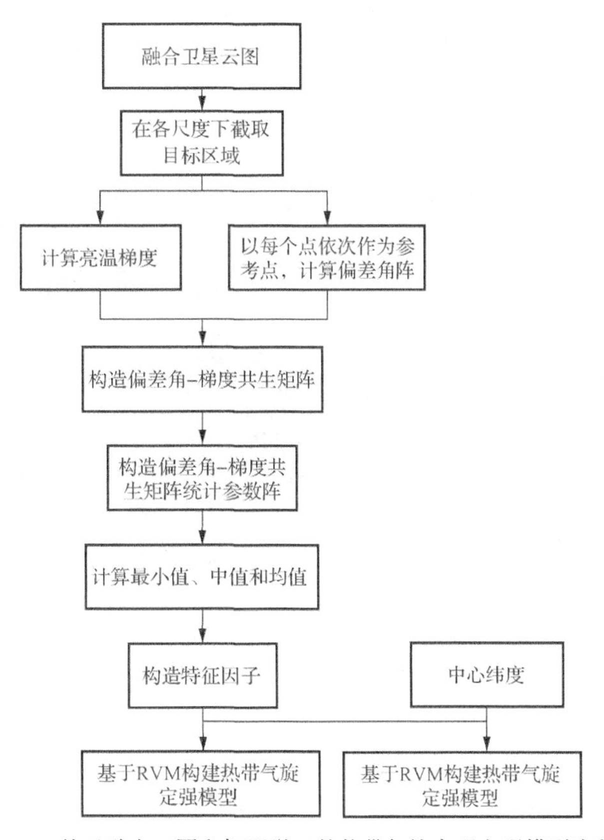

图 6-17　基于融合云图和机器学习的热带气旋客观定强模型流程图

6.3.1 构造偏差角-梯度共生矩阵参数阵

以热带气旋中心作为参考点，构造偏差角-梯度共生矩阵，从而获得共生矩阵中的 15 个统计参数 $T_1 \sim T_{15}$。为了获得更全面和丰富的云图信息，构造与热带气旋强度密切相关的特征因子，以融合云图中的每一个像素点依次作为参考点，首先计算偏差角矩阵，每一个像素点都对应有一个偏差角矩阵，然后利用每个偏差角矩阵与融合云图的亮温梯度矩阵，构造偏差角-梯度矩阵，而每一个像素点都对应有一个偏差角-梯度共生矩阵，相应地，每一个像素点都对应有 15 个统计参数（$T_1 \sim T_{15}$）。那么，就可获得 $T_1 \sim T_{15}$ 参数矩阵，即偏差角-梯度共生矩阵参数阵。

6.3.2 热带气旋不同发展阶段的结构伪彩色图

前面已通过实验测试共生矩阵中的 15 个统计参数分别与中心风速建模误差，并发现误差最小的统计参数为 T_6。以 2014 年 1419 号热带气旋“黄蜂”（级别：超强台风）为例，给出热带气旋不同发展阶段的融合云图及相应的偏差角-梯度共生矩阵参数阵 T_6 的伪彩色图，融合卫星云图的尺寸为150×150，如图 6-18 所示。

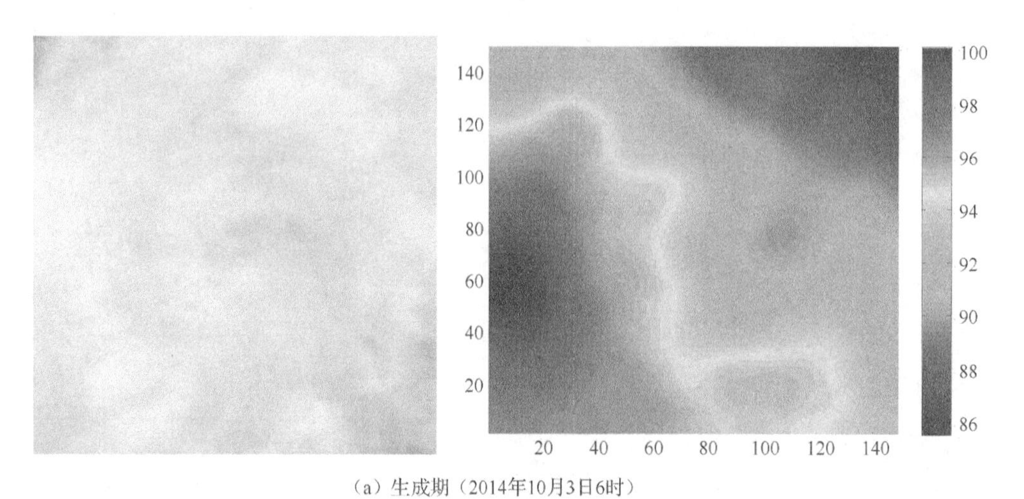

（a）生成期（2014年10月3日6时）

图 6-18 热带气旋“黄蜂”不同发展阶段的融合云图及 T_6 伪彩色图

彩图 6-18

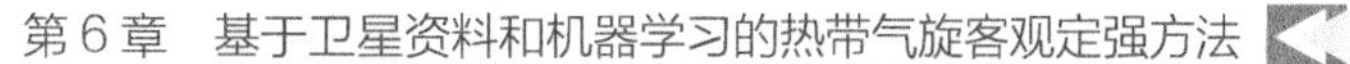

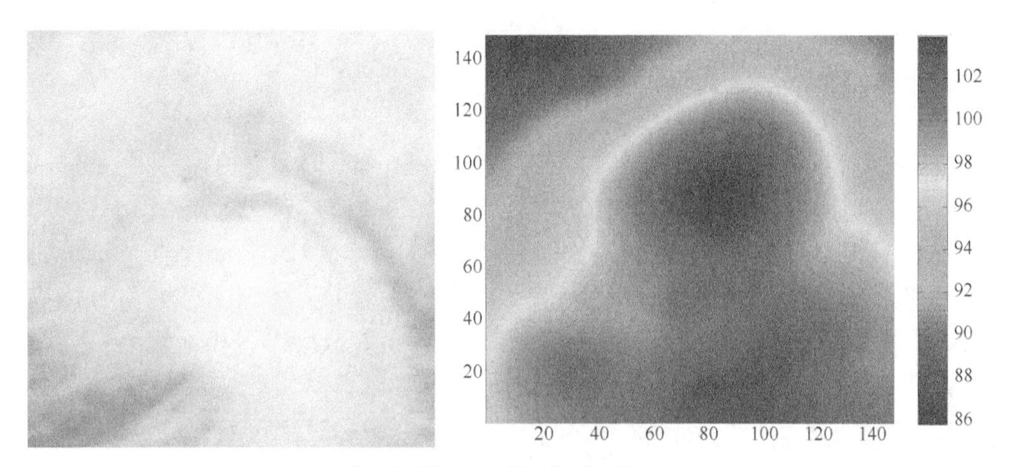

（b）发展期（2014年10月4日6时）

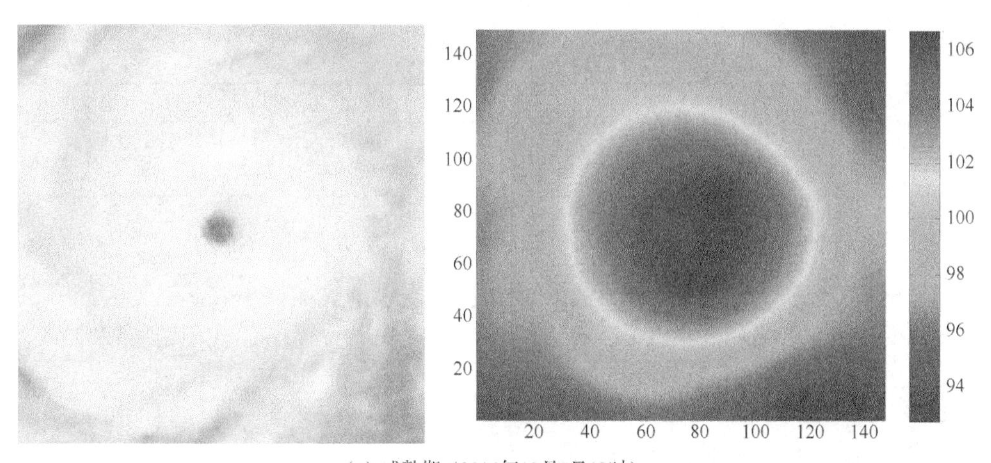

（c）成熟期（2014年10月7日12时）

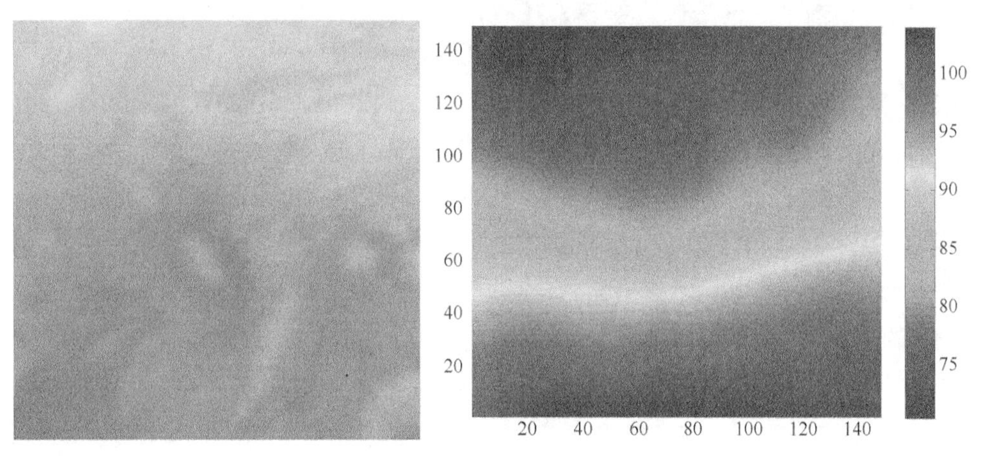

（d）消亡期（2014年10月14日0时）

图 6-18（续）

6.3.3 数据资料及构造建模特征因子

本节使用的云图资料来自我国 FY-2 号静止卫星。首先以径向内核尺度 200km 截取融合云图，然后以每一个像素点依次作为参考点，构造偏差角-梯度共生矩阵，从而获得偏差角-梯度共生矩阵参数阵，计算每个参数阵的最小值、中值和均值。实验数据共 2744 个样本点，采用上文所记录的训练样本和测试样本的各自热带气旋时刻信息，在径向内核尺度 200km 下，提取相对应时刻的训练样本与测试样本，其中训练样本占总样本量的 80%，测试样本占 20%。利用统计参数阵 T_6 的最小值、中值、均值分别与中心风速构建定强模型，建模工具为 RVM，核函数与参数都设置相同。建模之前，先将数据归一化至[0,1]范围。实验测试的误差结果如表 6-14 所示。

表 6-14　统计参数阵 T_6 的最小值、中值及均值分别作为热带气旋强度特征因子的误差结果

误差	最小值	中值	均值
MAE/（m/s）	8.7210	7.8752	7.5067
MRE/%	29.67	26.94	25.63

由表 6-14 可知，当使用共生矩阵参数阵的均值作为建模的特征因子时，热带气旋定强的 MAE 和 MRE 都是最小。由此可见，共生矩阵参数阵的均值更适用于构建热带气旋客观定强模型。

6.3.4 实验结果与分析

以融合云图中的热带气旋中心为圆心，分别截取不同的径向内核尺度（50km、100km、150km 和 200km），研究不同径向内核尺度对热带气旋强度估计的影响，选取 9 个统计参数阵各自的均值作为 9 个特征因子，基于 RVM 分别在不同内核尺度下构建热带气旋定强模型。实验数据共 2744 个样本点，采用上文所记录的训练样本和测试样本的各自热带气旋时刻信息，在每个尺度下，提取相对应时刻的训练样本与测试样本。在建模之前，先将数据都归一化到[0,1]范围，消除各维数据之间的数量级差异，有利于提高定强模型的准确度。不同径向内核尺度的测试误差如表 6-15 所示。

表 6-15　不同径向内核尺度的定强误差

径向内核尺度/km	MAE/（m/s）	MRE/%
50	7.8264	27.83
100	7.8197	27.62
150	7.7985	26.68
200	7.5067	25.63

由表 6-15 可知，随着内核尺度的增加，MAE 和 MRE 逐渐减小。当内核尺度为 200km 时，热带气旋定强模型的误差都最小。因此，使用内核尺度为 200km 时截取融合云图的数据信息作为下一步热带气旋客观定强建模。

利用 RVM 构建多个特征因子与中心风速的客观定强模型，并与传统 LR 模型作对比。RVM 分别选取 Gauss、Poly3 和 Cauchy 核函数进行测试，共 2744 个样本点，采用上文所记录的训练样本和测试样本的各自热带气旋时刻信息，取样本量的 80%作为训练样本，剩下的 20%作为测试样本。利用径向内核尺度为 200km 的融合云图分别构建 9 个统计参数与中心风速的热带气旋客观定强模型、9 个统计参数结合中心纬度与中心风速的热带气旋客观定强模型。

1. 利用 9 个统计参数的热带气旋定强模型

基于 RVM 构建共生矩阵参数阵中 9 个统计参数与中心风速的定强模型，不同核函数的实验测试结果如表 6-16 所示。当 RVM 选取 Cauchy 核函数时，热带气旋定强的绝对误差与相对误差柱状图结果如图 6-19 所示。

表 6-16　不同核函数下 RVM 和 LR 定强模型的误差比较

模型	RVM	RVM	RVM	LR
核函数	Gauss	Poly3	Cauchy	多元
MAE/（m/s）	7.4898	7.5620	7.4146	8.0037
MRE/%	25.56	25.74	25.21	27.33

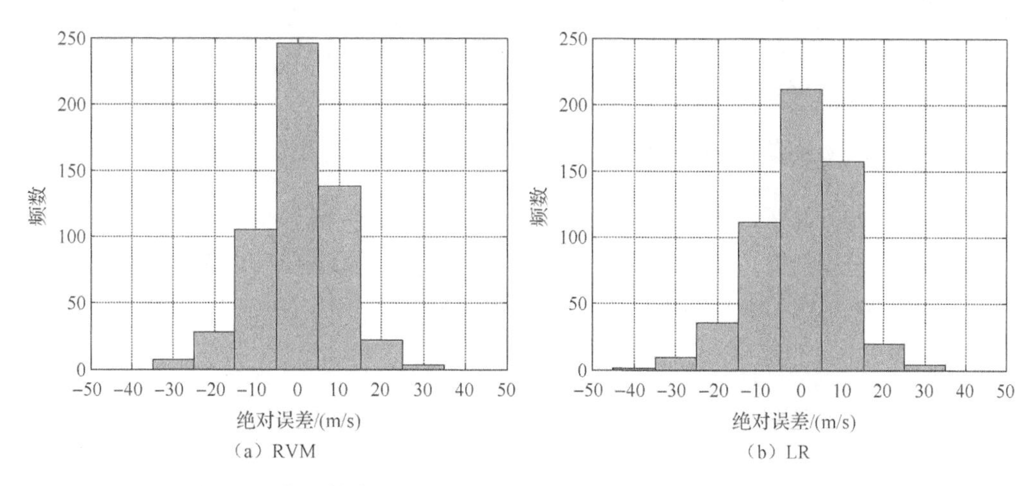

图 6-19　核函数为 Cauchy 时的 RVM 和 LR 定强模型的误差柱状图

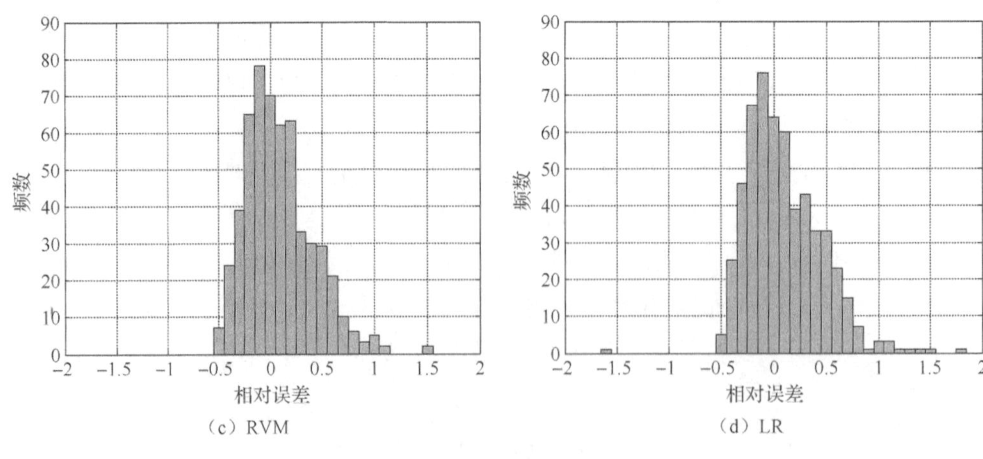

(c) RVM (d) LR

图 6-19(续)

由表 6-16 可知，基于 3 种核函数的 RVM 模型的 MAE 和 MRE 都比 LR 模型小。对比 3 种不同核函数的定强误差，MAE 和 MRE 最小的都是 Cauchy 核函数。当 RVM 模型使用 Cauchy 核函数时，定强模型的效果最好。由图 6-19（a）和（b）可知，RVM 模型的定强误差落在最小区间（−5,5]的数量比 LR 模型多，RVM 模型的定强误差更多地集中在误差较小的区间，而 LR 模型的定强误差有些落在误差较大的区间。由图 6-19（c）和（d）可知，RVM 模型的定强误差落在（−0.05,0.05]、（−0.15,−0.05]和（0.05,0.15]3 个最小区间的数量都比 LR 模型多，并且 LR 模型有更多的误差落在误差较大的区间。综上所述，对于 9 个统计参数与中心风速定强模型，RVM 模型和 LR 模型都能对热带气旋进行有效强度估计。相比之下，由于 RVM 具有处理高维非线性问题的优势，其模型的定强误差更小，算法性能更稳定，并且模型定强的误差更靠近误差较小的区间，RVM 模型更适用于热带气旋强度的估计。

2. 利用 9 个统计参数结合中心纬度与中心风速的热带气旋定强模型

基于 RVM 构建共生矩阵参数阵中 9 个统计参数结合中心纬度与中心风速的定强模型，中心纬度数据来源于 CMA 的最佳路径资料，不同核函数的实验测试结果如表 6-17 所示。当 RVM 选取 Gauss 核函数时，热带气旋定强的绝对误差与相对误差柱状图结果如图 6-20 所示。

表 6-17　不同核函数下 RVM 和 LR 定强模型的误差比较

模型	RVM	RVM	RVM	LR
核函数	Gauss	Poly3	Cauchy	多元
MAE/（m/s）	7.2902	7.4516	7.3736	7.9378
MRE/%	24.75	25.43	25.12	27.12

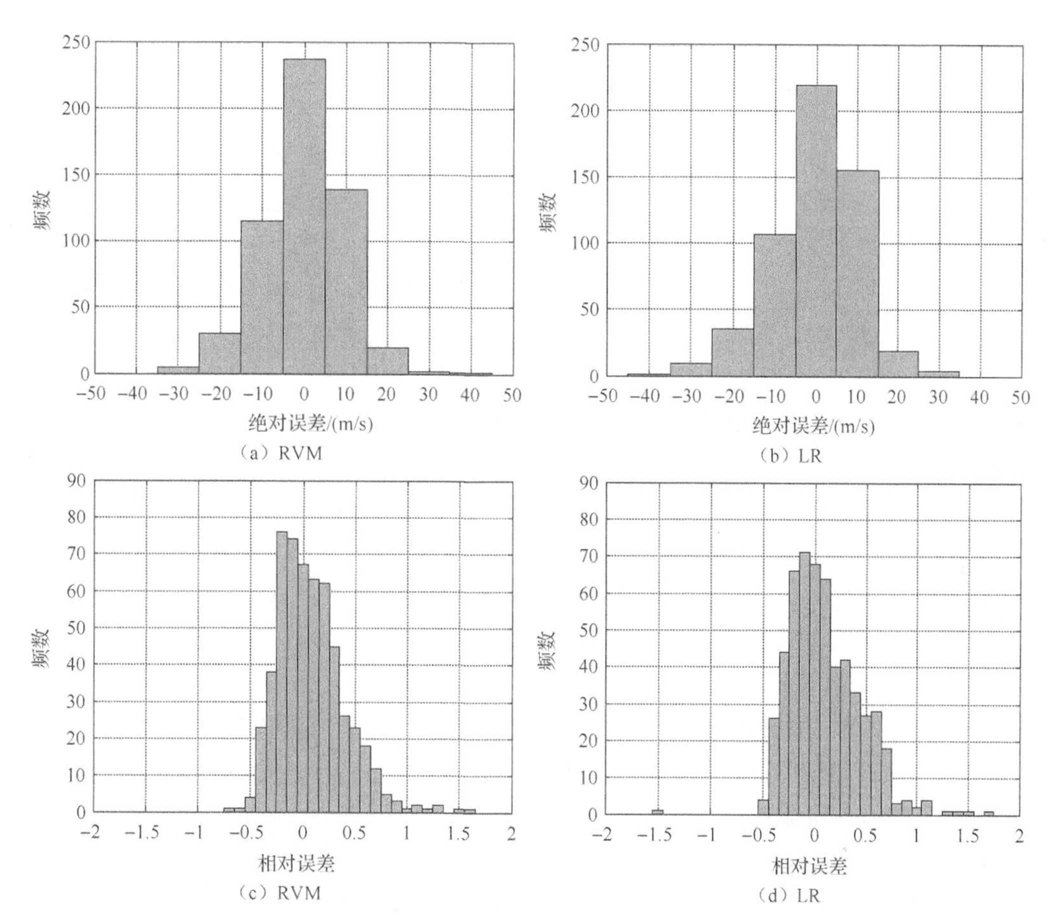

图 6-20　核函数为 Gauss 时的 RVM 和 LR 定强模型的误差柱状图

由表 6-17 可知，基于 3 种核函数的 RVM 模型的 MAE 和 MRE 都比 LR 模型小。对比 3 种不同核函数的定强误差，MAE 和 MRE 最小的都是 Gauss 核函数。当 RVM 模型使用 Gauss 核函数时，定强模型的效果最好。由图 6-20（a）和（b）可知，RVM 模型的定强误差落在最小区间（−5,5]的数量比 LR 模型多，RVM 模型的定强误差更多地集中在误差较小的区间。由图 6-20（c）和（d）可知，RVM 模型的定强误差落在最小区间（−0.05,0.05]的数量都比 LR 模型少，但误差落在区间（−0.15,−0.05]的数量比 LR 模型多，并且 LR 模型的一些误差点落在误差较大的区间。综上所述，对于 9 个统计参数结合中心纬度与中心风速定强模型，RVM 模型和 LR 模型都能对热带气旋进行有效定强。相比之下，由于 RVM 具有处理高维非线性问题的优势，其定强误差更小，算法性能更稳定，并且模型定强的误差更靠近误差较小的区间，因此，RVM 模型更适用于热带气旋强度的估计。

6.3.5 结论

本章以每一个像素点依次作为参考点，基于融合云图和 RVM 构造热带气旋客观定强模型。首先，在以热带气旋中心为圆心到距中心距离 200km 范围内，从热带气旋中心出发以径向每 50km 为间隔向外拓展截取融合云图。然后，以每一个像素点依次作为参考点，构造偏差角-梯度共生矩阵，从而获得共生矩阵参数阵，计算每个参数阵的最小值、中值和均值，经实验测试选择参数阵的均值作为特征因子。利用共生矩阵参数阵中 9 个统计参数结合热带气旋内核和中心纬度等信息构造与热带气旋强度密切相关的特征因子，利用 RVM 建立热带气旋客观定强模型，并与 LR 模型作对比。经实验得出以下结论。

（1）相比其他各个内核尺度，当使用径向内核尺度为 200km 时的融合云图作为建模数据资料时，热带气旋定强模型的误差最小。

（2）当使用偏差角-梯度共生矩阵中的 9 个统计参数阵（T_6、T_{15}、T_1、T_{11}、T_{14}、T_3、T_{13}、T_{10}、T_5）的均值作为特征因子时，热带气旋定强模型的误差最小，且模型定强稳定性最好。

（3）将 9 个统计参数结合中心纬度共同作为特征因子时，热带气旋定强模型的误差比 9 个特征因子模型小，说明随着特征因子维数的增加，RVM 体现出机器学习算法的优势，能够处理高维非线性问题。

（4）RVM 模型和 LR 模型都能有效地对热带气旋定强，但 RVM 模型的定强误差更小，并且 RVM 模型在处理高维非线性问题上更有优势，算法稳定性更好。

参考文献

[1] 杨波. 基于偏微分方程和机器学习的台风风场反演方法研究[D]. 金华：浙江师范大学，2011.

[2] KASS K, WITRIW A, TERZOPOULOS D. Snakes: active contour models[C]// Proceeding of First International Conference on Computer Vision, 1988: 321-369.

[3] OSHER S, SETHIAN J. Fronts propagating with curvature-dependent speed: algorithms based on Hamilton-Jacobi formulations[J]. Journal of Computational Physics, 1988, 79(1): 12-49.

[4] CASELLES V, KIMMEL R, SBERT C, et al. A geometric model for active contours [J]. Numerische Mathematik, 1993, 66(1): 1-31.

[5] MALLADI R, SETHIAN J A, VEMURI B C. Shape modeling with front propagation: a level set approach [J]. IEEE Transactions on Pattern Analysis and Machine Intelligence, 1995, 17(2): 158-175.

[6] CASELLES V, KIMMEL R, SAPIRO G. Geodesic active contours [J]. International Journal of Computer Vision, 1997, 22(1): 61-79.

[7] 王申林. 一阶双曲型方程的迎风差分方法[J]. 山东大学学报，2001，36（4）：386-393.

[8] MICHAEL E T. The relevance vector machine[C]//Advances in Neural Information Processing Systems, 1999, 12(3): 652-658.

[9] MICHAEL E T. Sparse Bayesian learning and relevance vector machine [J]. Journal of Machine Learning Research, 2001, 1(3): 211-244.

[10] 陈源. 基于多尺度几何分析的卫星云图融合方法及对台风中心定位的影响[D]. 金华：浙江师范大学，2014.

[11] 陈浩，王延杰. 基于拉普拉斯金字塔变换的图像融合算法研究[J]. 激光与红外，2009，39（4）：439-442.

[12] MIGUEL F P, ELIZABETH A R, TYO J S. Objective measures of tropical cyclone structure and intensity change from remotely sensed infrared image data[J]. IEEE Transactions on Geoscience and Remote Sensing, 2008, 46(11): 3574-3580.

[13] MIGUEL F P, ELIZABETH A R, TYO J S. Estimating tropical cyclone intensity from infrared image data[J]. Weather and Forecasting, 2011, 26(5): 690-698.

[14] MIGUEL F P, ELIZABETH A R, TYO J S. Detecting tropical cyclone genesis from remotely sensed infrared image data[J]. IEEE Geoscience and Remote Sensing Letters, 2010, 7(4): 826-830.

[15] ELIZABETH A R, KIMBERLY M W, OSCAR G R, et al. Satellite-derived tropical cyclone intensity in the North Pacific Ocean using the deviation angle variance technique[J]. Weather and Forecasting, 2014, 29(3): 505-516.

[16] 陈渭民. 卫星气象学[M]. 北京：北京气象出版社，2003.

[17] 洪继光. 灰度-梯度共生矩阵纹理分析方法[J]. 自动化学报，1984，10（1）：22-25.